国家自然科学基金区域创新发展联合基金重点项目“河西走廊阻沙固沙带防护机理与调控”（U21A2001）资助

地表过程与资源生态丛书

风沙过程观测与模拟

亢力强　张春来　邹学勇 等　著

科 学 出 版 社

北 京

内 容 简 介

本书阐述了风沙边界层的气流特征以及沙粒对气流的影响，介绍了风的野外和风洞观测仪器及其原理，以及风湍流、风廓线的野外观测和风洞模拟方法；描述了沙粒起动假说、沙粒运动基本形式和风沙传输动力学过程，介绍了沙粒轨迹、碰撞起跳过程、输沙率、风沙流结构等测量方法和风沙流数值模拟方法；阐述了风蚀影响因子及其作用原理，介绍了风蚀因子和风蚀速率的野外观测、风洞模拟和模型模拟方法，以及土壤风蚀监测与评价方法。最后以青藏高原沙漠化为例，介绍了沙漠化调查与监测方法。

本书可供从事风沙过程、土壤风蚀、沙漠化等相关研究工作的科技工作者以及高等院校有关专业师生参考。

图书在版编目(CIP)数据

风沙过程观测与模拟 / 亢力强等著 . —北京：科学出版社，2023. 3
(地表过程与资源生态丛书)
ISBN 978-7-03-075209-3

Ⅰ. ①风…　Ⅱ. ①亢…　Ⅲ. ①风沙流-研究　Ⅳ. ①P931. 3

中国国家版本馆 CIP 数据核字（2023）第 046822 号

责任编辑：王　倩 / 责任校对：樊雅琼
责任印制：吴兆东 / 封面设计：无极书装

科学出版社 出版
北京东黄城根北街 16 号
邮政编码：100717
http://www.sciencep.com
北京中科印刷有限公司 印刷
科学出版社发行　各地新华书店经销
*
2023 年 3 月第　一　版　开本：787×1092　1/16
2023 年 3 月第一次印刷　印张：13 3/4
字数：350 000

定价：198. 00 元

总　　序

2017 年 10 月，习近平总书记在党的十九大报告中指出：我国经济已由高速增长阶段转向高质量发展阶段。要达到统筹经济社会发展与生态文明双提升战略目标，必须遵循可持续发展核心理念和路径，通过综合考虑生态、环境、经济和人民福祉等因素间的依赖性，深化人与自然关系的科学认识。过去几十年来，我国社会经济得到快速发展，但同时也产生了一系列生态环境问题，人与自然矛盾凸显，可持续发展面临严峻挑战。习近平总书记 2019 年在《求是》杂志撰文指出："总体上看，我国生态环境质量持续好转，出现了稳中向好趋势，但成效并不稳固，稍有松懈就有可能出现反复，犹如逆水行舟，不进则退。生态文明建设正处于压力叠加、负重前行的关键期，已进入提供更多优质生态产品以满足人民日益增长的优美生态环境需要的攻坚期，也到了有条件有能力解决生态环境突出问题的窗口期。"

面对机遇和挑战，必须直面其中的重大科学问题。我们认为，核心问题是如何揭示人–地系统耦合与区域可持续发展机理。目前，全球范围内对地表系统多要素、多过程、多尺度研究以及人–地系统耦合研究总体还处于初期阶段，即相关研究大多处于单向驱动、松散耦合阶段，对人–地系统的互馈性、复杂性和综合性研究相对不足。亟待通过多学科交叉，揭示水土气生人多要素过程耦合机制，深化对生态系统服务与人类福祉间级联效应的认识，解析人与自然系统的双向耦合关系。要实现上述目标，一个重要举措就是建设国家级地表过程与区域可持续发展研究平台，明晰区域可持续发展机理与途径，实现人–地系统理论和方法突破，服务于我国的区域高质量发展战略。这样的复杂问题，必须着力在几个方面取得突破：一是构建天空地一体化流域和区域人与自然环境系统监测技术体系，实现地表多要素、多尺度监测的物联系统，建立航空、卫星、无人机地表多维参数的反演技术，创建针对目标的多源数据融合技术。二是理解土壤、水文和生态过程与机理，以气候变化和人类活动驱动为背景，认识地表多要素相互作用关系和机理。认识生态系统结构、过程、服务的耦合机制，以生态系统为对象，解析其结构变化的过程，认识人类活动与生态系统相互作用关系，理解生态系统服务的潜力与维持途径，为区域高质量发展"提质"和"开源"。三是理解自然灾害的发生过程、风险识别与防范途径，通过地表快速变化过程监测、模拟，确定自然灾害的诱发因素，模拟区域自然灾害发生类型、规模，探讨自然灾害风险防控途径，为区域高质量发展"兜底"。四是破解人–地系统结构、可持续发展机理。通过区域人–地系统结构特征分析，构建人–地系统结构的模式，综合评估多种区域发展模式的结构及其整体效益，基于我国自然条件和人文背景，模拟不同区域可持续发展能力、状态和趋势。

自2007年批准建立以来，地表过程与资源生态国家重点实验室定位于研究地表过程及其对可更新资源再生机理的影响，建立与完善地表多要素、多过程和多尺度模型与人-地系统动力学模拟系统，探讨区域自然资源可持续利用范式，主要开展地表过程、资源生态、地表系统模型与模拟、可持续发展范式四个方向的研究。

实验室在四大研究方向之下建立了10个研究团队，以团队为研究实体较系统地开展了相关工作。

风沙过程团队：围绕地表风沙过程，开展了风沙运动机理、土壤风蚀、风水复合侵蚀、风沙地貌、土地沙漠化与沙区环境变化研究，初步建成国际一流水平的风沙过程实验与观测平台，在风沙运动-动力过程与机理、土壤风蚀过程与机理、土壤风蚀预报模型、青藏高原土地沙漠化格局与演变等方面取得了重要研究进展。

土壤侵蚀过程团队：主要开展了土壤侵蚀对全球变化与重大生态工程的响应、水土流失驱动的土壤碳迁移与转化过程、多尺度土壤侵蚀模型、区域水土流失评价与制图、侵蚀泥沙来源识别与模拟及水土流失对土地生产力影响及其机制等方面的研究，并在全国水土保持普查工作中提供了科学支撑和标准。

生态水文过程团队：研究生态水文过程观测的新技术与方法，构建了流域生态水文过程的多尺度综合观测系统；加深理解了陆地生态系统水文及生态过程相互作用及反馈机制；揭示了生态系统气候适应性及脆弱性机理过程；发展了尺度转换的理论与方法；在北方农牧交错带、干旱区流域系统、高寒草原-湖泊系统开展了系统研究，提高了流域水资源可持续管理水平。

生物多样性维持机理团队：围绕生物多样性领域的核心科学问题，利用现代分子标记和基因组学等方法，通过野外观测、理论模型和实验检验三种途径，重点开展了生物多样性的形成、维持与丧失机制的多尺度、多过程综合研究，探讨生物多样性的生态系统功能，为国家自然生物资源保护、国家公园建设提供了重要科学依据。

植被-环境系统互馈及生态系统参数测量团队：基于实测数据和3S技术，研究植被与环境系统互馈机理，构建了多类型、多尺度生态系统参数反演模型，揭示了微观过程驱动下的植被资源时空变化机制。重点解析了森林和草地生态系统生长的年际动态及其对气候变化与人类活动的响应机制，初步建立了生态系统参数反演的遥感模型等。

景观生态与生态服务团队：综合应用定位监测、区域调查、模型模拟和遥感、地理信息系统等空间信息技术，针对从小流域到全球不同尺度，系统开展了景观格局与生态过程耦合、生态系统服务权衡与综合集成，探索全球变化对生态系统服务的影响、地表过程与可持续性等，创新发展地理科学综合研究的方法与途径。

环境演变与人类活动团队：从古气候和古环境重建入手，重点揭示全新世尤其自有显著农业活动和工业化以来自然与人为因素对地表环境的影响。从地表承载力本底、当代承载力现状以及未来韧性空间的链式研究，探讨地表可再生资源持续利用途径，构筑人-地关系动力学方法，提出人-地关系良性发展范式。

人-地系统动力学模型与模拟团队：构建耦合地表过程、人文经济过程和气候过程的人-地系统模式，探索多尺度人类活动对自然系统的影响，以及不同时空尺度气候变化对自然和社会经济系统的影响；提供有序人类活动调控参数和过程。完善系统动力学/地球系统模式，揭示人类活动和自然变化对地表系统关键组分的影响过程和机理。

区域可持续性与土地系统设计团队：聚焦全球化和全球变化背景下我国北方农牧交错带、海陆过渡带和城乡过渡带等生态过渡带地区如何可持续发展这一关键科学问题，以土地系统模拟、优化和设计为主线，开展了不同尺度的区域可持续性研究。

综合风险评价与防御范式团队：围绕国家综合防灾减灾救灾、公共安全和综合风险防范重大需求，研究重/特大自然灾害的致灾机理、成害过程、管理模式和风险防范四大内容。开展以气候变化和地表过程为主要驱动的自然灾害风险的综合性研究，突出灾害对社会经济、生产生活、生态环境等的影响评价、风险评估和防范模式的研究。

丛书是对上述团队成果的系统总结。需要说明，综合风险评价与防御范式团队已经形成较为成熟的研究体系，形成的“综合风险防范关键技术研究与示范丛书”先期已经由科学出版社出版，不在此列。

丛书是对团队集体研究成果的凝练，内容包括与地表侵蚀以及生态水文过程有关的风沙过程观测与模拟、中国土壤侵蚀、干旱半干旱区生态水文过程与机理等，与资源生态以及生物多样性有关的生态系统服务和区域可持续性评价、黄土高原生态过程与生态系统服务、生物多样性的形成与维持等，与环境变化和人类活动及其人–地系统有关的城市化背景下的气溶胶天气气候与群体健康效应、人–地系统动力学模式等。这些成果揭示了水土气生人等要素的关键过程和主要关联，对接当代可持续发展科学的关键瓶颈性问题。

在丛书撰写过程中，除集体讨论外，何春阳、杨静、叶爱中、李小雁、邹学勇、效存德、龚道溢、刘绍民、江源、严平、张光辉、张科利、赵文武、延晓冬等对丛书进行了独立审稿。黄海青给予了大力协助。在此一并致谢！

丛书得到地表过程与资源生态国家重点实验室重点项目（2020-JC01~08）资助。

由于科学认识所限，不足之处望读者不吝指正！

2022 年 10 月 26 日

前　言

风沙过程是干旱、半干旱区最重要的地表过程，是指风作为外营力作用于地表导致沉积物颗粒产生运动和位移进而塑造地表形态的过程。风沙过程具有以下特征：①从颗粒起跳、下落、击溅、碰撞等微观风沙运动，到蠕移、跃移、悬移的颗粒流集团运动，都属于风沙过程的范畴。因而，风沙过程既可以形成沙粒表面的撞击坑和磨圆等微形态，又能够形成风蚀雅丹和高大沙山等巨型风沙地貌。②风沙过程表现为物质的迁移和能量的传输与转换，并遵循质量平衡和能量守恒原理，塑造了以物质损失为主的风蚀地貌、以风沙沉积过程占优的风积地貌以及蚀/积相对平衡的戈壁地貌。③风沙过程不仅塑造地表形态，还产生土地沙漠化、沙尘暴等一系列生态环境问题，并改变地表景观结构；生态环境和地表景观的改变反过来影响风沙过程，从而形成风沙过程与景观生态过程相互影响的复杂系统。④风沙过程是多因素综合影响下的地表过程，包括风力、土壤理化性质、地表植被和砾石覆盖等因素，任一因素的改变都有可能导致风沙过程的强度甚至发展方向发生变化。⑤风沙过程具有强烈的区域特征。上述这些特征决定了风沙过程研究对象和内容的多要素、多层次、多维度和复杂性。野外观测、风洞实验和数值模拟是风沙过程研究的重要技术途径，观测和模拟对象具有多要素、多层次、多维度等特点。本书重点介绍当前国内外同行在风沙过程基本要素（风和风沙流）、土地退化和景观生态影响（土壤风蚀和沙漠化）等方面的观测、模拟方法与成果。

本书共分为4章。第1章由亢力强、邹学勇、张春来撰写，阐述了风沙运动过程中风湍流、风廓线的野外观测和风洞模拟方法。第2章由亢力强、邹学勇撰写，重点阐述了沙粒轨迹、碰撞起跳过程、输沙率和风沙流结构的测量方法及风沙流数值模拟方法。第3章由张春来、邹学勇、严平、王仁德、亢力强、王雪松、贾文茹、李慧茹撰写，重点阐述了风蚀影响因子和风蚀量的野外观测和风洞模拟方法，介绍了常见的土壤风蚀模型，并以我国北方沙漠/沙地为例，阐述了土壤风蚀监测与评价方法。第4章由李庆撰写，以青藏高原土地沙漠化为例，介绍了土地沙漠化调查与监测方法。本书撰写过程中，得到地表过程与资源生态国家重点实验室效存德教授的大力支持，在此表示衷心感谢！

随着科学理论发展和测量技术进步，风沙过程观测与模拟技术日新月异，新的成果将不断涌现，希望本书的出版能够起到抛砖引玉的作用，为推动我国风沙过程研究贡献绵薄之力。限于作者的能力，疏漏和不足之处在所难免，恳请读者批评指正。

作　者

2023 年 1 月 15 日

目　录

第1章　风的观测与模拟

风沙边界层定义为大气边界层下部贴地层中沙粒运动所在区域。气流湍流特征和风速廓线是风沙边界层气流特征研究的核心。本章主要阐明风沙边界层气流特征，以及风的野外观测和风洞模拟方法。

1.1　风沙边界层

1.1.1　边界层气流特征

1. 风的湍流

风沙运动发生在大气边界层下部的贴地层，引起风沙运动的气流（风）均处于湍流状态。湍流运动的基本特征是流体运动具有随机性，即在时间和空间上表现出无规则运动，如野外瞬时风速随时间的变化具有明显的波动特征（图1-1）。

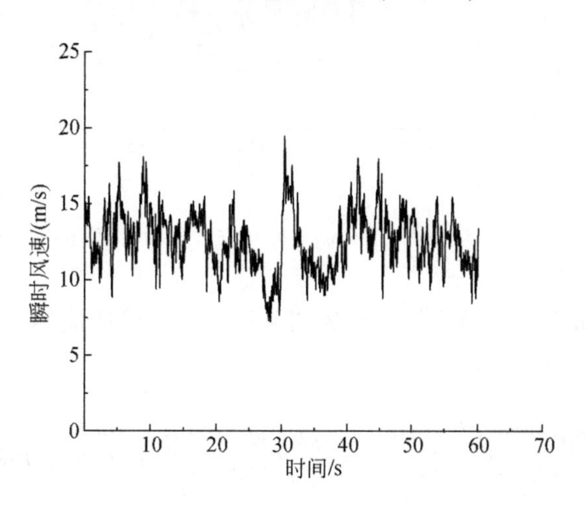

图1-1　野外沙地表面1m高度处瞬时风速随时间的变化（采样频率20Hz）

为了表征风速脉动的大小和强弱，常采用均方根脉动风速和湍流强度（或脉动强度）

来描述：

$$u_{\mathrm{f,rms}}=\sqrt{\frac{\sum_{i=1}^{N}(u'_{\mathrm{f}i})^2}{N}}=\sqrt{\frac{\sum_{i=1}^{N}(u_{\mathrm{f}i}-u_{\mathrm{fm}})^2}{N}} \tag{1-1}$$

$$\xi=u_{\mathrm{f,rms}}/u_{\mathrm{fm}} \tag{1-2}$$

式中，$u_{\mathrm{f,rms}}$为均方根脉动风速（即标准偏差）；$u'_{\mathrm{f}i}$、$u_{\mathrm{f}i}$和u_{fm}分别为统计时间段内i时刻主风向上的脉动风速、瞬时风速和平均风速，$u'_{\mathrm{f}i}=u_{\mathrm{f}i}-u_{\mathrm{fm}}$；$N$为瞬时风速的统计数目；$\xi$为湍流强度。如果三维空间中主风向不是沿坐标轴方向，那么三个坐标轴方向的湍流强度等于三个坐标轴方向的均方根脉动风速除以合成平均风速。野外沙地表面上1m高度处测量得到的三个坐标轴方向的均方根脉动风速和湍流强度随时间的变化分别见图1-2和图1-3，其中x方向表示水平面上的主流风向，z方向表示高度方向，y方向表示垂直于x和z方向的侧向方向。

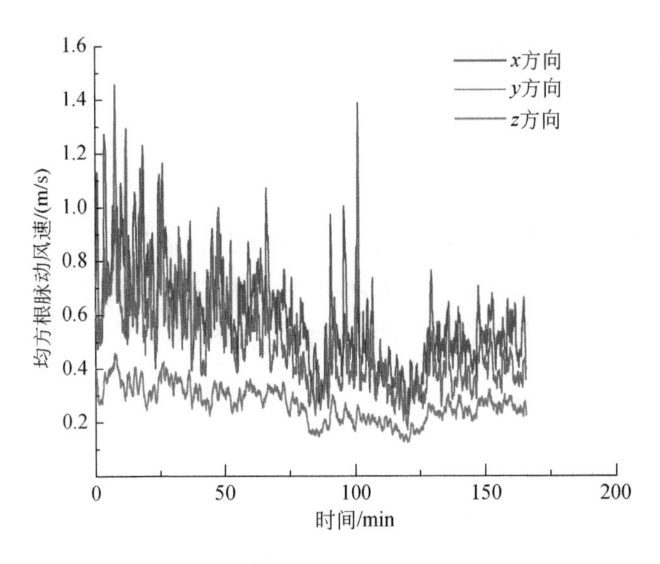

图1-2　野外沙地表面上1m高度处均方根脉动风速随时间的变化

根据雷诺（Reynolds）分解方法，描述湍流状态下不可压流体运动的雷诺时均动量方程（即Navier-Stokes方程）为

$$\frac{\partial(\rho_{\mathrm{f}}u_{\mathrm{f}i})}{\partial t}+\frac{\partial(\rho_{\mathrm{f}}u_{\mathrm{f}i}u_{\mathrm{f}j})}{\partial x_j}=-\frac{\partial p}{\partial x_i}+\frac{\partial}{\partial x_j}\left(\mu\frac{\partial u_{\mathrm{f}i}}{\partial x_j}-\rho_{\mathrm{f}}\overline{u'_{\mathrm{f}i}u'_{\mathrm{f}j}}\right)+\rho_{\mathrm{f}}g_i \tag{1-3}$$

式中，ρ_{f}、p和μ分别为空气密度、压强和动力黏度；g为重力加速度；t为时间；x为坐标轴；下标i和j在三维直角坐标系中取值为1、2和3。为了表示方便，风速u_{f}和压强p上的时均符号已略去。

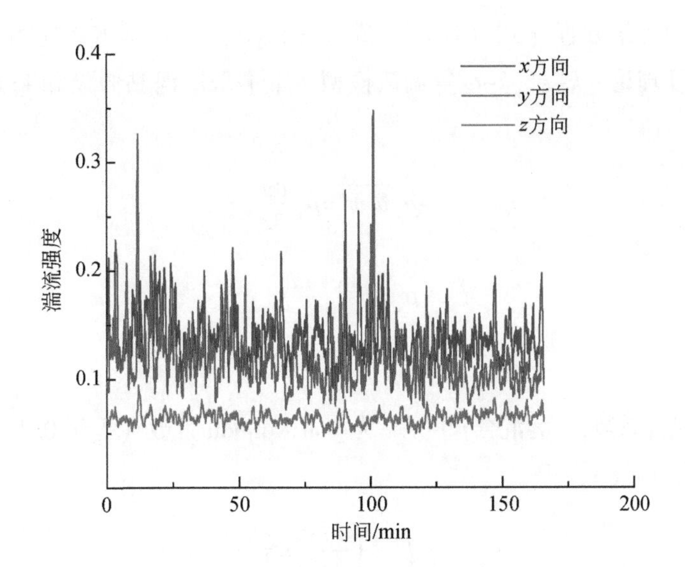

图 1-3　野外沙地表面上 1m 高度处湍流强度随时间的变化

式（1-3）中$-\rho_{\mathrm{f}}\,\overline{u'_{\mathrm{f}i}u'_{\mathrm{f}j}}$为雷诺应力张量，可记为$\tau_{ij}=-\rho_{\mathrm{f}}\,\overline{u'_{\mathrm{f}i}u'_{\mathrm{f}j}}$，它是由速度脉动引起动量转移而产生的。$u$、$v$ 和 w 分别表示 x、y 和 z 方向的风速，那么湍流剪应力（或雷诺应力）$\tau_{xz}=-\rho_{\mathrm{f}}\,\overline{u'w'}$表示风速脉动携带的水平（$x$ 方向）动量的垂向（z 方向）通量。

2. 风速廓线特征

边界层内气流对地表的剪切作用引起地表沙粒起跳进入气流，从而产生风沙运动。因此，湍流边界层内风速随高度变化（即风速廓线）的特征对理解风沙运动机理十分重要。

对于固定沙床或无沙地表，边界层气流运动可简化为 x 方向的定常剪切流动，此时，$\dfrac{\partial}{\partial t}=0$，$\dfrac{\partial}{\partial x}=0$，$\dfrac{\partial}{\partial y}=0$，$y$ 方向和 z 方向平均速度均为 0，即 $v=0$，$w=0$。那么，在 x 方向的动量方程简化为

$$\frac{\partial}{\partial z}\left(\mu\frac{\partial u}{\partial z}-\rho_{\mathrm{f}}\,\overline{u'w'}\right)=0 \tag{1-4}$$

边界层壁面区存在三个子层——黏性底层、过渡层和对数律层。贴近壁面的黏性底层非常薄，分子黏性力在动量交换中占主导作用，而在对数律层，湍流已充分发展，分子黏性力远小于湍流剪应力，此时，式（1-4）变为

$$\frac{\partial}{\partial z}(-\rho_{\mathrm{f}}\,\overline{u'w'})=0 \tag{1-5}$$

可见，湍流剪应力为一常数，可记为 τ：

$$\tau=-\rho_{\mathrm{f}}\,\overline{u'w'} \tag{1-6}$$

求解雷诺时均动量方程［式（1-3）］或式（1-6），需要对雷诺应力进行模化，并发展出诸如混合长度理论、$k-\varepsilon$、$k-\omega$ 等湍流模型。本书采用涡黏假设和 Prandtl 混合长度理论来模化：

$$-\rho_f \overline{u'w'} = \mu_t \frac{\partial u}{\partial z} \tag{1-7}$$

$$\mu_t = \rho_f l^2 \left| \frac{\partial u}{\partial z} \right| \tag{1-8}$$

$$l = kz \tag{1-9}$$

式中，μ_t 为湍流黏性系数；l 为混合长度；k 为 Von Kármán 常数（等于0.4）。将式（1-7）~式（1-9）代入式（1-6），得

$$\rho_f k^2 z^2 \left(\frac{\partial u}{\partial z} \right)^2 = \tau \tag{1-10}$$

$$\frac{\partial u}{\partial z} = \frac{1}{kz} \sqrt{\frac{\tau}{\rho_f}} \tag{1-11}$$

剪应力 τ 定义式为 $\tau = \rho_f u_*^2$，其中 u_* 为摩阻风速，那么：

$$\frac{\partial u}{\partial z} = \frac{u_*}{kz} \tag{1-12}$$

对式（1-12）积分，得

$$u = \frac{u_*}{k} \ln z + C \tag{1-13}$$

式中，C 为待定系数。

风速减小至0时的高度可记为 z_0，又称为空气动力学粗糙度，那么：

$$C = -\frac{u_*}{k} \ln z_0 \tag{1-14}$$

将式（1-14）代入式（1-13），可得到风速廓线的对数律表达式：

$$u = \frac{u_*}{k} \ln \frac{z}{z_0} \tag{1-15}$$

对风洞内净风场风速廓线的测试结果验证了对数律风速廓线（图1-4），空气动力学粗糙度随摩阻风速的增加先很快减小，然后基本保持不变。野外流沙表面不同风速条件下的风速廓线（图1-5）也基本符合对数律，但其空气动力学粗糙度随来流风速的增加有增加趋势。

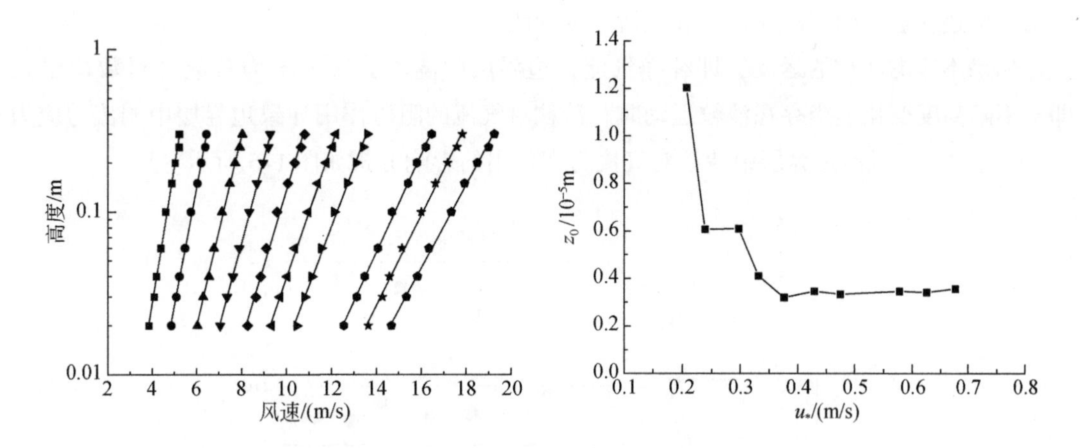

图 1-4　风洞内净风场风速廓线特征

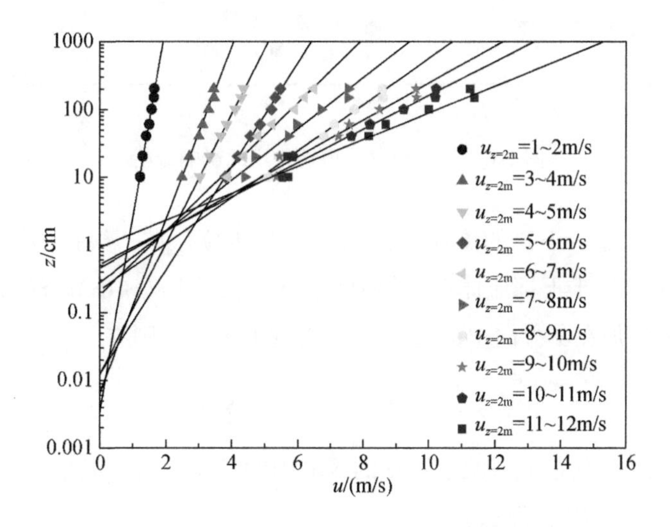

图 1-5　野外流沙表面不同风速条件下的风速廓线

1.1.2　沙粒运动对边界层气流的影响

1. 风沙边界层应力守恒

风沙边界层主要指跃移层范围。跃移沙粒（粒径为 70 ~ 500μm）通常以类似抛物线的轨迹从沙床面起跳，从气流中获得动量而加速，同时在重力作用下降落而撞击沙床面，在撞击过程中将从气流中获得的动量转移给床面沙粒，从而床面沙粒飞溅起来继续做跳跃运动，引起连锁反应。沙粒的这种连续跳跃运动，称为跃移运动。沙粒和气流之间通过力的作用而传递动量，引起沙粒速度和气流速度的改变。

如果不考虑沙粒的运动，即纯净气流，边界层中湍流剪应力 τ 为常数（对数律层），即 τ 不随高度变化。当存在沙粒运动时，沙粒对气流的阻碍作用导致边界层中湍流剪应力 τ 不再为常数。风沙边界层中沙粒对气流剪切作用的影响分析如图 1-6 所示。

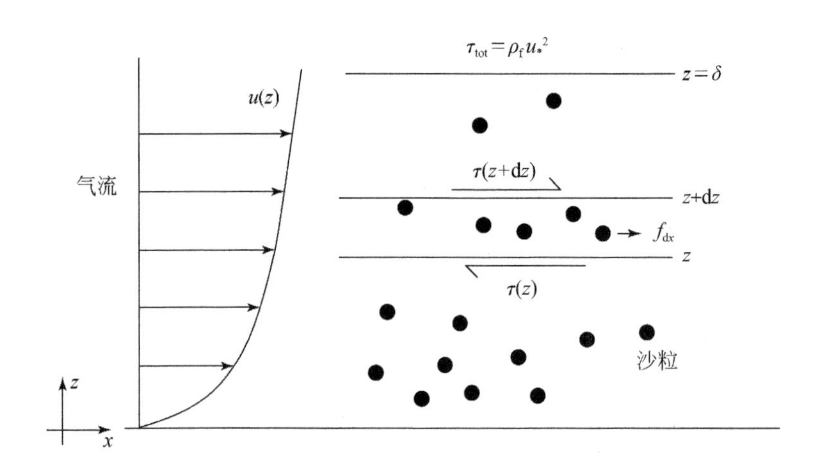

图 1-6　沙粒对气流剪切作用的影响分析

对于位于高度（z，z+dz）的流体层，如果没有沙粒存在，根据力平衡，上部流体对其的剪切力 $\tau(z+\mathrm{d}z)$ 等于下部流体对其的剪切力 $\tau(z)$，即 $\tau(z+\mathrm{d}z)=\tau(z)$。当有沙粒存在时，沙粒所受流体施加在 x 方向上的力为 $f_{\mathrm{d}x}$，根据力平衡，则有

$$\tau(z+\mathrm{d}z)A=\tau(z)A+\sum_{i=1}^{N}f_{\mathrm{d}x,i} \tag{1-16}$$

式中，N 为上下表面积均为 A、厚度为 dz 的区域内的颗粒数目。如果设该区域内单位体积流体对颗粒的作用力为 $F_{\mathrm{d}x}$，那么：

$$F_{\mathrm{d}x}(z)=\frac{1}{A\mathrm{d}z}\sum_{i=1}^{N}f_{\mathrm{d}x,i} \tag{1-17}$$

将式（1-17）代入式（1-16），有

$$\tau(z+\mathrm{d}z)A=\tau(z)A+F_{\mathrm{d}x}(z)A\mathrm{d}z \tag{1-18a}$$

$$\frac{\mathrm{d}\tau(z)}{\mathrm{d}z}=F_{\mathrm{d}x}(z) \tag{1-18b}$$

对式（1-18b）进行积分，得

$$\tau(+\infty)-\tau(z)=\int_{z}^{+\infty}F_{\mathrm{d}x}(z)\mathrm{d}z \tag{1-19}$$

当高度 $z\to+\infty$ 时，没有颗粒存在，此时的湍流剪应力等于风沙边界层（或跃移层）以外（$z>\delta$，δ 为风沙边界层厚度即跃移层高度）的湍流剪应力：

$$\tau(+\infty)=\tau_{tot}=\rho_f u_*^2 \tag{1-20}$$

式中，τ_{tot}为总剪应力即跃移层外湍流剪应力；u_*为跃移层外摩阻风速。

式（1-19）右边是颗粒对流体的阻力引起的，又称为颗粒剪应力，记为

$$\tau_p(z)=\int_z^{+\infty} F_{dx}(z)\,dz \tag{1-21}$$

将式（1-20）和式（1-21）代入式（1-19），得

$$\tau_{tot}=\tau(z)+\tau_p(z) \tag{1-22}$$

可见，式（1-22）表示跃移层内总剪应力分解为湍流剪应力和颗粒剪应力，这就是风沙边界层内的应力守恒。数值模拟结果证明了应力守恒关系的存在（图 1-7）。这种应力守恒关系被广泛应用于风沙运动的数学模型和理论分析中。

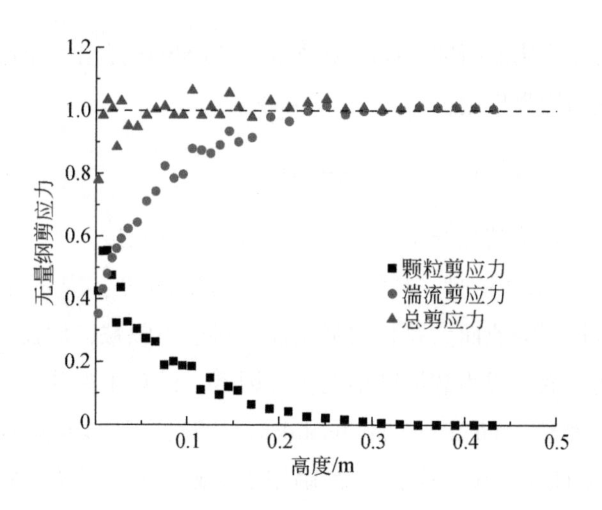

图 1-7　应力守恒关系

资料来源：Kang and Zou，2011

2. 沙粒运动对风湍流的影响

风沙运动过程中，众多沙粒在气流中不断改变速度和位置，这相当于沙粒对气流不断地进行扰动，对风湍流产生影响。图 1-8 给出了沙粒运动对水平流动方向均方根脉动风速和湍流强度影响的风洞实验结果（高咏晴等，2017）。尽管有、无沙粒运动的均方根脉动风速和湍流强度随高度变化的趋势相同，即均方根脉动风速和湍流强度均随高度的增加而减小，但均方根脉动风速和湍流强度的大小不同，相同来流风速情况下，边界层内（高度小于 0.2m）风沙流中均方根脉动风速和湍流强度均大于净风场情况（无沙）。由于沙粒浓度随高度增加而急剧减小，沙粒对风湍流的影响随高度增加而减弱，表现出随高度的增加，风沙流和净风场之间的脉动风速及湍流强度的差异减小。

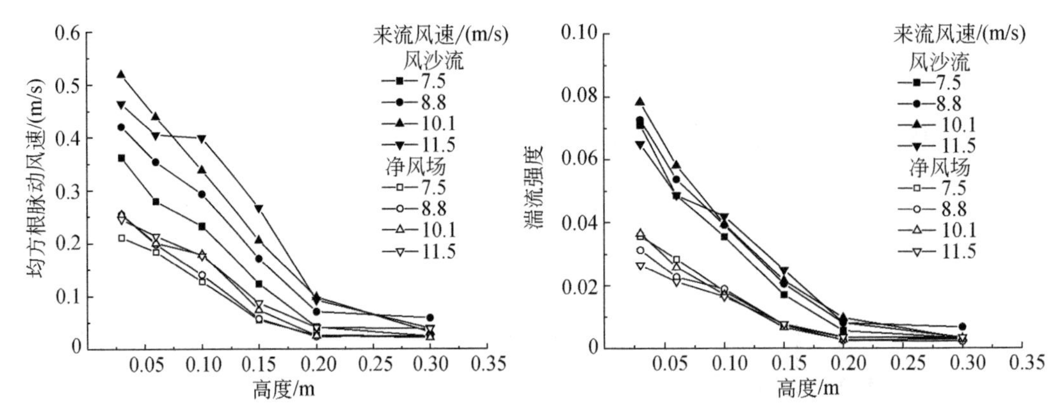

图 1-8 沙粒运动对水平流动方向均方根脉动风速和湍流强度的影响

资料来源：高咏晴等，2017

根据颗粒湍流相互作用的研究，Gore 和 Crowe（1989）提出一个临界参数值，可以解释沙粒运动对风湍流的增强作用：

$$\frac{d_p}{l_e} \approx 0.1 \tag{1-23}$$

式中，d_p 为颗粒直径；l_e 为流体湍流中最高能涡旋的特征长度。

当 d_p/l_e 较大（大于 0.1）时，颗粒会增强流体湍流强度；当 d_p/l_e 较小时，则会抑制湍流。这表明小颗粒抑制湍流而大颗粒增强湍流。对于小颗粒，湍流涡对颗粒做功，使颗粒加速，导致涡动能耗散，成为湍流减小的主导因素；而对于大颗粒，颗粒尾涡或涡脱落成为湍流增强的主导因素（Yuan and Michaelides，1992）。风沙运动中跃移颗粒尤其是粒径大于 0.1mm 的颗粒的运动轨迹基本不受湍流的影响，这说明跃移颗粒不会响应气流的湍流脉动，湍流涡对颗粒做功而耗散的作用可忽略，跃移颗粒后方的尾涡或涡脱落是气流湍流增强的主要原因。

根据气流在 x 和 z 方向的脉动速度方向的不同，将湍流结构分为四个象限，即湍流结构的象限分析法（图 1-9）。u' 和 w' 分别表示 x 和 z 方向的脉动风速。野外试验表明，湍流

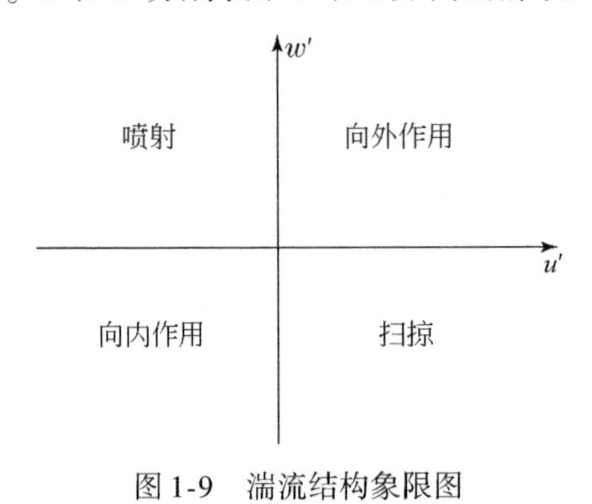

图 1-9 湍流结构象限图

气流在扫掠（sweep）和喷射（ejection）期间对气流剪应力即雷诺应力的贡献较大，而在扫掠和向外作用（outward interaction）期间对维持沙粒输运的贡献较大，这两个结构的共同点是水平脉动风速大于0（即瞬时水平风速高于平均值）。由于扫掠结构对气流剪应力是正贡献，向外作用结构是负贡献，说明沙粒输运的主要驱动力是气流对颗粒的水平拖曳力，而不是气流剪应力（Sterk et al.，1998）。

3. 沙粒运动对风速廓线的影响

当有沙粒运动发生时，风速廓线推导的表达式［式（1-11）］中的流体剪应力不再为常数，根据应力守恒关系式［式（1-22）］，将式（1-11）修改为

$$\frac{\partial u}{\partial z}=\frac{1}{kz}\sqrt{\frac{\tau_{\mathrm{tot}}-\tau_{\mathrm{p}}(z)}{\rho_{\mathrm{f}}}} \tag{1-24}$$

颗粒剪应力 $\tau_{\mathrm{p}}(z)$ 随高度的增加而减小，因此，在半对数律坐标系（$\ln z$-u）内，斜率 $\partial \ln z/\partial u$ 随高度的增加而减小，导致风速廓线出现上凸（即下凹）特征（图1-10），风沙边界层内风速廓线不再严格地保持对数律变化。由于沙粒浓度随高度按指数迅速衰减，越靠近地表，风速廓线偏离对数律的程度越大。

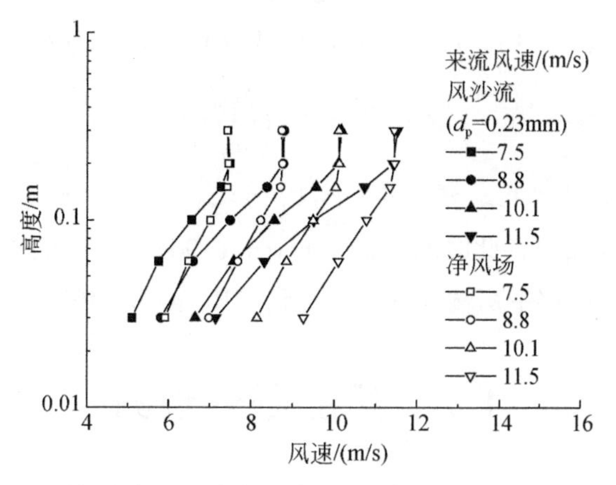

图1-10　平坦沙床面上沙粒运动对风速廓线改变的风洞实验结果

资料来源：赵国丹，2013

除了近地面附近，风速廓线在视觉上仍近似对数律变化。因此，自 Bagnold（1941）以来，风沙边界层上部风速廓线仍可采用对数律表达形式：

$$u=\frac{u_*}{k}\ln\frac{z}{z_0'} \tag{1-25}$$

式中，z_0'为有沙粒运动时的空气动力学粗糙度。

Bagnold（1941）发现风沙运动中所有风速廓线基本通过一个点，后人将其称为 Bagnold 焦点，其高度和速度分别记为 z_t 和 u_t，此时空气动力学粗糙度可表示为

$$z_0' = z_t \exp\left(-\frac{ku_t}{u_*}\right) \tag{1-26}$$

Owen（1964）最早将风沙运动的空气动力学粗糙度表示为 Charnock 形式：

$$z_0' = C\frac{u_*^2}{2g} \tag{1-27}$$

式中，C 为比例常数（等于 0.021）（Charnock 原始形式没有分母中的 2）。

当风速小于沙粒起动的临界风速时，不发生风沙运动，这时空气动力学粗糙度变为定床时的数值，其小于式（1-27）的预测值。因此，Sherman（1992）提出了修正的 Charnock 形式的空气动力学粗糙度表达式：

$$z_0' - z_0 = C_m(u_* - u_{*t})^2/g \tag{1-28}$$

式中，z_0 为定床时的空气动力学粗糙度（$z_0 = 2d_{50}/30$，其中 d_{50} 为沙粒的中值粒径）；u_{*t} 为沙粒起动时的临界摩阻风速；C_m 为比例常数（等于 0.0252）。

风沙运动中空气动力学粗糙度 z_0' 与定床时的空气动力学粗糙度 z_0 之间关系的另一个模型是 Raupach（1991）模型：

$$z_0' = \left(\frac{Au_*^2}{2g}\right)^{1-r} z_0^r \tag{1-29}$$

式中，A 为一常数（0.2～0.3）；$r = u_{*t}/u_*$。将式（1-29）写为 Charnock 形式：

$$C = \frac{2gz_0'}{u_*^2} = A^{1-r}\left(\frac{2gz_0}{u_*^2}\right)^r \tag{1-30}$$

当 $u_* < u_{*t}$ 时，不发生沙粒跃移运动，$r = 1$，$z_0' = z_0$。而当风速足够大，$u_* \to +\infty$ 时，有 $r \to 0$，$C \to A$，$z_0' \to Au_*^2/(2g)$，此时的 A 值与 Owen（1964）给出的数值（$C = 0.021$）不一致，原因可能是风洞中跃移平衡输运状态没达到（Raupach，1991）。

1.2 风的野外观测

1.2.1 野外观测仪器及其原理

1. 风杯风速仪

风杯通常由三个半球形或圆锥形的空杯组成。风杯安装在等角度（120°）间隔排列的水平等长横臂上，横臂固定在可旋转的垂直轴上（图 1-11）。半球形或圆锥形空杯凹面阻力系数大于凸面阻力系数，使风杯在风力作用下受到空气力矩作用而旋转。测量原理是风杯旋转速度和风速的大小成比例，也就是说，不同的来流风速对应不同的风杯转速。

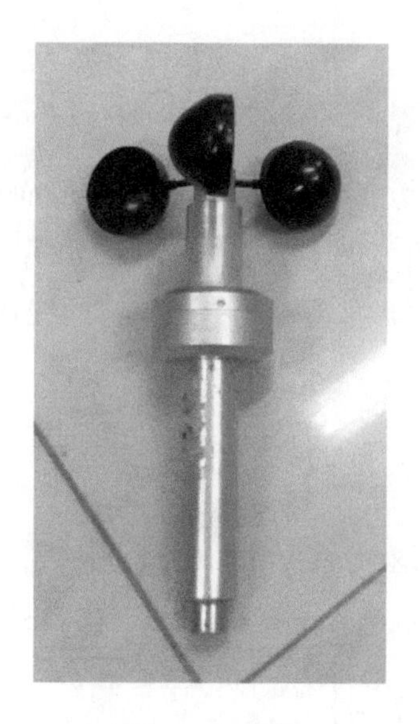

图 1-11　风杯照片

在来流风速 u_f 作用下，风杯开始绕垂直轴心 O 点旋转（图 1-12），逐渐达到稳定状态。根据角动量定理，有

$$I\frac{\mathrm{d}\omega}{\mathrm{d}t}=M_1+M_2+M_3+M_{\text{other}} \tag{1-31}$$

式中，ω 为风杯旋转角速度；I 为三个杯子绕 O 点旋转的转动惯量，$I\approx 3mR^2$，其中 m 为每个杯子的质量，R 为风杯旋转半径（即杯子中心到旋转轴的距离）；M_1、M_2 和 M_3 分别为三个风杯所受流体作用的转矩（即力矩）；M_{other} 为其他阻力矩，包括旋转轴处的摩擦力矩。

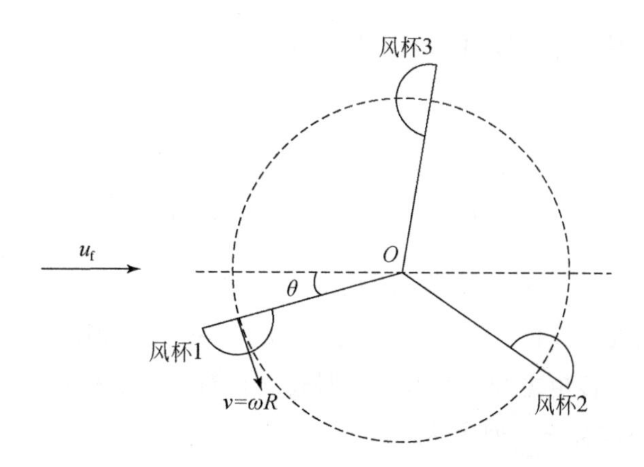

图 1-12　风杯旋转运动示意图

风杯 1 所受流体转矩表示为

$$M_1=RF_{d1}=\frac{1}{2}RC_1\rho_fA\mid u_f\sin\theta-v\mid(u_f\sin\theta-v) \tag{1-32}$$

式中，F_{d1}为风杯 1 所受流体拖曳力；A为风杯 1 的迎风面积（即风杯口的平面面积）；θ为来流风速与风杯 1 横臂的夹角（图 1-12），$0\leqslant\theta<2\pi/3$。风杯做周期性运动，当θ超过$2\pi/3$时，风杯 1 则变为风杯 2。v为风杯 1 中心旋转的线速度，$v=\omega R$。C_1为风杯 1 的阻力系数，表示为

$$C_1=\begin{cases}C_a, & u_f\sin\theta-v\geqslant 0\\ C_b, & u_f\sin\theta-v<0\end{cases} \tag{1-33}$$

式中，C_a和C_b分别为风杯凹面阻力系数和凸面阻力系数，$C_a>C_b$。

设在$\theta=\theta_c$（$0\leqslant\theta_c<\pi/2$）时，$u_f\sin\theta_c-v=0$。式（1-33）可写为

$$C_1=\begin{cases}C_a, & \theta_c\leqslant\theta\leqslant\pi-\theta_c\\ C_b, & \theta<\theta_c \text{ 或 } \theta>\pi-\theta_c\end{cases} \tag{1-34}$$

同理，风杯 2 所受流体转矩表示为

$$M_2=\frac{1}{2}RC_2\rho_fA\left|u_f\sin\left(\theta+\frac{2\pi}{3}\right)-v\right|\left[u_f\sin\left(\theta+\frac{2\pi}{3}\right)-v\right] \tag{1-35}$$

$$C_2=\begin{cases}C_a, & \theta_c\leqslant\theta+\dfrac{2\pi}{3}\leqslant\pi-\theta_c\\ C_b, & \theta+\dfrac{2\pi}{3}<\theta_c \text{ 或 } \theta+\dfrac{2\pi}{3}>\pi-\theta_c\end{cases} \tag{1-36}$$

式中，C_2为风杯 2 的阻力系数。

风杯 3 所受流体转矩表示为

$$M_3=\frac{1}{2}RC_3\rho_fA\left|u_f\sin\left(\theta+\frac{4\pi}{3}\right)-v\right|\left[u_f\sin\left(\theta+\frac{4\pi}{3}\right)-v\right] \tag{1-37}$$

$$C_3=\begin{cases}C_a, & \theta_c\leqslant\theta+\dfrac{4\pi}{3}\leqslant\pi-\theta_c\\ C_b, & \theta+\dfrac{4\pi}{3}<\theta_c \text{ 或 } \theta+\dfrac{4\pi}{3}>\pi-\theta_c\end{cases} \tag{1-38}$$

式中，C_3为风杯 3 的阻力系数，显然$C_3=C_b$。

如果风杯一开始处于静止状态，当有风时，由于风杯凹面阻力系数大于凸面阻力系数，三个风杯所受流体转矩之和不为 0。根据式（1-31），风杯开始旋转。求解角动量方程［式（1-31）］，还需补充下列表达式：

$$v=\omega R \tag{1-39}$$

$$\omega=\frac{d\theta}{dt} \tag{1-40}$$

当风杯处于理想运动状态时，即不考虑风杯所受其他阻力矩 M_{other}，此时利用差分方法求解，可得到风杯从静止状态开始起动的旋转速度随时间的变化过程（图 1-13），风杯经过一段时间达到稳定状态。在稳定状态时，风杯旋转速度进行周期性变化，这是由于三个风杯的旋转状态按 120°角周期性变化。

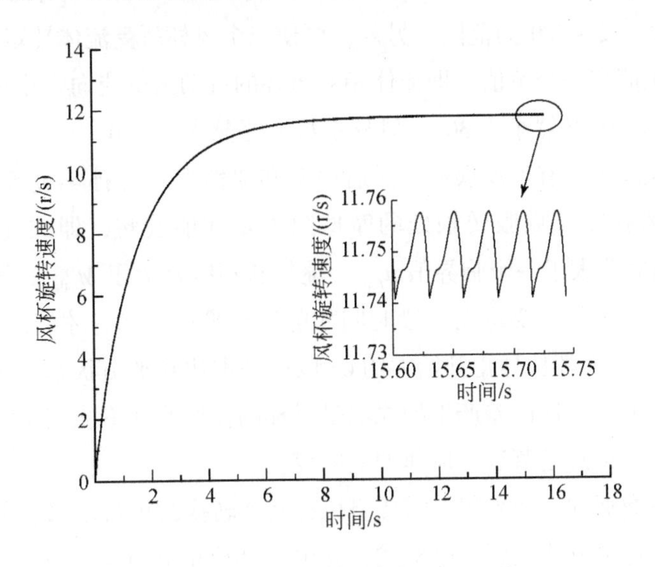

图 1-13　风杯旋转速度随时间的变化

当风杯达到稳定状态时，在每一个旋转周期内，风杯所受流体转矩的平均值必然为 0：

$$\frac{\int_0^{\frac{2\pi}{3}}(M_1 + M_2 + M_3)\,\mathrm{d}\theta}{\frac{2\pi}{3}} = 0 \tag{1-41}$$

即

$$\int_0^{\frac{2\pi}{3}}(M_1 + M_2 + M_3)\,\mathrm{d}\theta = 0 \tag{1-42}$$

将式（1-32）、式（1-35）和式（1-37）代入式（1-42），得

$$\begin{aligned}&\int_0^{\frac{2\pi}{3}} C_1 \left|\frac{u_{\mathrm{f}}}{v}\sin\theta - 1\right|\left(\frac{u_{\mathrm{f}}}{v}\sin\theta - 1\right)\mathrm{d}\theta \\ &+ \int_0^{\frac{2\pi}{3}} C_2 \left|\frac{u_{\mathrm{f}}}{v}\sin\left(\theta + \frac{2\pi}{3}\right) - 1\right|\left[\frac{u_{\mathrm{f}}}{v}\sin\left(\theta + \frac{2\pi}{3}\right) - 1\right]\mathrm{d}\theta \\ &+ \int_0^{\frac{2\pi}{3}} C_3 \left|\frac{u_{\mathrm{f}}}{v}\sin\left(\theta + \frac{4\pi}{3}\right) - 1\right|\left[\frac{u_{\mathrm{f}}}{v}\sin\left(\theta + \frac{4\pi}{3}\right) - 1\right]\mathrm{d}\theta = 0\end{aligned} \tag{1-43}$$

在风杯运动处于稳定状态时，风杯旋转速度周期性波动的幅度很小，可以合理地假定风杯旋转速度为一常数，式（1-43）中风杯中心旋转的线速度（$v = \omega R$）也为一常数（不

随 θ 变化而变化）。那么，式（1-43）中的 u_f/v 为仅与风杯凹面阻力系数和凸面阻力系数有关的一个常数，这个常数定义为风杯系数 K，即 $K=u_f/v$，用于表示风速是风杯线速度的倍数，也可表示为 $K=1/\sin\theta_c$。对于半球形风杯，凹面阻力系数和凸面阻力系数的值分别约为 $C_a=1.42$ 和 $C_b=0.38$，对式（1-43）进行迭代计算，可得风杯系数 $K=2.67$，正好落在风杯系数经验值 2.2 ~ 3.0 的范围。另外，要使三个风杯所受流体转矩之和为 0，这三个转矩至少有一个正值和一个负值，即流体相对风杯的流动至少流向一个风杯的凹面和一个风杯的凸面。因此，θ_c 必然小于 30°，风杯系数 K 必然大于 2.0。

风杯测量的误差主要有启动误差、滞后误差和惯性误差（孙学金等，2009）。启动误差产生的原因是风杯需要克服转轴处的摩擦阻力矩才能旋转，即式（1-31）中阻力矩 M_{other} 不为 0，风速需要大于一个临界值 u_{fmin}，流体转矩刚好大于 M_{other}，风杯开始起动。滞后误差产生的原因是风杯需要运动一段时间才能达到平衡状态，才能测量得到实际风速，如图 1-13 中的算例。风杯从静止开始大约 6s 以后基本达到平衡状态，在此之前的测量结果均会产生一定误差。惯性误差产生的原因是风杯的惯性使其不能完全响应风速的突然变化，即风杯的输出结果总是落后于风速的实际变化。

为了利于测量数据的自动采集，需要将风杯转速转换为可自动采集的电信号，即风杯转速的电测方法。这类方法主要有电机式、光电式和磁电式（孙学金等，2009）。电机式方法是风杯带动一个小型发电机装置，风杯转速与发电机输出电压成正比。光电式方法是利用光电技术，风杯通过旋转轴带动一个有孔圆盘旋转，圆盘上、下方分别设置发光管、光电接收管，从而产生电脉冲信号，风杯转速与电脉冲频率呈线性关系。磁电式方法是利用电磁感应技术，风杯通过旋转轴带动的圆盘为磁性圆盘，通过霍尔开关电路，产生脉冲信号，脉冲频率与风杯转速成正比。

风杯只能测量风速的大小，不能指示风的方向。为了测定风的方向，风杯通常与风向测量装置一起组合测量。常用的风向测量装置是风向标，其测量原理是风作用在风向标尾翼上的扭力矩使风向标指向与实际风向一致的状态。为了利于风向数据的自动采集，一种风向标旋转角度的电测方法是利用光电技术，风向标的转轴带动格雷码盘来切割光电转换装置，产生二进制格雷码信号，来指示风向方位。

2. 超声波风速仪

三维超声波风速仪的结构由三对超声波换能器探头组成（图 1-14），每对探头中的两个探头均可发射超声波脉冲，同时均可接受对方探头发射的超声波脉冲。超声波在空气中的传播速度受到风速的影响，如果超声波传播方向与风速方向相同，那么超声波传播速度增大，反之减小。根据这一现象，超声波风速仪的测量原理是依据超声波脉冲在每一对超声波探头之间的飞行时间来计算风速（Van Boxel et al.，2004）。

图 1-14　超声波风速仪

图 1-15 为一对探头之间超声波脉冲传播示意图，探头 1 发射的超声波脉冲被探头 2 接收，同时探头 2 发射的超声波脉冲被探头 1 接收。设两个探头之间的距离为 d，超声波在静止空气中的传播速度即声速为 c，沿探头 1 到探头 2 方向的风速为 u_f，那么超声波在探头 1 和探头 2 之间两个相反方向上的传播速度分别为 $c+u_f$ 和 $c-u_f$，时间分别为

$$t_1 = \frac{d}{c+u_f} \tag{1-44}$$

$$t_2 = \frac{d}{c-u_f} \tag{1-45}$$

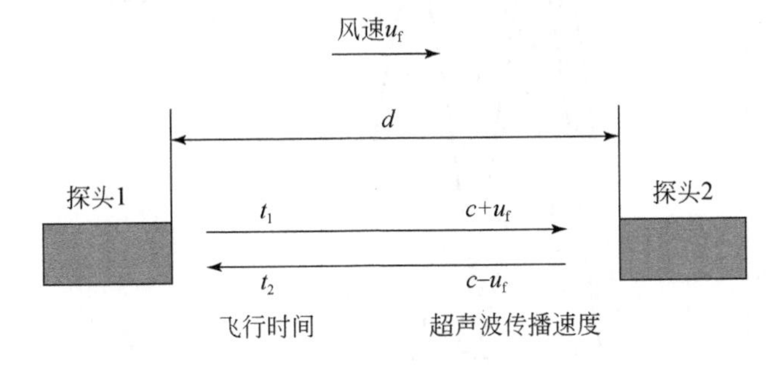

图 1-15　一对探头之间超声波脉冲传播示意图

由上述两个方程式计算可得风速和声速分别为

$$u_f = \frac{d}{2}\left(\frac{1}{t_1} - \frac{1}{t_2}\right) \tag{1-46}$$

$$c = \frac{d}{2}\left(\frac{1}{t_1} + \frac{1}{t_2}\right) \tag{1-47}$$

因此，测量一对探头之间超声波脉冲在两个相反方向的传播时间，以及探头之间的距离，即可根据式（1-46）计算得到风速，但该风速仪表示在该对探头所在方向上的风速，若要得到三维空间中的风速矢量，需要三对探头之间以不同的角度布置，同时测量三个不同方向的风速，然后进行坐标变换，可得风速在指定直角坐标系中的三个分速度。

超声波风速仪测量的分辨率由探头之间的距离决定，探头之间的距离一般为 10 ~ 20cm。由于声速很快，因此，其可实现高频瞬时测量，测量频率可达 20Hz 以上。超声波风速仪的主要缺点是其有一个较大的支撑探头的结构，会对气流产生扰动。另外，降雨会对其测量精度产生影响，这是由于雨滴会对声速产生扰动。

1.2.2 风湍流观测

野外风湍流观测主要使用超声波风速仪。湍流度取决于下垫面摩擦引起的气流涡动扩散速率的大小，各类地表湍流强度与平均风速之间没有趋势性关系，这主要是由于平均风速能够过滤风的波动性，从而隐藏风况中与湍流有关的重要信息。对草地、农田、流沙、细戈壁、黑戈壁距地表 1m 高度处的湍流强度概率分布进行统计，结果表明，五类地表湍流强度概率分布均接近正态分布（图 1-16）。按照草地、农田、流沙、细戈壁、黑戈壁的

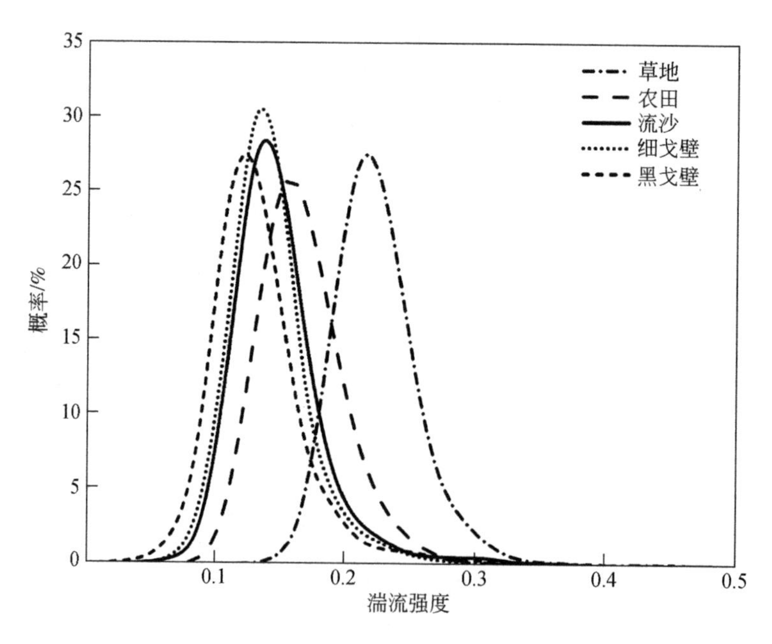

图 1-16　草地、农田、流沙、细戈壁、黑戈壁距地表 1m 高度处的湍流强度概率分布

顺序，概率分布峰值对应的湍流强度和平均湍流强度依次减小，各地表湍流强度标准偏差介于0.0296～0.0381。在风速为2～14m/s时，草地1m高度处的湍流强度总体介于0.15～0.38（属于高强度湍流），与平均风速之间缺乏明显相关性（图1-17）。在较小风速的情形下，草地近地表湍流强度分布分散且变化幅度大，随风速的增大，湍流强度变化幅度减小，湍流强度分布趋于集中。进一步统计结果显示，湍流强度概率分布大致满足正态分布，偏度为0.89，峰度为1.51，概率分布峰值对应的湍流强度为0.23。

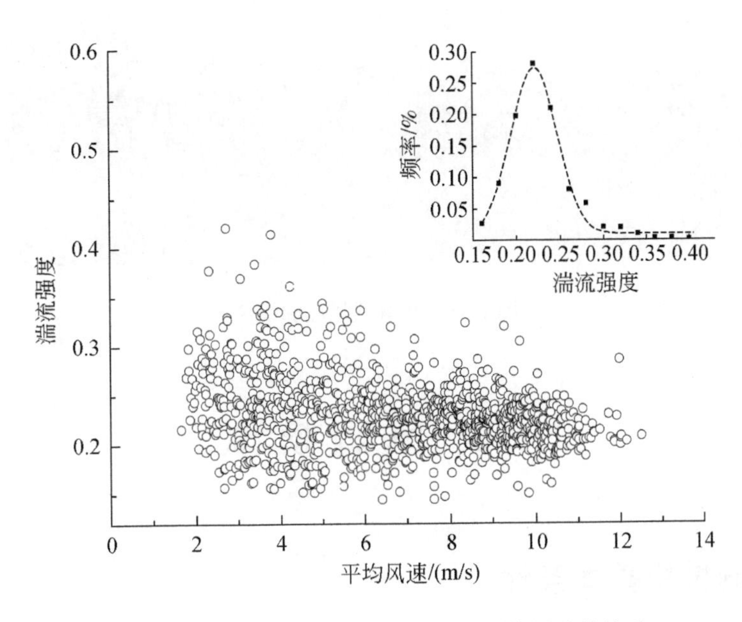

图 1-17　草地 1m 高度处湍流强度与平均风速的关系

1.2.3　风速廓线观测

对于野外风速廓线的测量，一般采用风杯式风速廓线仪测量（图1-18），主要关注较平坦地表、观测区比较空旷且上风向没有障碍物阻挡、来流气流能够充分发展的环境下的风速廓线。在仪器安装布置过程中，需要考虑风速测量高度的选择，并在观测过程中，记录下垫面状况的变化及现场天气状况（其中温度、大气压等利于计算空气密度）。对于风速测量高度的选择，一般可按对数规律布置，风杯在下部密集而上部稀疏。

图 1-18　风杯式风速廓线仪

1.3　风洞模拟

1.3.1　风洞模拟基本条件

风洞模拟实验要完全模拟实际气流场，在理论上需要同时满足三个相似性条件——几何相似、运动相似和动力相似（景思睿和张鸣远，2001；吴正等，2003），且相似比例一致。几何相似是指模型尺寸与原型尺寸成同一比例，即仅当三维空间中所有对应的尺寸具有相同的线性比例时，模型和原型在几何上是相似的。运动相似是指模型和原型的流体速度场相似，即流场中对应位置的流体速度方向相同而大小成同一比例。动力相似是指模型与原型之间对应位置处同种作用力的方向相同而大小成同一比例。几何相似是前提和依据，动力相似是主导因素，运动相似是表象。

三个相似性条件与下列表述等价（景思睿和张鸣远，2001）：①相似的物理现象必须服从相同的客观规律，物理方程式必须完全相同，对应的相似准则相等。②同一物理现象如果单值条件相似，并且由单值条件中的物理量组成的相似准则相等，则必定相似。因此，相似条件可转化为单值条件相似（如几何、流体物理性质、边界等条件），以及相关准则数相等（如雷诺数 *Re*、弗劳德数 *Fr* 等）。

在实际模拟中，同时满足这三个相似性条件（即完全相似）是不可能的，除非模型和原型完全相同（1∶1 比例），边界条件等完全相同。因此，一般采用近似模型相似的办法。例如，平坦表面或沙丘表面流场的模拟（纯气流流动，不考虑沙粒），这类运动主要受惯性力、黏性力的作用，需要考虑雷诺数相似准则（雷诺准则）。重力对流场没有影响，则不需要考虑弗劳德数相似准则。自然界气流速度一般比声速小很多，约小一个数量级，不用考虑空气压缩性的影响，因而忽略马赫数（*Ma*）相似准则。如果不考虑温度梯度的影响，那么流场相似由雷诺数决定，只需保证雷诺数相等，即雷诺相似。在满足雷诺相似的条件下，可能出现模型缩放不当（如太小），导致流速太大难以实施，或者气流压缩性不可忽略，那么必然带来较大误差甚至错误。但雷诺数大到一定程度，即惯性力与黏性力的比值很大，黏性力影响减弱，再继续提高雷诺数对流动现象和流动性能没有影响，即与雷诺准则无关，称为自模化状态，这为实验研究带来很大方便（景思睿和张鸣远，2001）。风沙环境风洞的最基本的要求是模拟野外近地边界层湍流流动和风沙运动现象。风洞实验段入口通常布置粗糙元（如尖塔、方块等），以提高边界层厚度，生成所要求的风速廓线。

1.3.2 观测仪器及其原理

1. 介入式仪器

介入式仪器是指仪器中感应风速变化的感应器需要插入流场中，对流场有一定的干扰，这里主要介绍用于测量局部气流速度的皮托管风速仪和热线热膜风速计，以及用于测量风对地表局部剪切作用力的地表剪应力测量系统。

L 型皮托管整体呈直角（图 1-19），测头指向来流方向，测头顶部有总压孔，侧面有静压孔，分别连通另一边支杆上的两个压力接头。测量原理是依据伯努利原理和伯努利方程。伯努利原理陈述了流体流动过程中，流体速度的增加同时伴随着流体压强的减小或流体势能的减小，其遵守能量守恒定律。具体的，在稳态流动过程中，沿流线上每点处所有

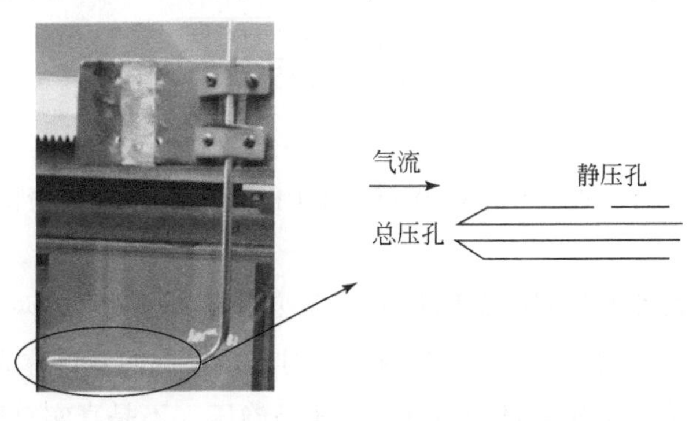

图 1-19　L 型皮托管

形式的能量之和都是相同的。对于不可压流体，沿流线上任意一点的动能、重力势能和压力能之和为一常数，即

$$\frac{\rho_f u_f^2}{2}+\rho_f gz+p=C \tag{1-48}$$

式中，ρ_f、u_f 和 p 分别为流体密度、速度和压强；g 为重力加速度；z 为高度；C 为常数。

对于 L 型皮托管，总压孔和静压孔处的势能相差很小，基本相等，总压孔处流体速度为 0（即动能为 0），因此，可以得出

$$p_t=p_s+\frac{\rho_f u_f^2}{2} \tag{1-49}$$

式中，p_t 为总压孔处的滞止压或总压；p_s 为静压孔处的静压；$\rho_f u_f^2/2$ 为动压。

式（1-49）表明总压等于静压和动压之和。根据总压和静压之差获得动压之后，由式（1-50）计算出风速：

$$u_f=\sqrt{\frac{2(p_t-p_s)}{\rho_f}} \tag{1-50}$$

式（1-50）仅仅应用于不可压流体、流体黏性可忽略及稳态流动等条件下。由于流体黏性、皮托管加工等，式（1-50）需要修正，引入皮托管系数 K：

$$u_f=K\sqrt{\frac{2(p_t-p_s)}{\rho_f}} \tag{1-51}$$

空气密度是温度和大气压的函数，根据理想气体状态方程，可得

$$\rho_f=\frac{\rho_0(273.15+t_0)p}{(273.15+t)p_0} \tag{1-52}$$

式中，$t_0=20℃$；$p_0=101\ 325\text{Pa}$（即 1 个标准大气压）；在 t_0 和 p_0 下的空气密度 $\rho_0=1.2\text{kg/m}^3$；p 和 t 分别为测量时的大气压和摄氏温度。

将式（1-52）代入式（1-51），可得风速表达式为

$$u_f=K\sqrt{\frac{2\Delta p(273.15+t)p_0}{\rho_0(273.15+t_0)p}} \tag{1-53}$$

式中，压差 $\Delta p=p_t-p_s$。

L 型皮托管系数通常接近 1.0（K=0.99～1.01）。因此，制造精良的 L 型皮托管基本不用修正即可使用。

S 型皮托管由两根外形相同的金属管定向焊接而成，测头上有两个方向相反的开口，两个开口截面相互平行（图 1-20）。测量时，正对气流来向的开口称为总压孔，背向气流来向的开口称为静压孔，分别测量相当总压、相当静压（不是真实总压和静压），两者之差大于真实动压。因此，S 型皮托管系数 K 小于 1.0，一般为 0.81～0.86。

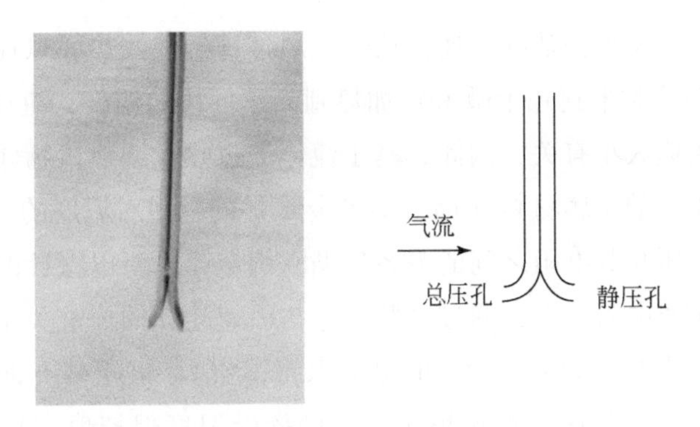

图 1-20　S 型皮托管

为了实现风速数据的实时采集，研制的皮托管风速仪测量系统通常包括皮托管、信号转换系统和信号采集系统三部分（图 1-21）。其中信号转换系统通过微压差变送器将皮托管的压差转换为电压信号，以及通过温度传感器和大气压传感器分别将温度和大气压转换为电压信号；信号采集系统主要通过多功能数据采集板和计算机中的采集软件实时采集皮托管压差、温度和大气压的电压信号，根据式（1-53）实时计算风速数据，并存储到计算机。

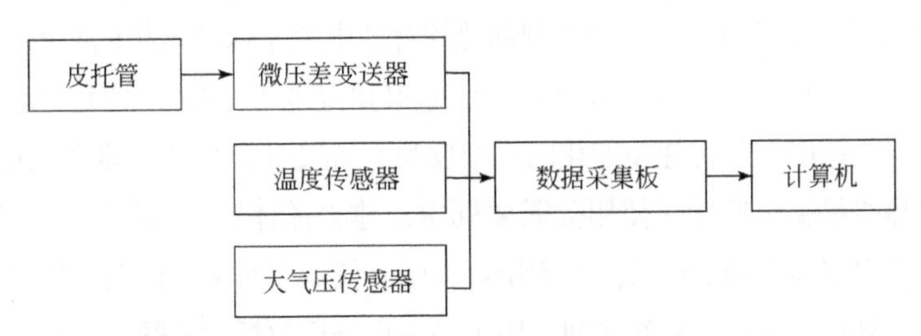

图 1-21　皮托管风速仪测量系统

热线热膜风速计，又称为热线风速仪或热线风速计。热线热膜风速计将非常细的热线探针或热膜探针（约几微米到几十微米）加热到高于环境的温度，流过探针的气流使其冷却。由于散热量与风速大小有关，因此其基于流体流过热丝或热棒物体的冷却效应可以测量风速。通常制作探针的金属材料（钨、铂等金属）的电阻对温度的变化比较敏感，而且流过探针的电流、电压与其电阻之间的关系遵循欧姆定律，所以探针的散热量信息可转化为探针的电流、电压或电阻信息，通过这些信息与风速建立的校准关系来测量风速。热线热膜风速计可分为恒流型（即流经探针的电流保持恒定）、恒压型（即探针两端的电压保持恒定）和恒温型（即探针电阻保持恒定，也即探针温度保持恒定）三种类型，常用的是恒温型热线热膜风速计。与其他测量方法相比，热线热膜风速计具有极高的频率响应和良好的空间分辨率，能够获取速度连续变化的高频数据，准确地对流场进行频谱分析，非常适于湍流研究，是湍流研究的经典仪器。热线热膜风速计是一种接触式测量仪器，对流场有一定的干扰作用，探头易断裂，污垢、灰尘等会影响风速计的精度，一般不适用于气流中存在较大的固体颗粒物环境，如风沙环境。

对于恒温型热线热膜风速计，为了使探针电阻和温度保持恒定，将探针连接在惠斯通（Wheatstone）电桥的一个桥臂上，通过控制加热探针的电流来保持电桥的平衡，即探针的发热量与流体流动带走的热量保持平衡，从而使探针电阻和温度不依赖于流体所施加的冷却作用。这样，桥电压随流体速度（是传热量变化的一个反映）而变化，成为速度测量的表征信号。正因如此，恒温型热线热膜风速计在使用前需要标定，建立流体速度与桥电压之间的标定曲线，标定曲线通常为5次多项式函数形式。在测量过程中，仪器实时采集桥电压随时间的变化序列，再利用标定曲线计算得到流速的时间序列，用于进一步分析包括湍流脉动、频谱分析等。

地表剪应力测量系统由地表剪应力探头、压差信号转换系统和信号采集系统三部分组成（张军杰，2017），如图1-22所示。地表剪应力探头的作用是获取地表上的压差信号。压差信号转换系统通过微压差变送器将地表剪应力探头获得的压差信号转换为电压信号。信号采集系统通过数据采集板、采集软件和计算机实时采集电压信号，并将其通过压差-地表剪应力之间的标定曲线转换为地表剪应力值。

地表剪应力探头一般采用Irwin类型（图1-23），探头中心圆管与中心圆孔的高差为h，图1-23中所示探头比Irwin（1981）的原始设计尺寸小很多，以提高测量的空间分辨率。在使用前，需要对地表剪应力探头进行标定，建立地表剪应力探头中心圆管与中心圆孔之间的压差Δp与地表剪应力τ_s（$\tau_s=\rho_f u_*^2$）之间的标定曲线。已有研究表明，地表剪应力探头的压差Δp与地表摩阻风速u_*的关系可表示为幂函数关系：

$$\frac{u_* h}{\nu}=a+b\left(\frac{\Delta p h^2}{\rho_f \nu}\right)^c \tag{1-54}$$

式中，ν为空气运动黏度；a、b和c为标定系数。

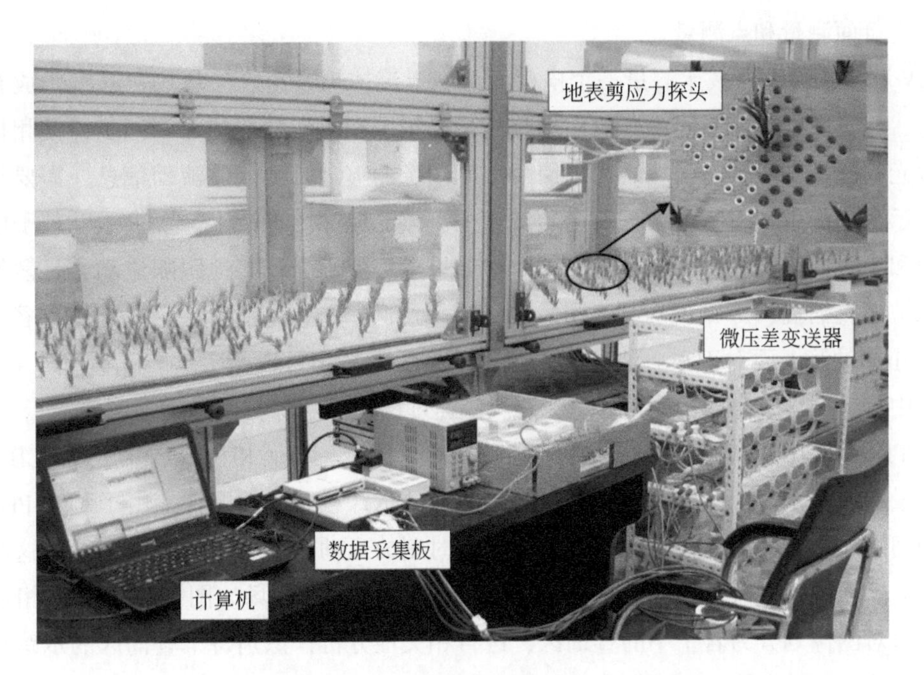

图 1-22　地表剪应力测量系统

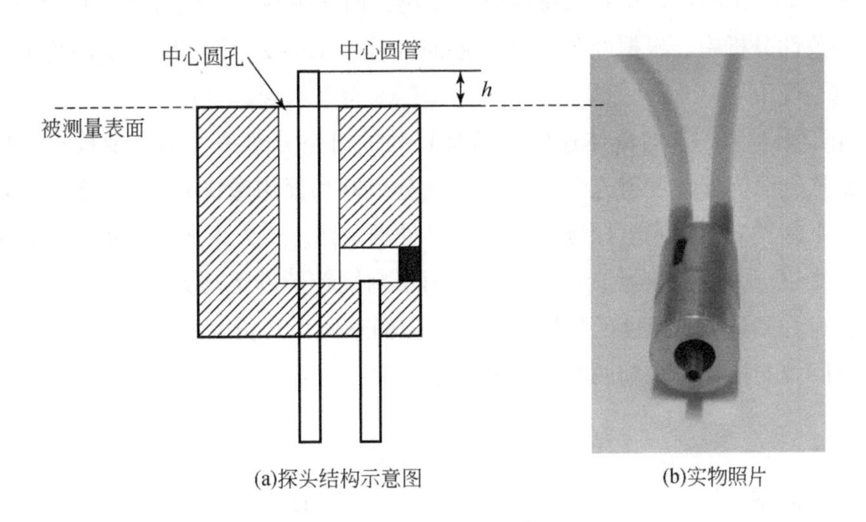

图 1-23　地表剪应力探头

2. 非介入式仪器

非介入式仪器是指风速和风向感应器不接触流场，不对流场产生干扰作用的一类测量仪器，这里主要介绍粒子图像测速仪（particle image velocimetry，PIV）和激光多普勒测速仪（laser Doppler velocimetry，LDV 或 laser Doppler anemometer，LDA），它们分别用于对气流速度进行面测量和点测量。

PIV 利用图像测量技术测量一个横截面区域上流体瞬时速度矢量场，基本构成有双脉冲激光、相机和同步器。同步器的作用是使相机拍照和激光脉冲的时间同步，使相机准确捕捉激光脉冲刚好照亮的区域。为了使每一帧图像能够记录到流体流动信息，需要在流体中加入示踪粒子，利用示踪粒子的运动来表征流体的运动。理论上，要求示踪粒子能够完全跟随和响应流体的运动。在实际应用中，如果示踪粒子能较好地跟随流动，且散射的光强足以被相机捕捉，那么就可以使用。对于气流的流动，示踪粒子经常使用直径在 1 ~ 5μm 大小的油滴，而对于水、油等液体的流动，示踪粒子可以稍大些，如直径 5 ~ 100μm 大小的中空玻璃珠。事实上，PIV 拍摄的流体速度图像是示踪粒子的运动图像。

在 PIV 系统中，利用片状双脉冲激光照亮测量区域，数码相机（CMOS 或 CCD 相机）对准测量区域拍摄，记录每对激光脉冲分别照亮的示踪粒子运动图像。由于每对 PIV 图像的时间间隔非常小，示踪粒子在两个激光脉冲时刻的运动图像可以同时被记录在这两帧图像中，对这对图像进行分析可以导出测量区域内的速度矢量场。图像分析常用相关性算法，将每对图像划分为若干小的查询区，进行相关性分析，识别每个查询区的示踪粒子位移，将其除以两帧图像间的时间间隔，得到每个查询区的速度，即得整个测量区的速度矢量场。当使用单相机时可以得到二维瞬时速度场，而使用两个相机时可以获得三维瞬时速度场。在相关性分析中，根据经验，每个查询区看到 10 ~ 25 个示踪粒子图像时，才能获得良好的信号峰值。

LDV 用于测量某一点的流体速度，具有较高的时空分辨率，不需要校准。LDV 的基本结构包括连续激光器、发射光学组件（包括分束器和聚焦透镜）、接受光学组件（包括聚焦透镜、干涉滤光器和光电探测器）和信号处理单元。激光束通过分束器输出两束等强度的相干激光束（其中一束激光带有频移，用于判别粒子的运动方向），通过聚焦透镜相交，这个交点为测量粒子速度的位置，交点类似椭球体，其长度约几毫米，内部形成干涉条纹，条纹间距与激光波长和两激光束的夹角有关：

$$d_f = \frac{\lambda}{2\sin(\theta/2)} \tag{1-55}$$

式中，d_f 为干涉条纹间距；λ 为激光波长；θ 为两激光束的夹角。

LDV 同样需要示踪粒子来表征流体的运动信息。当微小示踪粒子穿过类似椭球体的交点时，粒子会散射光，该散射光包含多普勒频移信号，通过接受光学组件和信号处理单元，识别并得到多普勒脉冲信号，对其进行频率分析得到多普勒频移 f_D。示踪粒子在垂直于两激光束平分线的速度分量为 $v = d_f f_D$。显然，要得到二维或三维速度矢量，则需要将两对或三对干涉激光束聚焦于同一点。

1.3.3 风湍流模拟

风湍流对呈悬浮运动状态的小颗粒沙尘物质运动轨迹有重要影响，而对跃移运动和蠕移运动状态的较大沙粒影响很小，甚至可以被忽略。因此，在风洞内模拟研究沙粒的跃移运动和蠕移运动时，一般不限定来流风况的湍流谱特征。然而，在研究沙尘释放、悬移沙粒运动时，由于颗粒很小且易受湍流影响，必须考虑风湍流性质，如湍流强度、湍流谱等。

风洞模拟中改变湍流的方法有主动模拟和被动模拟两类。主动模拟是在风洞气流入口通过主动控制的结构向风场内实时输入不同频率的能量，来调节气流场中湍流度、湍流尺度和湍流谱等参数。主动模拟方法有振动翼栅、振动尖劈和多风扇方法（Cermak，1995；Nishi et al.，1997；庞加斌和林志兴，2008），可较好地调节功率谱和湍流积分尺度。被动模拟是在风洞气流入口设置诸如尖塔（即尖劈）、各种粗糙元等障碍物，使气流发生分离，来较好地改善对风速廓线和湍流强度的要求。被动模拟装置的几何尺寸、排列方式、组合方式等参数决定风湍流特性。

1.3.4 风速廓线模拟

1. 野外风速廓线的风洞模拟

在研究风沙运动机理或土壤风蚀机理时，如果风洞实验要求来流风况与野外风速廓线一致，通常需要在风洞实验段气流入口设置不同配置的粗糙元，使风洞能够获得所要求的风速廓线。除非十分关心气流的湍流强度或湍流谱的影响，否则，一般不考虑气流的湍流强度或湍流谱。

风洞实验段气流入口处的粗糙元布置的一个例子介绍如下（李继峰，2015）：风洞横截面高 2m、宽 3m（在这样的大风洞内有可能实现对野外一些观测模型的 1∶1 模拟）。为了模拟野外风速廓线，在风洞入口 3.8m 范围内放置粗糙元，粗糙元的材料为长 24cm、宽 11.5cm、厚 5cm 的砖块，1 块或数块叠加在一起的砖块组成 1 个粗糙元，通过叠加砖块改变粗糙元高度。经过反复试验，最终确定粗糙元共 8 排，交错布置，奇数行有 8 个粗糙元，偶数行有 10 个粗糙元，不同风况对应的粗糙元高度布置（叠加砖块数）情况如表 1-1 所示。这样，可以使床面上方 0.7m 高度内的风速廓线与野外相同高度的风速廓线基本一致。

表 1-1　不同风况对应的粗糙元高度布置（叠加砖块数）情况

摩阻风速/(m/s)	粗糙元高度布置（叠加砖块数）
0.25	第 1 行为 2 块，其余行均为 1 块
0.34	第 1 行为 4 块，第 2 ~4 行为 2 块，其余行均为 1 块
0.42	第 1 行为 3 块，第 2 ~4 行为 2 块，其余行均为 1 块
0.51 和 0.59	第 1 ~4 行为 2 块，其余行均为 1 块
0.68	第 1 ~3 行为 2 块，其余行均为 1 块

2. 气流边界层厚度的改变

如果风洞实验段气流入口处不布置粗糙元，风洞内也会生成对数律气流边界层，但是需要很长距离才能生成较厚的气流边界层。由于受制造成本等因素限制，风洞实验段长度有限，通常需要采取措施来加速生成较厚的气流边界层。如果气流边界层较薄，沙粒运动的高度有可能超过边界层厚度，从而使风洞模拟失真。因此，对于风沙运动机理研究或有粗糙元覆盖地表（如砾石、植株），通常要求在较厚的对数律气流边界层条件下进行测试，一般不要求与野外风况完全相同。

通过在风洞入口布置人工粗糙元来提高边界层厚度的一个例子如图 1-24 所示，人工粗糙元共 6 排，交错布置，排间距为 20cm，每排中粗糙元间距为 10cm，每排个数分别为 9 个、10 个、9 个、10 个、9 个和 10 个。粗糙元为长 32mm、宽 24mm 的长方体粗糙元，其高度有两种——22mm 高和 50mm 高。第一排粗糙元由 5 个 50mm 高的粗糙元和 4 个 22mm 高的粗糙元组成，其余 5 排均为 22mm 高的粗糙元。通过这种办法可以将气流边界层厚度由 0.15m 提高至 0.3m（图 1-25）。需要指出，人工粗糙元的布置需要保证风速廓线遵循对数律分布，因此，人工粗糙元的合理布置方案需要进行不断调试来确定。

图 1-24　风洞入口粗糙元布置

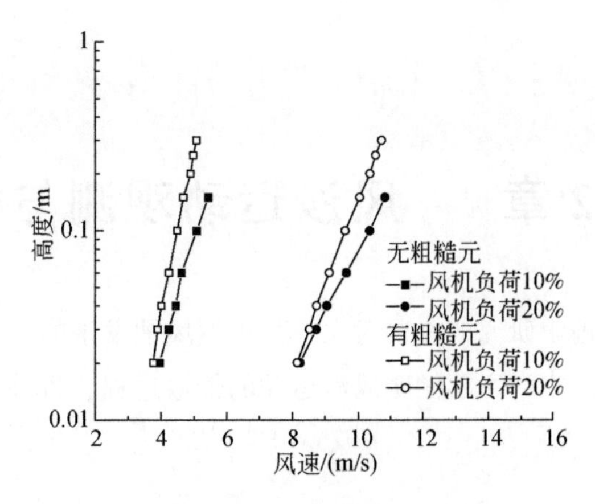

图 1-25　风速廓线的改变

第 2 章　风沙运动观测与模拟

风沙运动是风沙物理学研究的主要对象，是土壤风蚀发生的一个重要因素，是风沙地貌发育的一个重要过程。本章主要阐明风沙运动的传输过程、野外观测、风洞模拟和数值模拟方法。

2.1　风沙运动过程

2.1.1　沙粒起动过程

1. 地表沙粒起动假说

风沙运动是流动的空气及其搬运的沙粒形成的一种气固两相流动（吴正等，2003），沙粒在风力作用下脱离地表是风沙运动形成的前提条件，其起动机制研究在风沙物理学研究中占有重要地位。然而，学界对沙粒起动受力机理的理解仍不够深入和全面，目前还处于假说和验证阶段（表 2-1），这些假说根据沙粒起动时的主要受力类型分为两类：以接触力为主的起动假说和以非接触力为主的起动假说（贺大良和刘大有，1989）。每种假说都有其合理的成分，但由于沙粒起动的影响因素十分复杂，试图用某一种学说来解释沙粒起动都不够完善（董治宝，2005）。贺大良和刘大有（1989）认为沙粒跃移起动主要是由于斜面飞升和冲击碰撞共同作用，他们通过高速摄影发现，沙粒起动后垂直加速度平均值为负值，从而认为所有非接触力的垂直分量之和小于重力，故非接触力不能使沙粒起动。而振动起动说所描述的沙粒起动过程，与野外观测和室内风洞实验中看到沙粒在沙面上滚动一段距离后再突然向上跃升的现象不符。

表 2-1　地表沙粒起动假说总结

受力类型	沙粒起动假说	主要观点
以接触力为主（即沙粒间作用力）	冲击起动说	运动沙粒对地表的冲击作用是使地表其他沙粒起跳或自身反弹进入气流的主要原因。冲击力可达到沙粒重力的两个数量级，是沙粒飞升的主要动力。但无法回答第一颗冲击沙粒的来源

续表

受力类型	沙粒起动假说	主要观点
以接触力为主（即沙粒间作用力）	振动起动说	气流将振动能量传给沙粒，当两个振动沙粒相遇时，其中一个可弹入气流中。沙粒振动随风速增大而增强，随后弹射。振动频率与湍流频谱有关
	斜面飞升说	沙粒沿凸凹不平的斜面滚动而升入空中，沙粒的不规则棱角在滚动过程中与地面相撞也是沙粒升入空中的一个原因
以非接触力为主（即气流对沙粒的气动力）	风压起动说	地表沙粒在风压力直接作用下起动，即流体起动。沙粒前后的压差作用力使其产生翻倒力矩而运动
	升力起动说	包括 Saffman 升力起动（压差升力起动）和 Magnus 升力起动（旋转升力起动）。 Saffman 升力起动：由于地表沙粒顶部和底部之间存在风速差，根据伯努利定律，顶部风速大、压力小，底部风速小、压力大，从而产生一个向上的压差作用力（Saffman 升力），使沙粒脱离地表而运动。 Magnus 升力起动：旋转的沙粒受到向上的 Magnus 升力使其脱离地表
	湍流起动说	沙粒脱离地表起动是气流湍流扩散作用的结果，湍流的垂直分速度脉动对引起沙粒从地表上升是很重要的
	负压起动说	沙粒可由负压作用而脱离地表，但在风速较大时才起作用
	涡旋起动说	旋涡在局部突起点分离而产生的负压和离心力可能使沙粒起动

资料来源：贺大良和刘大有，1989；吴正等，2003；董治宝，2005。

2. 地表沙粒的流体起动

流体起动是指地表上静止状态沙粒在净风的直接作用下发生运动。可以理解为：一开始在无风状态下，地表沙粒均处于静止状态，然后逐渐增加风速，风对地表沙粒的气动力[包括气流对沙粒表面的摩擦力（即摩擦阻力）以及沙粒形状导致气流分离而形成的压差力（即形状阻力）]也会逐渐增加。当风速增加到某一临界值时，沙粒在气动力的作用下刚好开始运动，此时的风速临界值被称为流体起动风速。

如何判断沙粒起动，即沙粒起动的判别标准，对确定临界起动风速十分重要。一般有两种方法（Anderson and Anderson，2010）：一是认为垂直方向上沙粒受力达到力平衡状态，要求沙粒所受升力大于等于其重力，但是这在气流中是不可能的。二是表征为力矩平衡问题（Bagnold，1941），反映沙粒脱离原位置的方式（即滚动），当沙粒获得了气流对其施加的转矩，且该转矩稍稍大于阻力矩时，沙粒将围绕与地表的接触点旋转而滚动，即沙粒被起动（图 2-1）。

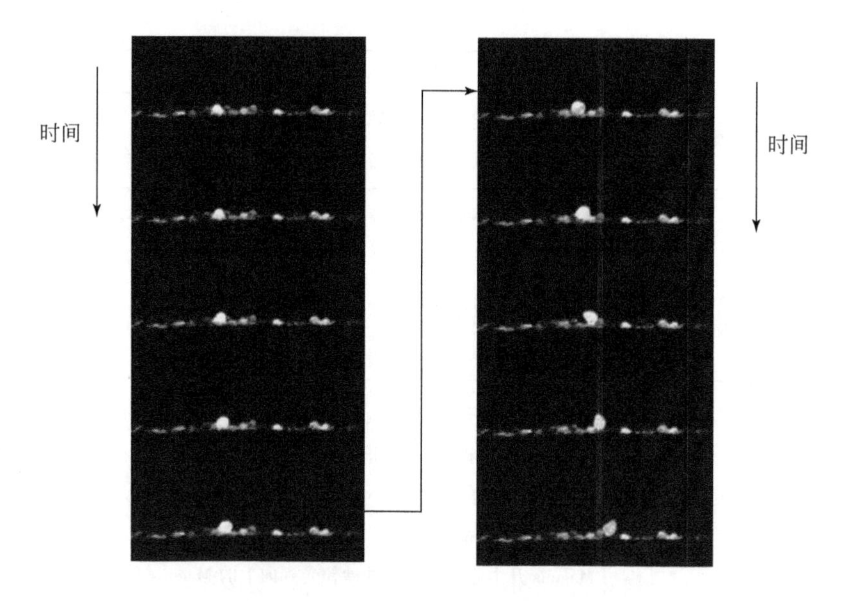

图 2-1　沙粒起动后滚动的时间序列

房山风洞内高速摄像照片，时间间隔为 0.002s，气流方向从左到右

图 2-2 给出了地表静止沙粒 A 在流体起动过程中达到力矩平衡状态时沙粒受力示意图。沙粒 A 在拖曳力 F_d 作用下获得绕接触点 O 的转矩：

$$T_d=F_dR\cos\alpha=\frac{1}{8}\pi d_p^2C_D\rho_f u_A^2R\cos\alpha \tag{2-1}$$

式中，C_D 为阻力系数；d_p 为沙粒直径；ρ_f 为空气密度；u_A 为流经沙粒 A 的特征风速。同时，有效重力 F_w 产生的转矩阻碍沙粒向前滚动，该阻力矩为

$$T_w=F_wR\sin\alpha=\frac{1}{6}\pi d_p^3(\rho_p-\rho_f)gR\sin\alpha \tag{2-2}$$

式中，ρ_p 为沙粒密度；g 为重力加速度。

在沙粒将要起动（滚动）的临界状态下，使沙粒转动的力矩 T_d 等于阻碍沙粒转动的阻力矩 T_w，即 $T_d=T_w$，可得

$$u_A=\sqrt{\frac{4\tan\alpha}{3C_d}\frac{(\rho_p-\rho_f)}{\rho_f}gd_p} \tag{2-3}$$

由于摩阻风速与 u_A 成正比，流体起动摩阻风速 u_{*t} 可表示为（Bagnold，1941）

$$u_{*t}=A\sqrt{\frac{(\rho_p-\rho_f)}{\rho_f}gd_p} \tag{2-4}$$

式中，经验系数 A 为临界 Shields 数（$=\rho_f u_{*t}^2/[(\rho_p-\rho_f)gd_p]$）的平方根，当摩阻雷诺数大于 3.5 时，经验系数 A 近似为一常数，对于松散的粗沙，$A=0.1$（Bagnold，1941）。

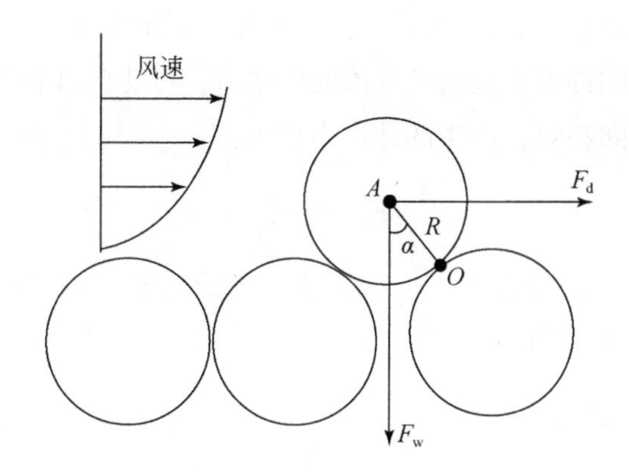

图 2-2　流体起动沙粒受力示意图

F_d 为拖曳力，F_w 为有效重力即重力减去浮力，R 为沙粒半径

准确地确定流体起动风速仍比较困难，一个原因是，即使平均床面剪应力小于临界起动值，但是湍流可导致瞬时剪应力大于临界值，此时也会使一些床面沙粒起动。另一个原因是，在风洞实验中也经常观察到风速增加到某一数值后，沙床面上沙粒刚好发生了运动，然而过了一段时间，沙粒运动却停止，这会影响对流体起动值的判断。Logie（1981）报道了流体起动值随时间而变化，最大临界值可超过最小临界值的 11%，将其归因于床面向较低的表面粗糙度演化。尽管难以准确确定临界起动风速，但常用的人眼观察和输沙率推算两种方法，仍可初步确定临界起动风速。人眼观察法是在逐渐增加风速的过程中，观察床面沙粒是否刚好运动来确定临界风速，这种方法因观测者的视角和视场不同而观测结果不同，存在主观性，报道的经验系数 A 由 0.1（Bagnold，1941）变化到 0.17 ~ 0.2（Lyles and Krauss，1971）。输沙率推算法是先测定若干风速下的输沙率，然后选用一个表征输沙率随风速变化的函数对实测数据进行拟合，外插得出临界风速。这两种方法得出的临界风速可能不一致，原因在于人眼观察法是识别少量沙粒的运动，输沙率推算法或许表征维持连续输沙的最小风速，它们可能分别接近流体起动值和冲击起动值（这需要进一步检验）。

3. 地表沙粒的冲击起动

冲击起动是指地表上处于静止状态的沙粒在气流中运动沙粒的冲击作用下发生运动。可以理解为，在风沙流形成之后，地表沙粒主要在空中沙粒的冲击碰撞作用下发生起跳而运动。然后，逐渐减小风速，直到风速低于某一临界值时，风沙流刚好完全停止，此时的临界风速称为冲击起动风速。冲击起动风速通常小于流体起动风速约 20%，即式（2-4）中的系数 $A=0.08$（Bagnold，1941）。

冲击沙粒主要来自气流中降落的跃移沙粒，其降落到地面时，通过碰撞作用将自身的一部分动量转移到地表静止沙粒，当该静止沙粒获得足够动量时，从地表起跳进入气流。碰撞过程中，运动颗粒的冲击力远大于气流的作用力，可达到沙粒重力的两个数量级，这主要是由于冲击碰撞时间很短，产生的冲击力很大：

$$F_c = m_p \frac{\Delta u}{\Delta t} \tag{2-5}$$

式中，F_c 为碰撞过程中平均冲击力；m_p 为冲击沙粒的质量；Δu 为碰撞前后冲击沙粒的速度差；Δt 为碰撞（冲击）时间。

4. 沙粒特性与起动风速

除平均粒径外，沙粒的形状、分选性（粒度分布）及沙粒间内聚力（如范德华力）都对临界起动风速产生重要影响。根据流体起动摩阻风速表达式［式（2-4）］，起动风速与沙粒粒径的平方根成正比。然而对于细小的沙粒（<0.08mm），流体起动摩阻风速随粒径的减小反而增加（Bagnold，1941），这主要是由于沙粒越小，沙粒间内聚力作用增强。因此，流体起动摩阻风速表达式中经验系数 A 是摩阻雷诺数和颗粒间内聚力的函数。Iversen 和 White（1982）给出了系数 A 的一个经验关联式：

$$A = 0.129(1.928R_{e*}^{0.092} - 1)^{-0.5}\left(1 + \frac{c}{\rho_p g d_p^n}\right)^{0.5} \quad (0.03 \leqslant R_{e*} \leqslant 10) \tag{2-6}$$

$$A = 0.12\{1 - 0.0858\exp[-0.0617(R_{e*} - 10)]\}\left(1 + \frac{c}{\rho_p g d_p^n}\right)^{0.5} \quad (R_{e*} \geqslant 10) \tag{2-7}$$

式中，$R_{e*} = \rho_f u_{*t} d_p / \mu_f$，为摩阻雷诺数；$\mu_f$ 为流体动力黏性系数；系数 $c = 0.006\text{g/s}^2$；指数 $n = 2.5$，而 Burr 等（2015）建议 $c = 0.055\text{g/s}^2$ 和 $n = 2$。$\left(1 + \frac{c}{\rho_p g d_p^n}\right)$表征细小沙粒间内聚力的影响，包括范德华力、静电力等的影响。

Shao 和 Lu（2000）进一步分析得出一个更加简化的流体起动摩阻风速表达式，来考虑沙粒间内聚力的影响：

$$u_{*t} = A_N \sqrt{\frac{(\rho_p - \rho_f)}{\rho_f} g d_p + \frac{\gamma}{\rho_f d_p}} \tag{2-8}$$

式中，系数 $A_N = \sqrt{0.0123} = 0.111$；$\gamma$ 为沙粒间内聚力的强度，为 $1.65 \times 10^{-4} \sim 5.0 \times 10^{-4}$ N/m。

与沙粒粒径和沙粒间内聚力相比，沙粒形状和分选性（粒度分布）对起动风速影响的研究十分匮乏。Williams（1964）对三种球形度沙粒的输沙率测量结果表明，低风速条件下，球形度越好（越接近球形），输沙率越小，这可能是球形沙粒对气流的阻力较小，从而需要更大的起动风速。对于沙粒分选性或粒度分布，混合沙通常比平均粒径沙粒的起动风速小，其中细沙粒组分容易起动，但其会受到大沙粒对其的遮蔽作用。

2.1.2 风沙传输过程

1. 沙粒运动的基本形式

风沙流中沙粒通常有蠕移、跃移和悬移三种基本运动形式（Bagnold，1941）。蠕移运动是指沙粒沿地表（与地表近似连续接触）滚动或滑动，或者短距离跳跃、低能量运动［也被称为溅移（reptation）］。由于溅移运动的沙粒具有的动量很小，其返回地面时不会使其他沙粒起跳，有些研究者将其作为一种独立的运动形式。蠕移运动沙粒的粒径一般大于0.5mm，具有较大的惯性，不易被风力直接起动，因此通常由跃移沙粒的撞击来驱动。蠕移输运量占所有沙粒输运量的比例约为25%（Bagnold，1941），对风成地貌表面沙纹的塑造起重要作用。

跃移运动是指沙粒的连续跳跃运动。沙粒起跳进入气流之后，不断地从气流获得动量而加速，在重力作用下又以抛物线轨迹降落并撞击沙床面，撞击后再以大概率即概率为95%（Anderson and Haff，1991）反弹进入气流，并被气流加速。撞击过程中还可使更多床面沙粒飞溅起来进入跳跃运动，周而复始引起一系列连锁反应。可见，跃移运动主要由跃移沙粒的冲击碰撞作用而产生，是风沙流中沙粒的主要运动形式。跃移沙粒粒径一般在70～500μm，其输沙量约占总输沙量的75%（Bagnold，1941），是风沙运动的主体成分，对地表的冲击成为土壤风蚀的主要驱动力。因此，土壤风蚀防治的一个途径是抑制沙粒的跃移运动。

悬移运动是指颗粒保持一定时间悬浮于空中而不接触地面，并与气流几乎相同的速度运动。悬移颗粒粒径通常小于70μm，其运动易受到湍流速度脉动的影响。从连续介质观点来看，在垂直方向上，湍流耗散输运通量与沉降通量相平衡，其浓度随高度遵循幂函数规律衰减（Anderson and Anderson，2010）。根据在空中的停留时间，悬移可进一步分为长期悬移（粒径小于20μm，沉降速度与摩阻风速的比值小于0.1）和短期悬移（粒径为20～70μm，沉降速度与摩阻风速的比值为0.1～0.7）（Pye，1987；Tsoar and Pye，1987）。长期悬移颗粒可以在大气中停留几星期、输运几千千米；短期悬移颗粒仅停留几分钟到几小时，输运几米到几千米（Tsoar and Pye，1987；Nickling and McKenna Neuman，2009）。悬移颗粒主要通过风力直接起动、跃移沙粒的撞击及团聚体的破碎三种方式释放（Shao，2001），是大气中矿物气溶胶的主要来源，影响大气辐射吸收和散射，成为气候预测模型考虑的一个重要因素（Schepanski，2018）。

2. 稳态风沙传输过程

现实中，发生风沙运动的气流始终处于湍流运动状态，即风速随时间呈脉动变化。因此，稳态风沙流要求风速无明显的低频波动，或者低频风速为常数，通常假定发生在平坦地表、二维稳定风场等理想条件下（常用于风洞实验和理论模型中）。一旦风沙流形成，地表沙粒和风中沙粒之间就发生剧烈的物质与能量交换。空中跃移沙粒从气流中获取能量之后，通过与地表沙粒碰撞，将一部分动量或能量转移给地表沙粒，从而使部分地表沙粒进入气流变为跃移沙粒。跃移沙粒与地表碰撞之后，除反弹继续进行跃移运动外，也有一小部分跃移沙粒没有反弹而变为地表上暂时静止的沙粒。当沙粒从气流中获取的动量（或能量）与通过碰撞而损失的动量（或能量）之间达到平衡之后，风沙流就达到平衡运动状态，即形成所谓的稳态风沙流。

根据风与沙粒之间、沙粒与沙粒之间的相互作用，风沙动力学过程可分解为风对空中沙粒的加速作用（使沙粒轨迹改变）、风对地表沙粒的直接流体起动、地表沙粒被碰撞起跳［空中沙粒与地表沙粒之间的作用，即溅射过程（splash process）］，以及沙粒对风速的改变作用四个基本作用过程。这四个过程之间形成负反馈机制（Anderson and Haff，1991），使风沙运动达到动态平衡，即当气流中沙粒增多时，沙粒吸收更多气流动量（对气流的阻力增加）而使风速减小，此时风对空中沙粒的加速作用减小，进而地表沙粒被空中沙粒撞击而起跳的数目减小，导致气流中沙粒数目减小；而气流中沙粒数目减小将导致风速增加，空中沙粒数目再次增加，风速再次减小。如此循环，最终使风沙流达到动态平衡状态。在稳态风沙流中，沙粒从气流中获取动量，从而风速廓线发生改变，由第 1 章可知稳态风沙流中存在应力守恒关系：总剪应力分解为湍流剪应力和颗粒剪应力，含沙粒的风速廓线不再严格保持对数律变化。

风沙流结构反映气流中沙粒统计量的垂向分布，一般主要是指输沙通量分布，广义上包含沙粒速度、沙粒浓度等参数的垂向分布。而风沙流中沙粒总的输移量则表征为（单宽）输沙率参数。风沙流结构和输沙率决定风沙输移强度，是制定合理防沙工程措施的主要依据，对防沙工程设计具有重要实践意义。

输沙率是指单位时间流过单位宽度的沙粒总质量。建立稳态输沙率表达式有基于动量定理和基于连续介质模型两种理论方法。动量定理描述的是风沙流中所有沙粒水平动量变化率等于其在水平方向上所受外力之和。设输沙率为 Q，单位时间内单位面积床面上气流中沙粒水平动量变化 ΔP 为

$$\Delta P=\frac{Q(u_{0\downarrow}-u_{0\uparrow})}{L} \tag{2-9}$$

式中，$u_{0\uparrow}$ 和 $u_{0\downarrow}$ 分别为典型跃移沙粒在床面上的水平起跳速度和水平降落速度；L 为特征跃移距离（或平均起跳距离）。

单位面积床面上气流中沙粒所受到的水平外力等于气流对单位面积床面上运动的所有沙粒施加的水平拖曳力，即床面位置处颗粒剪应力 τ_{p0}：

$$\tau_{p0} = \int_0^{+\infty} F_{dx}(z)\,dz \tag{2-10}$$

式中，$F_{dx}(z)$ 为高度 z 处单位体积内颗粒所受的气流拖曳力。因此，输沙率 Q 的一个基于动量定理的通用表达式为

$$Q = \frac{\tau_{p0} L}{u_{0\downarrow} - u_{0\uparrow}} \tag{2-11}$$

如果知道式（2-11）中参数的表达式，就可得出基于动量定理的输沙率表达式。

连续介质模型把风沙流中沙粒群体运动视为连续介质，像流体那样流动，则输沙率可表示为

$$Q = \int_0^{+\infty} q(z)\,dz \tag{2-12}$$

$$q(z) = \alpha_p(z)\rho_p u_p(z) \tag{2-13}$$

式中，$q(z)$ 为高度 z 处输沙通量，即高度 z 处单位时间流过单位面积的沙粒输运质量；ρ_p 为沙粒密度；$\alpha_p(z)$ 和 $u_p(z)$ 分别为高度 z 处沙粒体积浓度和沙粒平均水平速度。如果知道 $\alpha_p(z)$ 和 $u_p(z)$ 的表达式，根据式（2-12）和式（2-13）就有可能得出基于连续介质模型的输沙率表达式。然而，$\alpha_p(z)$ 和 $u_p(z)$ 表达式的乘积再进行积分通常没有严格的理论解析表达式，常用近似表达式表征输沙率。

表 2-2 和表 2-3 分别列出了一些基于动量定理和基于连续介质模型的输沙率表达式。可以看出，输沙率与摩阻风速、临界摩阻风速等风参数关系密切，其中临界摩阻风速还受到沙粒特性（粒径、形状、分选性等）的重要影响。

表 2-2　基于动量定理的输沙率表达式

研究者	输沙率表达式	说明
Bagnold（1941）	$Q=C_B\sqrt{\frac{d_p}{D_{250}}}\frac{\rho_f}{g}u_*^3$	$\tau_{p0}=\rho_f u_*^2$，$\frac{L}{u_{0\downarrow}-u_{0\uparrow}}\propto u_*$ 均匀沙 $C_B=1.5$，D_{250} 表示参考粒径为 0.25mm
Kawamura（1951）	$Q=C_K\frac{\rho_f}{g}(u_*-u_{*t})(u_*+u_{*t})^2$	$\tau_{p0}=\rho_f(u_*^2-u_{*t}^2)$，$\frac{L}{u_{0\downarrow}-u_{0\uparrow}}\propto(u_*+u_{*t})$，$C_K=2.78$
Sørensen（2004）	$Q=\frac{\rho_f u_*^3}{g}\left(1-\frac{u_{*t}^2}{u_*^2}\right)\left(\alpha+\beta\frac{u_{*t}^2}{u_*^2}+\gamma\frac{u_{*t}}{u_*}\right)$	$\tau_{p0}=\rho_f(u_*^2-u_{*t}^2)$，$L$ 未给出解析式
Kok 等（2012）	$Q=C_{DK}\frac{\rho_f u_{*t}}{g}(u_*^2-u_{*t}^2)$	$\tau_{p0}=\rho_f(u_*^2-u_{*t}^2)$，$\frac{L}{u_{0\downarrow}-u_{0\uparrow}}=C_{DK}\frac{u_{*t}}{g}$，$C_{DK}=5$

表 2-3　基于连续介质模型的输沙率表达式

研究者	输沙率表达式	说明
Owen（1964）	$Q=\frac{\rho_f u_*^3}{g}\left(1-\frac{u_{*t}^2}{u_*^2}\right)\left(0.25+\frac{v_t}{3u_*}\right)$	v_t 为颗粒沉降速度。将沙粒分解为上升沙粒和下降沙粒两部分
Creyssels 等（2009）	$Q=C\frac{\rho_f}{g}\sqrt{gd_p}(u_*^2-u_{*t}^2)$	$C=28$，$u_{*t}\approx0.2$

稳态输沙率方程表达式中的主要参数分为风的特征参数和沙粒的特征参数两大类，稳态输沙率方程预测精度受到这些参数表征准确性，以及输沙率与这些参数之间关系的表达是否准确的影响。稳态输沙率公式中还存在经验系数的确定问题，这些经验系数值的适用范围也会影响输沙率的预测精度，所以提高稳态输沙率方程预测精度的途径：一是准确表征风和沙粒的特征参数，二是探索准确表征输沙率与这些参数之间的耦合关系表达式，三是提高或完善经验系数取值的适用范围。

输沙通量表征了不同高度处的沙粒输运量，是指不同高度处单位时间流过单位面积的沙粒质量。输沙通量随高度的变化规律通常表征为三种形式——修正的幂函数形式、指数衰减函数形式、幂函数和指数函数的组合形式（表 2-4）。贴近地面附近的输沙通量的变化可能会受到地表状况的影响而表现出不同的变化特征。

表 2-4　输沙通量的表达式

函数类型	研究者	输沙通量表达式	说明
修正的幂函数形式	Zingg（1953）	$q(z)=\left(\frac{b}{z+a}\right)^{\frac{1}{n}}$	a、b 和 n 为系数
	Stout 和 Zobeck（1996）	$q(z)=q_0\left(1+\frac{z}{\sigma}\right)^{-2}$	q_0 和 σ 为系数
	Ni 等（2002）	$q(z)=a\left(\frac{1}{z}-\frac{1}{H}\right)^{n}$	a 和 n 为系数，H 为跃移层最大高度
	Dong 等（2010）	$q(z)=a+bz^c$	a、b 和 c 为系数
指数衰减函数形式	Williams（1964）以及以后的众多研究者	$q(z)=q_0\exp(-bz)$	q_0 和 b 为系数
幂函数和指数函数的组合形式	Vories 和 Fryrear（1991）	$q(z)=az^{-b}+c\exp(-dz)$	a、b、c 和 d 为系数。幂函数表征悬移颗粒，指数函数表征跃移颗粒和蠕移颗粒
	Sterk 和 Raats（1996）	$q(z)=a(z+\alpha)^{-b}+c\exp(-dz)$	系数 $\alpha>0$，修正 Vories 和 Fryrear（1991）模型的缺点

3. 非稳态风沙传输过程

在野外条件下，由于风速脉动和地表条件复杂，风沙运动很难达到动态稳定的理想状态（即稳态风沙流），通常将这种状态下的风沙流称为非稳态风沙流，野外观测实验通常发生在这种条件下（亢力强等，2017）。非稳态输沙过程中，除物理参数的平均量（平均风速、平均粒径等）外，风速脉动（阵风性、湍流）和颗粒本身特性（如不同尺度沙粒对风速脉动的响应差异）也是影响输沙（或输沙率）的重要因素（邹学勇等，2019）。

风速脉动对输沙的影响，首先表现在风速脉动对沙粒起动的影响上，湍流诱发颗粒猝发起动，输沙率不仅与湍流风速超过临界流体起动值的频率有关，还与湍流风速超过临界冲击起动值的时间有关。其次，湍流强度（或脉动大小）影响沙粒跃移运动对风速脉动的响应时间（0～1.5s）（Pfeifer and Schönfeldt，2012），瞬时沙粒浓度对湍流风速的最高响应频率可达 60Hz（Liu et al.，2012），瞬态输沙随风速脉动而变化。最后，输沙的非稳态变化导致平均输沙率与稳态输沙率不同。实验研究表明在低频周期性波动风速（周期为4～20s）的情况下，波动风速引起的输沙率大于相同平均风速引起的输沙率，风速波动周期越小、振幅越大，引起的输沙率越大（Butterfield，1998）。在湍流脉动风状态下，设瞬时摩阻风速 u_* 的概率密度函数 $P(u_*)$ 符合正态分布：

$$P(u_*)=\frac{1}{\sqrt{2\pi}\sigma}\exp\left(-\frac{(u_*-u_{*m})^2}{2\sigma^2}\right) \tag{2-14}$$

式中，u_{*m}和 σ 分别为摩阻风速的平均值和标准偏差。瞬时单宽输沙率 $Q_t(u_*)$ 表示为 Bagnold（1941）给出的形式：

$$Q_t(u_*)=Au_*^3 \tag{2-15}$$

式中，A 为系数。可推导出非稳态风状态下平均输沙率为

$$Q=\int Q_t(u_*)P(u_*)\mathrm{d}u_*=Au_{*m}^3+3A\sigma^2u_{*m} \tag{2-16}$$

非稳态平均输沙率与平均摩阻风速相等时的稳态输沙率（$Q_0=Au_{*m}^3$）之比为

$$\frac{Q}{Q_0}=1+3\left(\frac{\sigma}{u_{*m}}\right)^2 \tag{2-17}$$

式中，σ/u_{*m}可视为湍流强度或风速波动强度参数。从以上的估计结果可以看出，使用稳态输沙率预测模型会低估非稳态风场条件下的输沙率。要准确预测非稳态输沙率，输沙率方程中应包括平均风速和风速脉动等湍流特征参数，同时要注意平均时间尺度对参数估计的影响。

颗粒特性包括颗粒密度、颗粒平均粒径、颗粒形状、粒度分布、分选性等。颗粒特性对输沙的影响不仅表现在颗粒特性对起动风速的影响，还表现在颗粒特性对其在气流中运动状态改变的影响。要构建非稳态输沙率方程，不仅要包含土壤颗粒特性对输沙过程的影

响，还要包含风速脉动与输沙在时间尺度上的耦合（邹学勇等，2019）。目前还难以在理论上构建非稳态输沙率方程，理论分析和实验相结合，建立半理论半经验性的非稳态输沙率方程是一条可能的途径，但需要解决以下关键问题：稳态输沙与非稳态输沙的界定、构建非稳态输沙率方程的原则、非稳态输沙率方程中主要参数的确定、构建非稳态输沙率方程的方法。

2.2 野外观测

2.2.1 观测场地选择与观测设备

研究目的不同，对野外观测场地和观测环境的要求会有一定的差别。对于风沙运动机理研究（不包括风沙地貌、地形的影响机理研究），一般要求观测场地地面平坦，比较空旷，上风向没有障碍物的阻挡，气流能够比较充分发展，风沙流处于比较理想的剪切气流层内。对于有植被或人工粗糙元等地表上风沙输运机理的研究，需要植被区域或人工粗糙元布置区域足够大，使气流和风沙运动充分发展。对于植株高大但稀疏的植被或者孤立粗糙元对风沙流输运的影响研究，一般需要该孤立粗糙元尽量不受其他粗糙元的影响，并且便于观测粗糙元周围气流场和风沙输运量分布。野外观测常用设备主要有风速仪、集沙仪、风沙运动强度检测装置等。

1. 风速仪

野外风速测量的主要仪器是风杯风速仪和超声波风速仪（测量原理见第 1 章）。风杯风速仪通常和风向测量仪组合为风速风向仪，其可以记录风速的大小和风向。风速仪通常用于指示来流风况、测量风速廓线，一般布置在相对空旷、具有代表性的区域。当进行风沙观测研究时，风速仪通常布置在集沙仪附近，进行风速-集沙联合观测。

2. 集沙仪

目前应用较为广泛的集沙仪主要包括单向集沙仪、多向集沙仪和旋转式集沙仪，均可测量多个高度的输沙通量。如果集沙仪为连续垂直分层集沙仪，各层输沙通量之和为总输沙量。单向集沙仪适用于对观测时段内同一风向上集沙量的观测。多向集沙仪适用于对观测时段内多个方向上集沙量的观测。旋转式集沙仪可观测观测时段内各风向上的集沙总量，但无法观测出不同风向上的集沙量，适用于风向变化较为剧烈的风蚀观测。所有集沙仪集沙效率一般小于 100%，因此需要进行修订。

为提高集沙效率，理想的集沙仪设计一般需要考虑以下几方面（Nickling and McKenna Neuman，1997）：①集沙仪处于等动能状态，即集沙仪对气流的影响尽可能小或可忽略。②在相对较宽幅变化的风向夹角内，集沙仪仍能保持较高的集沙效率。③集沙仪尽可能紧凑、流线化。④尽量避免在集沙仪周围形成侵蚀坑（其会影响蠕移颗粒的收集）。⑤制造成本低，便于携带，以利于野外布设。集沙仪通常设有通风口，有的还利用文丘里效应设计成 V 型集沙仪。集沙效率是一个表征集沙仪集沙能力的重要指标，一般在风洞理想条件下进行试验确定：

$$\eta=\frac{Q_{\text{trap}}}{Q_{\text{a}}} \tag{2-18}$$

式中，η 为集沙仪的集沙效率；Q_{trap} 为根据集沙仪收集的沙粒质量计算得到的输沙率；Q_{a} 为实际输沙率，其通常由两种方法获得：一是对沙床吹蚀前后进行称重，获得沙床减少量进而计算得到；二是利用收集装置收集沙床被吹蚀的所有沙粒物质进而称重计算得到。

在野外测量中，集沙仪的布设地点通常选择具有代表性、相对空旷、人为干扰少的地方，并根据观测的具体目的确定集沙仪的数量及其布设要求。对于单向集沙仪，集沙进口应正对主风向。

3. 风沙运动强度检测装置

这类装置主要是指基于压电效应或声学效应的沙粒碰撞传感器装置，以及基于激光束的光学测量装置，其测量结果并不能直接指示输沙率或输沙通量的大小，但可用来检测风沙运动强度的强弱，通常具有较高的响应频率，因而非常适合非稳态风沙流研究。

检测风沙运动强度的沙粒碰撞传感器装置有 Sensit、Safire、Saltiphone 和 Miniphone（Spaan and Van den Abeele，1991；Baas，2004；Ellis et al.，2009），基于激光束的光学测量装置有 SPC（sand particle counter）激光传感器（Mikami et al.，2005）和 Wenglor 激光颗粒计数器（Hugenholtz and Barchyn，2011）。基于压电效应的沙粒碰撞传感器装置测量原理是环形压电单元附着在垂直放置的圆柱体上，当风沙流发生时，沙粒撞击在环形压电单元上时会产生电脉冲信号，该脉冲信号通过设计的电路进行处理（滤波、放大等）之后可转换为数字脉动信号，便于数据记录仪记录分析。由于传感器为圆柱形，测量时不需考虑风向的变化。其缺点是传感器单元为圆柱形，导致同样动量或动能的沙粒撞击在圆柱形传感器单元的不同部位时，会产生不同强度的信号（Barchyn and Hugenholtz，2010）。基于声学效应的沙粒碰撞传感器装置测量原理：当沙粒撞击麦克风装置时，麦克风装置会产生高分辨率的电脉冲信号，来识别沙粒对麦克风的撞击次数。基于激光束的光学测量装置测量原理：当沙粒穿越或打断激光束时，会产生脉冲信号，用于记录穿越激光束的沙粒数目。同样，这类光学装置也存在一个可识别的最小沙粒尺寸，沙粒粒径小于该临界粒径时，无法被识别。

2.2.2 风沙流观测

1. 起动风速观测

在野外环境下，由于风的阵性，精确的起动风速值不易获得。但 Stout 和 Zobeck (1997) 提出了一个较为客观测量起动风速的时间份额等效方法（time fractional equivalence method，TFEM）。该方法适用于间歇风沙流条件，即风沙运动断断续续、间歇性发生，此时如果风沙运动发生的时间份额与高于某一风速值的风速所占时间份额相等，那么该风速值定义为临界起动风速值。

在现场测量中，需要同时测量记录风沙运动强弱和风速大小的时间序列信息。风沙运动强弱信息可利用上述的沙粒碰撞传感器或基于激光束的光学传感器，以计数频率（单位时间内检测到的沙粒数目）反映风沙运动的发生和强弱。风速测量可采用风杯风速仪和超声波风速仪，并将风速仪固定于某一高度。检测风沙运动强弱的沙粒碰撞传感器或光学传感器必须靠近沙床面，这是由于风沙运动从沙床面开始发生。如果将风沙运动检测装置布置在较高的某一高度处，那么该装置不能检测到仅仅发生在这一高度以下的风沙运动（即沙粒不能到达这一高度），也就是说，得到的起动风速值会偏大。

2. 输沙率和输沙通量观测

野外输沙观测时，除了输沙和风速测量外，一般还需要记录观测期间的下垫面状况的变化情况，以及天气状况（其中温度、大气压等利于以后计算空气密度）等信息。利用集沙仪进行输沙观测时，要求记录集沙仪观测的各个高度、集沙口断面面积、集沙起止时刻、每个集沙盒收集的沙粒质量等基本信息，然后进一步计算得到总输沙量、输沙率和输沙通量数据。在输沙数据预处理过程中，要求检查数据是否异常，并评估输沙数据的精度。在进行输沙观测的同时，还需要进行风速测量，测量内容包括风速廓线测量（如风杯式廓线仪）或单点风速测量（如超声波风速仪）。当风向变化较大时，需同时测量风向变化。

3. 风沙运动强度观测

这类观测主要用来探究风沙运动的非稳态特征，包括瞬态输沙与瞬态风速（湍流脉动）之间的响应变化关系、风湍流结构与输沙活动的关系等。因此，需要高频采样同时测量输沙强度和风速随时间的变化序列。

2.3 风洞模拟

2.3.1 相似条件

理论上，风洞模拟的前提条件是满足相似性条件（第 1 章）。如果没有其他物体模型的干扰，对于平坦地表风沙运动的模拟，一般使用原型沙。当来流风况与实际风况相同时，可以很好地进行模拟，即完全模拟野外条件。但野外风况复杂，风洞模拟通常简化风场，假定来流风场处于理想稳定状态，其平均风速廓线可调整到与野外情况相同，而不再要求湍流强度、湍流谱等湍流特征相同。

对于存在模型条件下的风沙运动模拟，如存在植被粗糙元、沙丘模型及一些风沙工程模型的情况，由于风洞尺寸的限制，这些物理模型一般都要缩小。此时，要保证几何相似，那么沙粒尺寸缩小后其运动性质会发生改变；如果使用原型沙（保证运动性质不变），模型与沙粒之间的几何相似难以保证（吴正等，2003）。因此，此类风洞模拟实验通常分两步来实现（吴正等，2003）：①先测定不加沙模型的流场，估算吹蚀、堆积特征。②再做加沙实验，观测吹蚀、堆积情况，综合流场分析和蚀积状况来评价防护效果。

2.3.2 颗粒运动与挟沙气流的模拟

颗粒运动与挟沙气流的模拟是指如何在风洞内模拟生成所要求的风沙运动过程，然后观测或测量输沙特征和气流运动特征。风洞气流场的基本要求是能够模拟近地气流边界层，这是风沙运动风洞模拟研究的前提条件。要实现一个风沙运动问题的风洞模拟，并使其具有再现性，要考虑两个基本条件：一是风力条件，二是沙物质条件。当这两个基本条件相同时，才有可能使模拟的风沙运动过程相同或相近，从而得到相同或相近的实验结果。这里的风力条件主要是指来流风况的施加方案，即控制来流风况随时间的变化过程。例如，研究不稳定或周期性风况下的风沙运动时，需要准确控制来流风速变化的时间序列。当研究稳态风沙流时，风从开始加速到稳定风况的时间通常很短，可忽略具体加速过程。

沙物质条件包括沙物质的物理属性及其在风洞内的布置设计状况等，其中沙粒物质的布置设计通常取决于研究问题的主要目的。对于输沙率、输沙通量或沙粒运动轨迹等的研究，一般情况下需要考虑沙床布置的位置、沙床的长度和宽度，尤其是沙床的长度是否达到饱和路径长度，即风沙运动达到充分发展状态。此外，还须考虑是否需要供沙装置在沙床上游供沙，以避免沙床前缘附近沙粒吹蚀而耗尽。但对于床面沙粒碰撞起跳过程的研究，床面沙粒浓度较高而不易分辨碰撞起跳过程，尤其在建立溅射函数（splash function）时，沙床设置需要做一些特殊处理。输沙率和输沙结构的风洞模拟测量方法与实例分析将在2.3.3节论述。这里，仅简单介绍沙粒运动轨迹、沙粒碰撞起跳过程的风洞模拟方法。

1. 沙粒运动轨迹

自Bagnold（1941）使用照相方法拍摄沙粒轨迹图像以来，摄像方法成为获取沙粒轨迹的主要方法，包括频闪摄影方法和高速摄像方法等（表2-5）。

表2-5　沙粒轨迹测量方法

测量方法	测量原理	研究者
照相方法（单次闪光曝光）	当曝光时间很短时，沙粒在照片中呈一条直线段（可以理解为轨迹片段），其长度除以所用时间得到沙粒速度	Bagnold（1941）
多图像摄影方法	一张照片多次曝光，呈现出沙粒在不同时刻的位置信息，其连线得到轨迹	Nalpanis等（1993）（旋转多孔遮光盘方法，片光源连续不频闪）；刘贤万（1995）；Zou等（2001）（均使用频闪光源）
高速摄像方法	沙粒在不同时刻的位置信息呈现在不同的照片上，通过播放显示沙粒运动轨迹，或者提取不同时刻的位置信息而得到沙粒轨迹	White和Schulz（1977）；凌裕泉和吴正（1980）；刘贤万（1995）；Zhang等（2007）等

获得沙粒运动轨迹或部分轨迹片段之后，可以进一步分析沙粒跃移轨迹特征：跃移距离、跃移高度、起跳角、降落角、起跳速度、降落速度等参数。但这些沙粒轨迹研究仍通常假设沙粒在沿流向的二维垂直平面内做跃移运动，然后再分析沙粒跃移轨迹特征。实际上，由于沙床表面的三维结构及沙粒的非球体形状，沙粒-床面碰撞及沙粒间碰撞以后，沙粒运动并不严格地限制在二维垂直平面内，而是沙粒轨迹存在明显的三维运动特征，即沙粒有明显的侧向运动（Zhang et al.，2007），但对这类研究的方法目前还不成熟。

2. 沙粒碰撞起跳过程

沙粒碰撞起跳过程的研究方法包括高速摄像方法（或多图像摄影方法）、高速摄像和碰撞实验相结合的方法、LDV方法和粒子追踪测速（particle tracking velocimetry，PTV）方法等（表2-6）。对于高速摄像方法（或多图像摄影方法），记录不同时刻床面附近运动沙粒的位置信息，然后计算沙粒的水平速度、垂直速度，通常采用中心差分法计算：

$$u_{\mathrm{p},i}=\frac{x_{\mathrm{p},i+1}-x_{\mathrm{p},i-1}}{2\Delta t} \tag{2-19}$$

$$v_{\mathrm{p},i}=\frac{y_{\mathrm{p},i+1}-y_{\mathrm{p},i-1}}{2\Delta t} \tag{2-20}$$

式中，$u_{p,i}$和 $v_{p,i}$分别为 i 时刻沙粒的水平和垂直速度；$x_{p,i+1}$和 $x_{p,i-1}$分别为 $i+1$ 和 $i-1$ 时刻沙粒的水平坐标位置；$y_{p,i+1}$和 $y_{p,i-1}$分别为 $i+1$ 和 $i-1$ 时刻沙粒的垂直坐标位置；Δt 为相邻时刻的时间间隔。

表 2-6　沙粒碰撞起跳过程的测量方法

测量方法	测量原理	研究者
高速摄像方法（或多图像摄影方法）	根据风沙流中沙粒在沙床面附近处不同时刻的位置信息，计算沙粒起跳和降落的速度、角度信息	White 和 Schulz（1977）；Nalpanis 等（1993）；刘贤万（1995）；Zhang 等（2007）
高速摄像和碰撞实验相结合的方法	在有风的情况下，在沙床上游引入沙粒，拍摄其与床面碰撞后的反弹和起跳过程，分析碰撞前后的参数关系	Willetts 和 Rice（1986）；Rice 等（1995）
	在无风的情况下，发射球形颗粒，并拍摄其与静止球形颗粒床面的碰撞过程	Mitha 等（1986）（4mm 钢球）；Rioual 等（2000）；Beladjine 等（2007）；Ammi 等（2009）（均使用约 6mm 的 PVC 球）
LDV 方法	基于激光多普勒技术，对沙床面附近的沙粒运动进行点测量获得二维沙粒运动速度矢量，再统计分析碰撞和起跳沙粒的速度、角度分布	Dong 等（2002）；Kang 等（2008b）
PTV 方法	基于 PTV 算法，分析距床面 $z=10d_p$ 处层高 $5d_p$ 内的沙粒速度分布	Ho 等（2012）

高速摄像和碰撞实验相结合的方法主要研究一次碰撞前后沙粒运动参数间的关系，这就需要设置专门的碰撞沙粒，使其与沙床颗粒发生碰撞，拍摄碰撞前后不同时刻沙粒的位置信息，再进一步分析运动参数。这种方法可以用来建立溅射函数，因为溅射函数的建立需要一次碰撞前后沙粒运动参数间的关系，而这些关系目前只能通过高速摄像和碰撞实验相结合的方法来获取。对于 LDV 方法和 PTV 方法，其主要目的是获取床面附近沙粒的运动速度，以近似表征床面的起跳沙粒和降落沙粒，但这种方法不能区分反弹沙粒和被撞击而起跳的沙粒。

2.3.3　输沙率和风沙流结构

1. 测量方法

在风洞模拟实验中，输沙率、输沙通量、沙粒浓度及沙粒速度的测量方法有多种（表 2-7 ~ 表 2-10）。输沙率的测量方法包括集沙仪法、称重法和基于 PTV 的光学图像测量法，其中，集沙仪法应用最广泛，测量仪器有（单口）集沙仪和垂直分层集沙仪等。集沙仪法要考虑集沙仪效率，而称重法主要是指通过床面沙粒在吹蚀前后损失的沙量来计算输沙率。基于 PTV 的光学图像测量法是通过拍摄照片来提取沙粒浓度和沙粒速度信息，从而计算输沙率。对于非稳态输沙率的测量，一般使用结合称重系统的连续称重集沙仪。

表 2-7　输沙率测量方法

分类	测量方法	测量原理	研究者
稳态输沙率	（单口）集沙仪	$Q=\Delta m/(\eta b\Delta t)$ 式中，Δm 和 Δt 分别为集沙仪收集的沙粒质量和收集时间；b 为集沙口宽度；η 为集沙效率	Nickling 和 McKenna Neuman（1997）（V 型集沙仪）
	连续分层垂直集沙仪	同上，Δm 为集沙仪所有层收集的沙粒质量之和	Bagnold（1941）；Dong 等（2003a）
	非连续分层垂直集沙仪	$Q=\int_0^{+\infty}q(z)\,\mathrm{d}z=q_0/b$ 式中，$q(z)=q_0\exp(-bz)$，根据这几层的输沙通量实验值进行数据拟合获得	Williams（1964）
	称重法	$Q=\Delta m/(B\Delta t)$ 式中，Δm 为沙床在 Δt 时间内因吹蚀而减少的沙粒质量；B 为沙床宽度	Nickling 和 McKenna Neuman（1997）（利用沉降室收集称重后获得 Δm）；Dong 等（2004b）（通过对实验前后沙床质量称重来获得 Δm）
	基于 PTV 的光学图像测量法	$Q=Mu_{\mathrm{pm}}$ 式中，M 为单位地表面积上所有沙粒的质量（通过图像分析每个沙粒大小来统计计算）；u_{pm} 为地表上所有沙粒的质量加权平均水平速度（单个沙粒速度通过 PTV 算法获得）	Kang 和 Zou（2020）
		$Q=\int_0^{+\infty}q(z)\,\mathrm{d}z$ 式中，$q(z)=\alpha_{\mathrm{p}}(z)\rho_{\mathrm{p}}u_{\mathrm{p}}(z)$，体积浓度 α_{p} 通过照片分析获得，沙粒平均水平速度 u_{p} 通过 PTV 算法获得	Creyssels 等（2009）
非稳态输沙率	连续称重集沙仪	单口集沙仪与称重系统相结合	Al-Awadhi 和 Willetts（1998）（电子秤称重）；Bauer 和 Namikas（1998）（倾斜桶装置称重）；Ridge 等（2011）［沉积物收集器，利用水位（静压）和沉积质量的关系估算集沙量］

表 2-8　输沙通量测量方法

分类	测量方法	测量原理	研究者
稳态输沙通量	垂直分层集沙仪	$q=\Delta m/(\eta S\Delta t)$ 式中，Δm 和 Δt 分别为每层集沙盒收集的沙粒质量和收集时间；S 为集沙口面积；η 为集沙效率	Bagnold（1941）（连续分层）；Williams（1964）（非连续分层）；Rasmussen 和 Mikkelsen（1998）[Aberdeen 集沙仪（非连续分层）；Ames 集沙仪（V 型连续分层）；Aarhus 集沙仪（连续分层）等]
	等动能集沙仪	同上，集沙效率为 100%	Rasmussen 和 Mikkelsen（1998）
	BSNE 集沙仪	同上，集沙效率近似认为是 100%，单点测量，自动风向校直	Fryrear（1986）
	其他形式集沙仪	同上，通过改变收集形式提高集沙效率	Sherman 等（2014）；Hilton 等（2017）
	基于 PTV 的光学图像测量法	$q(z)=\alpha_p(z)\rho_p u_p(z)$ 式中，体积浓度 α_p 通过对拍摄的粒子照片分析获得；沙粒平均水平速度 u_p 通过 PTV 算法获得	Creyssels 等（2009）；Kang 等（2016）
		$q(z)=\frac{\rho_p}{\Delta V}\sum_{i=1}^{N}\frac{\pi}{6}d_{pi}^3 u_{pi}$ 式中，每个沙粒的水平速度 u_{pi} 通过 PTV 算法获得；每个沙粒的直径 d_{pi} 通过图像分析获得；ΔV 为高度 z 处片光源所占的体积	Kang 等（2016）
非稳态输沙通量	连续称重集沙仪	集沙装置与称重系统相结合	Namikas（2002）；Yang 等（2017）；Guo 等（2020）
	基于压电效应的沙粒碰撞传感器	沙粒对压电传感器进行碰撞产生脉冲信号，记录单位时间内的碰撞次数。不是真实的输沙通量	Sensit 公司（Sensit 系列传感器）；Baas（2004）（Safire 传感器）
	基于声学效应的沙粒碰撞传感器	沙粒对声学传感器（麦克风）进行碰撞产生脉冲信号，记录单位时间内的碰撞次数。不是真实的输沙通量	Spaan 和 Van den Abeele（1991）（Saltiphone 传感器）；Ellis 等（2009）（Miniphone 传感器）
	基于激光束的光学测量装置	沙粒切割激光束产生脉冲信号，记录单位时间内的脉冲次数。不是真实的输沙通量	Mikami 等（2005）；Hugenholtz 和 Barchyn（2011）

表 2-9　沙粒浓度测量方法

测量方法	测量原理	研究者
颗粒计数方法	$\alpha_p(z)=\frac{\pi}{6}d_p^3\frac{N}{\Delta V}$ 式中，α_p 为沙粒体积浓度；d_p 为沙粒平均直径；ΔV 和 N 分别为高度 z 处片光源体积和其照亮的颗粒数目	Creyssels 等（2009）；赵国丹（2013）
	同上，并考虑沙粒平均直径 d_p 的垂向变化	Kang 等（2015）
	$\alpha_p(z)=\frac{1}{\Delta V}\sum_{i=1}^{N}\frac{\pi}{6}d_{pi}^3$ 其考虑了统计区域内每个沙粒的大小	Kang 等（2016）
集沙仪与沙粒速度测量相结合的方法	$\alpha_p(z)=\frac{q(z)}{\rho_p u_p(z)}$ 式中，输沙通量 $q(z)$ 通过集沙仪获得；对应高度处沙粒平均水平速度 $u_p(z)$ 通过沙粒速度测量仪器获得	Liu 和 Dong（2004）；赵国丹（2013）；Kang 等（2015）
基于光散射技术的方法	沙粒浓度与沙粒散射光的强度成正比，可从拍摄的粒子散射光图像中获得沙粒相对浓度的垂向变化	Dong 等（2003b）；Wang 等（2006）

表 2-10　沙粒速度测量方法

测量方法	测量原理	研究者
高速摄像方法	沙粒速度等于高速照片中沙粒的位移除以时间间隔	White 和 Schulz（1977）；凌裕泉和吴正（1980）；Nalpanis 等（1993）；Zou 等（2001）；Zhang 等（2007）
PIV 方法	基于 PIV 算法	Yang 等（2007）；Creyssels 等（2009）；Yang 等（2011）
PTV 方法	基于 PTV 算法	Creyssels 等（2009）；Ho 等（2011）；Kang 等（2015，2016）；Kang 和 Zou（2020）
LDV 方法	基于激光多普勒频移 f_D 和两激光束干涉条纹间距 d_f 测量每个沙粒速度 $u_p=d_f f_D$	Dong 等（2004a）；Kang 等（2008a）；Rasmussen 和 Sørensen（2008）

输沙通量的测量方法有集沙仪法和基于 PTV 的光学图像测量法。其中，集沙仪法有垂直分层集沙仪、等动能集沙仪、BSNE 集沙仪以及其他形式集沙仪，集沙仪形式改变的一个主要原因是提高集沙仪效率。基于 PTV 的光学图像测量法主要根据照片中沙粒图像信息提取沙粒浓度，基于 PTV 算法计算沙粒速度，进而计算得到输沙通量。对于非稳态风沙运动，输沙通量的测量一般使用连续称重集沙仪、基于压电效应的沙粒碰撞传感器、基于声学效应的沙粒碰撞传感器以及基于激光束的光学测量装置，通常获得的是碰撞次数或脉冲次数，它们的变化仅反映输沙通量的相对强弱。

沙粒浓度的测量方法有颗粒计数方法、集沙仪与沙粒速度测量相结合的方法以及基于光散射技术的方法。颗粒计数方法根据照片中颗粒在不同区域内数目的多少来计算沙粒浓度。集沙仪与沙粒速度测量相结合的方法是将沙粒运动视为连续介质（拟流体处理），根据沙粒浓度与沙粒速度、输沙通量之间的关系来计算沙粒浓度。基于光散射技术的方法是根据沙粒浓度与沙粒散射光的强度成正比这一原理，从拍摄的粒子散射光图像中获得沙粒的相对浓度分布。

沙粒速度的测量方法有高速摄像方法、PIV 方法、PTV 方法和 LDV 方法等。高速摄像方法根据照片中两个时刻之间沙粒移动的位移来计算沙粒速度。PIV 方法和 PTV 方法根据时间间隔很短的相邻两帧照片（以保证大部分粒子同时出现在两帧照片中），分别利用 PIV 算法、PTV 算法来计算沙粒速度。LDV 方法是一种点测量方法，利用激光多普勒技术，根据激光多普勒频移和两激光束干涉条纹间距来计算沙粒速度。

2. 实例分析

下面通过一个实例来说明风沙运动输沙率和输沙结构的风洞模拟过程及其分析方法。风沙流的风洞模拟实验在北京师范大学房山综合实验基地的中型风沙环境风洞内进行（赵国丹，2013；Kang et al.，2015，2016；Kang and Zou，2020），该风洞为吹气式非循环风洞，总长为 37.8m，其中实验段长 16m，实验段入口横截面为 1m 长×1m 高，风洞顶板有 0.5°的扩展倾角（消除轴向加速），两侧和顶部均为透明玻璃，便于观察风洞内的风沙运动。距离风洞实验段入口 6m 处开始铺设长 6.2m、宽 0.8m、高 2cm 的沙床，沙床表面与风洞底板齐平（图 2-3）。在距沙床前缘约 5m 处布置 PIV 的 CCD 相机拍摄区域，激光片光源从风洞顶部引入，CCD 拍摄的照片像素大小为宽 4008、高 2672，采样频率为 2Hz，每像素对应的实际尺寸为 80.39μm/pixel，拍摄区域视场大小约为 322mm（宽）×215mm（高）。沙床后缘附近布置垂直分层集沙仪。皮托管风速廓线仪布置在沙床后部的沙床面上。为了避免风速廓线仪对集沙仪的阻挡，风速廓线仪向侧方偏离，离开集沙仪正前方区域。实验中使用了两组沙粒样品（分别称为细沙和粗沙样品），中值粒径 $d_{p,50}$ 分别为 0.15mm 和 0.23mm，平均粒径 d_{pm} 分别为 0.16mm 和 0.24mm。

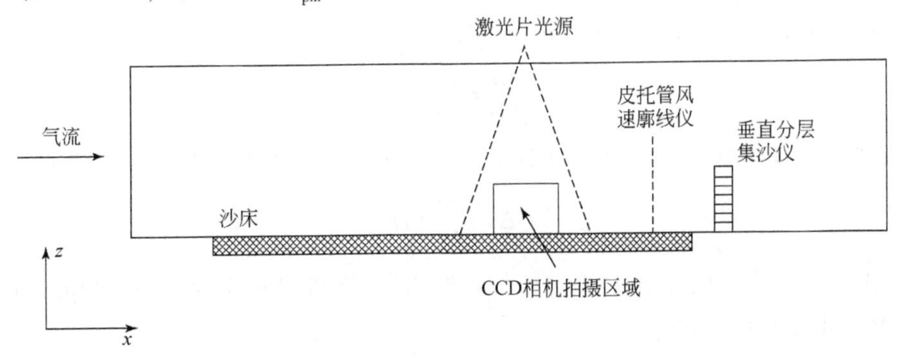

图 2-3　风洞内实验布置示意图

1）输沙率和风沙流结构分析

单宽输沙率采用称重法计算，即

$$Q = \frac{\Delta m_{\text{bed}}}{B_{\text{bed}} \Delta t} \tag{2-21}$$

式中，Δm_{bed}为沙床在 Δt 时间内因吹蚀而减少的沙粒质量；B_{bed}为沙床宽度。根据垂直分层集沙仪，输沙通量按式（2-22）计算：

$$q = \frac{\Delta m_i}{\eta S \Delta t} \tag{2-22}$$

式中，Δm_i 和 Δt 分别为第 i 层集沙盒收集的沙粒质量和收集时间；S 为集沙口面积；η 为集沙效率，按式（2-23）计算：

$$\eta = \frac{B_{\text{bed}} m_{\text{trap}}}{b_{\text{trap}} \Delta m_{\text{bed}}} \tag{2-23}$$

式中，m_{trap}为集沙仪所有层集沙盒收集的沙粒质量之和；b_{trap}为集沙口宽度。

根据粒子图像测速仪拍摄照片中沙粒的大小和数目，以及利用PTV算法计算得到的每个沙粒的运动速度，输沙通量可用式（2-24）计算（Kang et al., 2016）：

$$q(z) = \frac{\rho_{\text{p}}}{\Delta V} \sum_{i=1}^{N} \frac{\pi}{6} d_{\text{p}i}^3 u_{\text{p}i} \tag{2-24}$$

式中，$u_{\text{p}i}$为通过PTV算法获得的沙粒 i 的水平速度；$d_{\text{p}i}$为沙粒 i 的直径；ΔV 为高度 z 处片光源统计区域所占的体积；N 为统计区域内沙粒总数目。图 2-3 中 x 和 z 方向分别表示来流流动方向和高度方向；y 方向为垂直 x-z 平面的展向方向（图中未显示）。在此坐标系下，激光片光源位于垂向平面内（即 x-z 平面内），高度 z 处统计区域为长方体，其体积 $\Delta V = \Delta x \Delta z \Delta y$，其中，$\Delta x$ 为区域长度，Δz 为高度方向上统计尺度的间隔大小，Δy 为激光片光源的厚度。Δx 和 Δz 的大小很容易设定，只有激光片光源厚度 Δy 的准确确定比较困难，这里给出一种激光片光源厚度的光学确定方法（Kang et al., 2015）。

设在 AB 之间的片光源被沙床面反射后被 CCD 相机捕获（图 2-4），点 O 是相机镜头中心，CO 是相机到沙床面的距离。由几何关系可知：

$$\frac{AB}{BD} = \frac{AB+BC}{CO} \tag{2-25}$$

片光源厚度 $\Delta y = AB$ 远远小于相机到片光源的距离，因此 $AB+BC \approx BC$，故：

$$\Delta y = \frac{BC}{CO} BD \tag{2-26}$$

设片光源在图像上的宽度为 W（单位：像素），图像分辨率为 $f = 80.39\mu\text{m/pixel}$，那么 $BD = fW$，式（2-26）变为

$$\Delta y = \frac{BC}{CO} fW \tag{2-27}$$

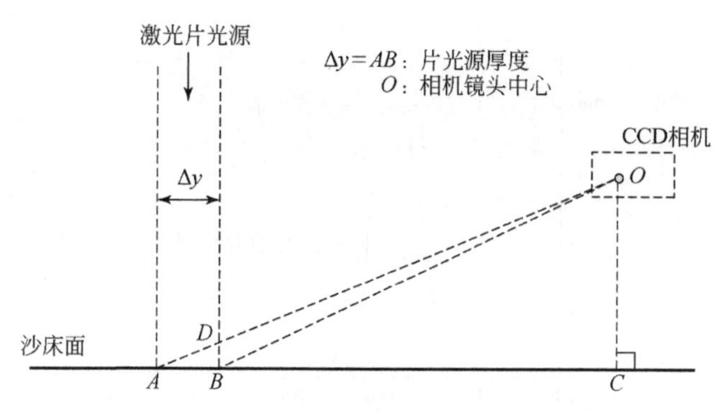

图 2-4　片光源厚度确定的光学方法示意图

资料来源：Kang et al.，2015

这项实验中的 $BC/CO=5$，因此，W 的确定是非常关键的参数。图 2-5 给出了沙粒起动前静止沙床上片光源图像。这里，采用半峰全宽（FWHM）方法确定图像上片光源宽度 W。图 2-6 为图 2-5 中片光源图像平均灰度在垂直方向的变化，可以看出灰度值的变化出现单峰变化，半峰全宽是指峰值灰度一半处像素间的距离。W 确定后，可通过式（2-27）确定激光片光源的厚度，经计算 Δy 一般为 5.0 ~ 5.6mm（Kang et al.，2015）。

图 2-5　静止沙床上片光源图像

资料来源：Kang et al.，2015

沙粒的大小确定是通过图像分析、根据沙粒所占图像面积计算得到的面积等效粒径，而自然沙粒是三维空间中的非球形颗粒，因此，通过图像面积得到的粒径需要修正：

$$d_{pi}=\frac{d_{p,sample}}{d_{p,img,m}}d_{p,img,i} \tag{2-28}$$

式中，$d_{p,img,i}$ 为沙粒 i 根据图像面积计算得到的面积等效粒径；$d_{p,img,m}$ 为所有沙粒面积等效粒径的平均值；$d_{p,sample}$ 为粒度分析仪得到的沙粒平均直径。

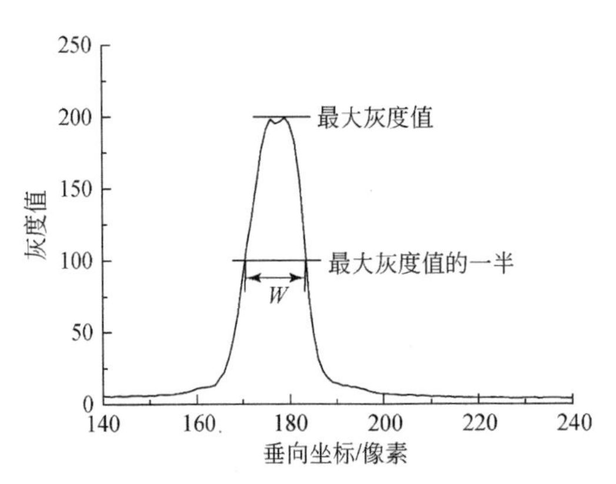

图 2-6 片光源图像（图 2-5）平均灰度在垂直方向的变化

资料来源：Kang et al.，2015

在确定了 u_{pi}、d_{pi}、Δy、Δx 和 Δz 以后，可以根据式（2-24）来计算输沙通量。然而，在实际操作过程中，由于 PTV 算法不能保证一对图像中所有沙粒都配对成功，没有配对成功的沙粒不会有速度信息，仅仅有粒子大小信息。此时，一种处理办法是假定没有配对成功的沙粒与配对成功的沙粒之间具有相同输运属性，那么只需对根据配对成功沙粒计算得到的输沙通量进行修正即可。

实际上，输沙通量表达式［式（2-24）］可近似表达为（Kang et al.，2016）

$$q(z)=\alpha_{p}(z)\rho_{p}u_{pm}(z) \tag{2-29}$$

式中，$\alpha_{p}(z)$ 为沙粒体积浓度；ρ_{p} 为沙粒的材料密度；$u_{pm}(z)$ 为沙粒平均水平速度。根据式(2-29)，输沙通量计算需要首先获得沙粒体积浓度和沙粒平均水平速度的垂向变化规律，因而由式（2-29）计算得到的输沙通量不再需要像式（2-24）那样进行修正。沙粒体积浓度计算如式（2-30）（Kang et al.，2015）：

$$\alpha_{p}(z)=\frac{N(z)}{\Delta V}\frac{\pi}{6}d_{p}^{3}(z) \tag{2-30}$$

或者式（2-31）（Kang et al.，2016）：

$$\alpha_{p}(z)=\frac{1}{\Delta V}\sum_{i=1}^{N}\frac{\pi}{6}d_{pi}^{3} \tag{2-31}$$

式中，$d_{p}(z)$ 为高度 z 处沙粒平均直径；ΔV 为统计区域的体积；N 为该区域内沙粒总数目。当沙粒粒径非均匀分布时，式（2-30）和式（2-31）所得结果一般会略有些差异，当沙粒粒径均相等，即均匀分布时，式（2-30）和式（2-31）所得结果相同。

沙粒平均水平速度为

$$u_{pm}(z)=\frac{1}{N}\sum_{i=1}^{N}u_{pi} \tag{2-32}$$

PIV 拍摄的是按时间序列排列的一系列图像，每个时刻得到一对图像。因此，分析出每个时刻的结果，就可以得到这些结果参数随时间的变化规律。对于稳态风沙流，需要统计一段时间内的所有图像样本，以减少误差。经过这些处理和计算（即基于 PTV 算法和颗粒计数方法），即可得到沙粒体积浓度、沙粒平均水平速度、输沙通量随高度的变化规律（图 2-7）。沙粒体积浓度一般随高度增加而减小、随风速增加而增加，在沙床面附近，沙粒体积浓度一般在 0.001 左右。已有报道表明，沙粒体积浓度随高度呈指数函数衰减（Dong et al., 2003b；Creyssels et al., 2009），这项实验得到的沙粒体积浓度在 0.02m 以上高度符合指数函数衰减，而在 0.02m 以下的地表附近偏离指数函数，这种偏离也已有报道（Sørensen and McEwan，1996；Kang，2012）。沙粒平均水平速度一般随高度增加而增加、随风速增加而增加，在 0.02m 以上高度可表示为对数律增加，这主要受对数律风速廓线的影响。基于 PTV 算法得到的输沙通量与集沙仪获得的输沙通量基本一致，表明基于 PTV 算法计算输沙通量是可行的，而且 PTV 算法可以获得比集沙仪更高的垂直空间分辨率。然而，基于 PTV 算法计算输沙通量存在一个缺点（图 2-7），即在较高的高度处（大于 0.08m），照片中获得的粒子样本数较少，无法得到有效的输沙通量数据，这只能通过较长时间拍摄获取更多的照片数量来解决。输沙通量一般随高度呈指数规律衰减，在沙床面附近偏离指数律增加，这种偏离与 Ni 等（2002）的实验报道一致。

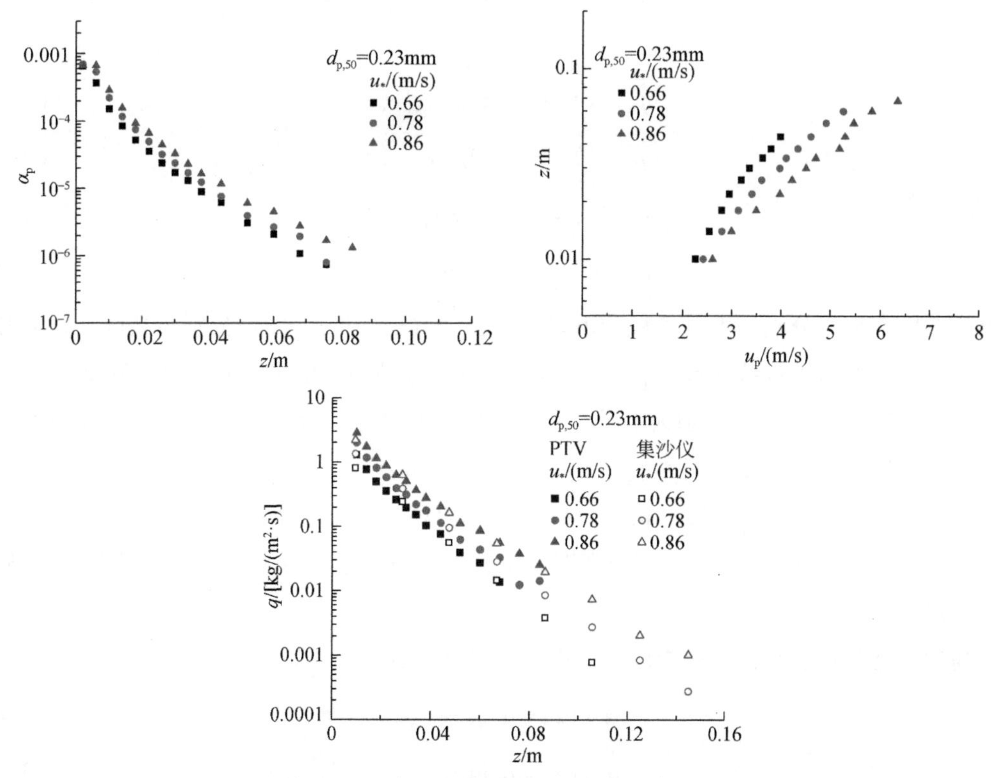

图 2-7　沙粒体积浓度、沙粒平均水平速度和输沙通量随高度的变化

资料来源：Kang et al., 2015, 2016

2）上升和下降沙粒的输运特征

风沙流中跃移沙粒运动占主导作用，跃移运动的主要特点是存在上升运动和下降运动，研究上升沙粒和下降沙粒的输运特征有助于理解跃移运动。PTV 算法可以得出沙粒的垂向运动速度的大小和方向，十分适合区分上升沙粒和下降沙粒，并进一步揭示它们的输运特征（Kang et al.，2016）。

上升沙粒和下降沙粒的水平与垂向输沙通量分别表示为

$$q_{\mathrm{H}\uparrow}(z)=\frac{\rho_{\mathrm{p}}}{\Delta V}\sum_{i=1}^{N\uparrow}\frac{\pi}{6}d_{\mathrm{p}i}^{3}u_{\mathrm{p}\uparrow i} \tag{2-33}$$

$$q_{\mathrm{H}\downarrow}(z)=\frac{\rho_{\mathrm{p}}}{\Delta V}\sum_{i=1}^{N\downarrow}\frac{\pi}{6}d_{\mathrm{p}i}^{3}u_{\mathrm{p}\downarrow i} \tag{2-34}$$

$$q_{\mathrm{V}\uparrow}(z)=\frac{\rho_{\mathrm{p}}}{\Delta V}\sum_{i=1}^{N\uparrow}\frac{\pi}{6}d_{\mathrm{p}i}^{3}v_{\mathrm{p}\uparrow i} \tag{2-35}$$

$$q_{\mathrm{V}\downarrow}(z)=-\frac{\rho_{\mathrm{p}}}{\Delta V}\sum_{i=1}^{N\downarrow}\frac{\pi}{6}d_{\mathrm{p}i}^{3}v_{\mathrm{p}\downarrow i} \tag{2-36}$$

或

$$q_{\mathrm{H}\uparrow}(z)=\alpha_{\mathrm{p}\uparrow}(z)\rho_{\mathrm{p}}u_{\mathrm{pm}\uparrow}(z) \tag{2-37}$$

$$q_{\mathrm{H}\downarrow}(z)=\alpha_{\mathrm{p}\downarrow}(z)\rho_{\mathrm{p}}u_{\mathrm{pm}\downarrow}(z) \tag{2-38}$$

$$q_{\mathrm{V}\uparrow}(z)=\alpha_{\mathrm{p}\uparrow}(z)\rho_{\mathrm{p}}v_{\mathrm{pm}\uparrow}(z) \tag{2-39}$$

$$q_{\mathrm{V}\downarrow}(z)=-\alpha_{\mathrm{p}\downarrow}(z)\rho_{\mathrm{p}}v_{\mathrm{pm}\downarrow}(z) \tag{2-40}$$

式中，下标↑和↓分别为上升沙粒和下降沙粒；$q_{\mathrm{H}\uparrow}(z)$ 和 $q_{\mathrm{H}\downarrow}(z)$ 分别为高度 z 处上升沙粒和下降沙粒的水平输沙通量；$q_{\mathrm{V}\uparrow}(z)$ 和 $q_{\mathrm{V}\downarrow}(z)$ 分别为高度 z 处上升沙粒和下降沙粒的垂向输沙通量；$u_{\mathrm{p}\uparrow}$ 和 $u_{\mathrm{p}\downarrow}$ 分别为上升沙粒和下降沙粒的水平速度；$v_{\mathrm{p}\uparrow}$ 和 $v_{\mathrm{p}\downarrow}$ 分别为上升沙粒和下降沙粒的垂直速度（显然 $v_{\mathrm{p}\downarrow}<0$）；$\alpha_{\mathrm{p}\uparrow}(z)$ 和 $\alpha_{\mathrm{p}\downarrow}(z)$ 分别为高度 z 处上升沙粒和下降沙粒的体积浓度；$u_{\mathrm{pm}\uparrow}(z)$ 和 $u_{\mathrm{pm}\downarrow}(z)$ 分别为高度 z 处上升沙粒和下降沙粒的平均水平速度；$v_{\mathrm{pm}\uparrow}(z)$ 和 $v_{\mathrm{pm}\downarrow}(z)$ 分别为高度 z 处上升沙粒和下降沙粒的平均垂直速度（显然 $v_{\mathrm{pm}\downarrow}<0$）。

高度 z 处上升沙粒和下降沙粒的体积浓度可表示为

$$\alpha_{\mathrm{p}\uparrow}(z)=\alpha_{\mathrm{p}}(z)\xi_{\uparrow}(z) \tag{2-41}$$

$$\alpha_{\mathrm{p}\downarrow}(z)=\alpha_{\mathrm{p}}(z)\xi_{\downarrow}(z) \tag{2-42}$$

式中，$\xi_{\uparrow}(z)$ 和 $\xi_{\downarrow}(z)$ 分别为高度 z 处上升沙粒和下降沙粒所占的体积份额。

图 2-8 展示了上升沙粒和下降沙粒的水平输沙通量随高度的变化，它们均随着风速的

增加而增加，随高度的增加而减小，并且在大于 0.03m 高度处可表示为指数衰减规律。实验结果表明，上升沙粒和下降沙粒的水平输沙通量及总水平输沙通量的指数衰减速率均基本相同。在大部分高度处，上升沙粒的水平输沙通量所占比例为 0.3 ~ 0.42（图 2-9）。四种风速条件下的所占比例的平均值分别为 0.38、0.36、0.37 和 0.41，也就是说，下降沙粒对总水平输沙通量的贡献最大。

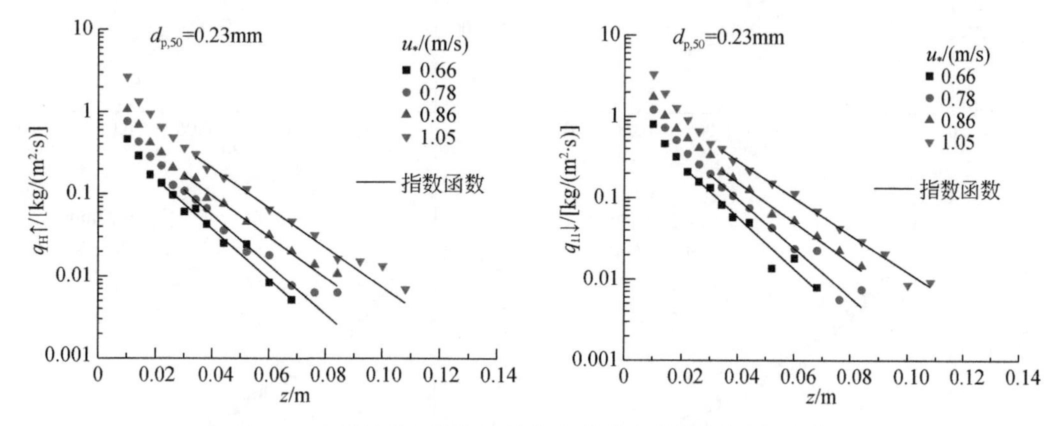

图 2-8　上升沙粒和下降沙粒的水平输沙通量随高度的变化

资料来源：Kang et al.，2016

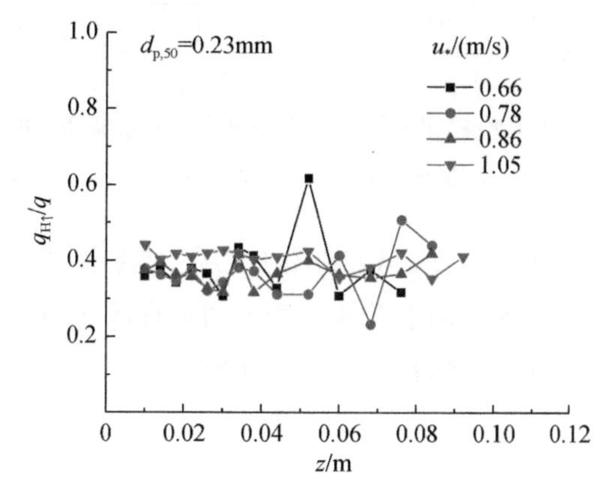

图 2-9　上升沙粒水平输沙通量占总水平输沙通量的比例

资料来源：Kang et al.，2016

上升沙粒和下降沙粒的垂向输沙通量随高度的变化如图 2-10 所示，它们均随风速的增加而增加，随高度的增加而减小。在大于 0.03m 高度处也近似为指数衰减规律。在同一来流风速和同一高度处，上升沙粒的垂向输沙通量近似等于下降沙粒的垂向输沙通量，说明风沙运动已经达到了跃移平衡状态。

从式（2-37）~式（2-40）可知，上升沙粒和下降沙粒的水平和垂向输沙通量与上升沙粒和下降沙粒的体积浓度（图 2-11）、平均水平速度和平均垂直速度有关。平均水平速

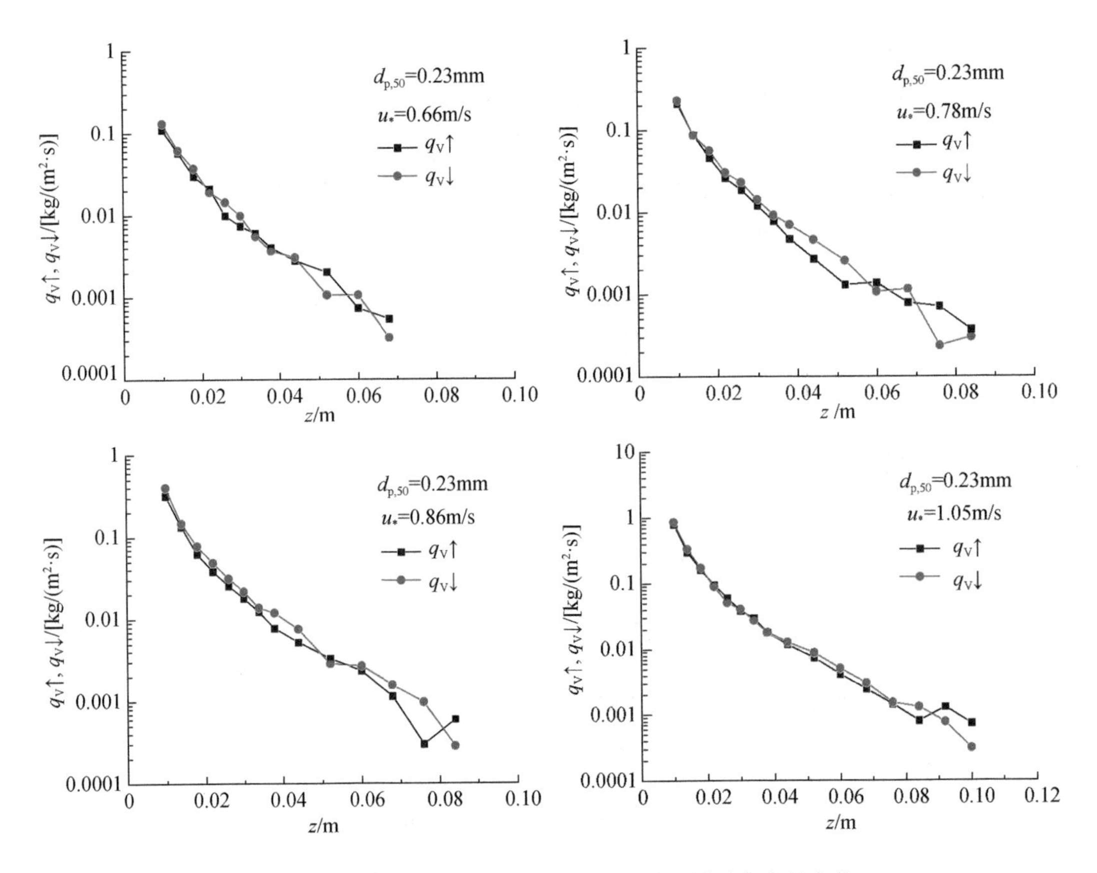

图 2-10　上升沙粒和下降沙粒的垂向输沙通量随高度的变化

资料来源：Kang et al.，2016

度和平均垂直速度随高度而变化（图 2-12 和图 2-13）。实验结果表明，上升沙粒的体积浓度通常小于下降沙粒的体积浓度，而上升沙粒的平均垂直速度一般大于下降沙粒的平均垂直速度，从而导致上升沙粒和下降沙粒的垂向输沙通量基本相等，这与稳态风沙流基本理论一致。

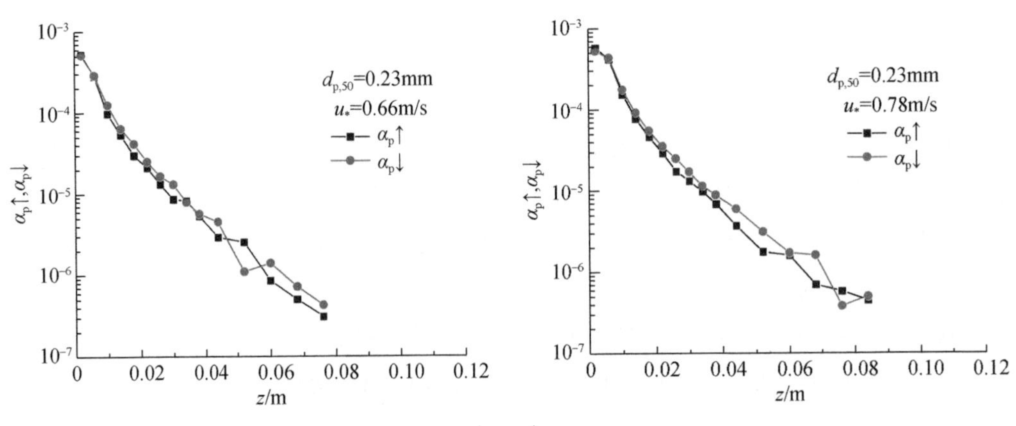

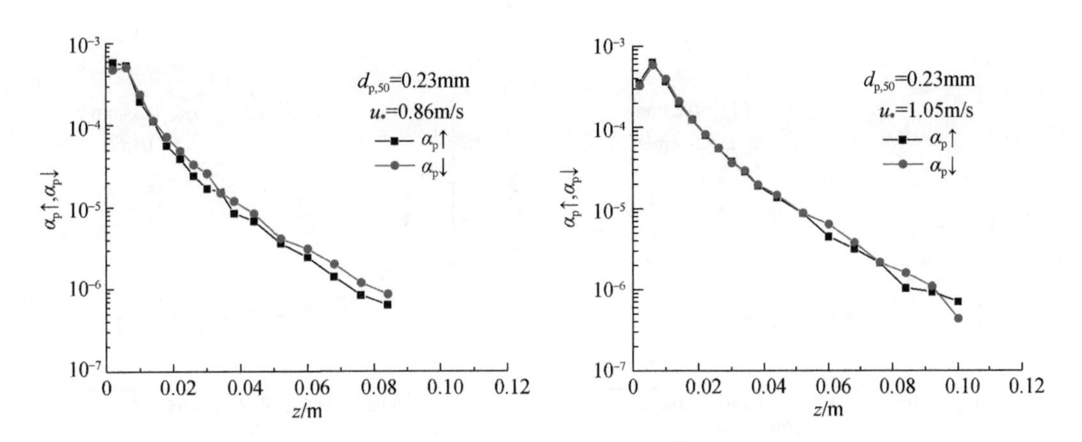

图 2-11　上升和下降沙粒的体积浓度随高度的变化

资料来源：Kang et al.，2016

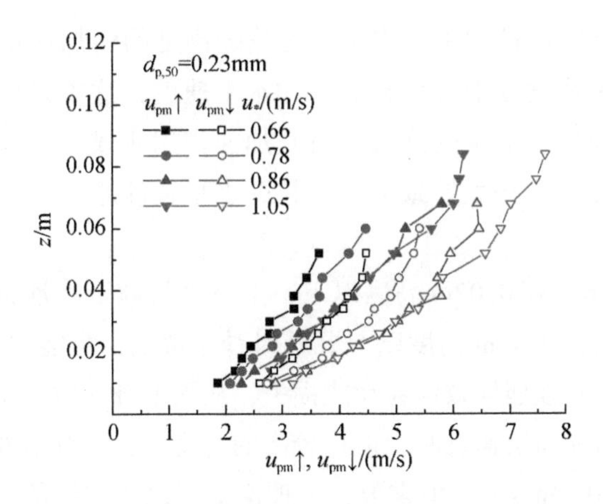

图 2-12　上升沙粒和下降沙粒的平均水平速度随高度的变化

资料来源：Kang et al.，2016

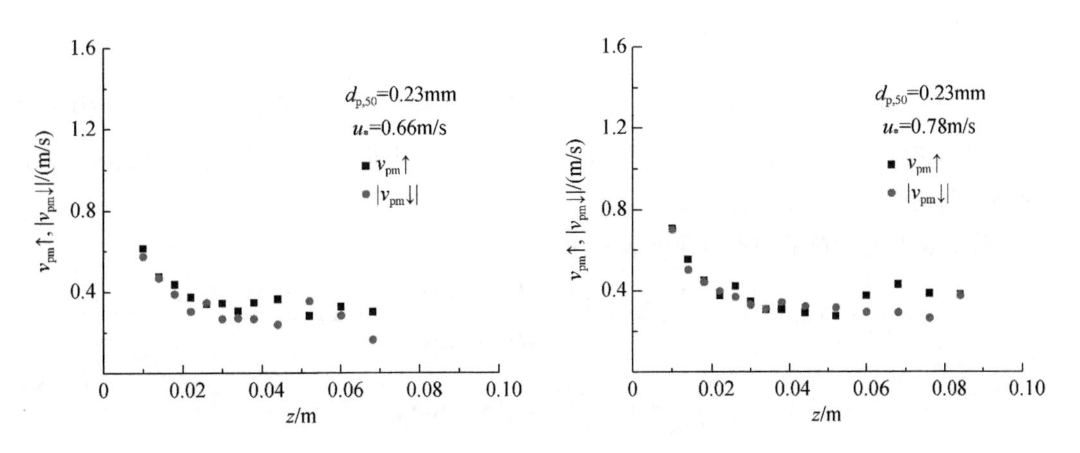

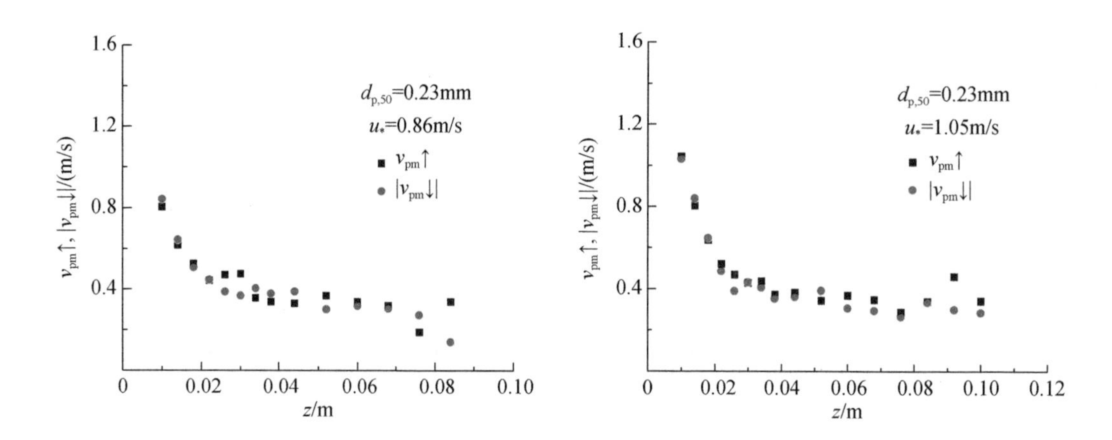

图 2-13　上升沙粒和下降沙粒的平均垂直速度随高度的变化

资料来源：Kang et al., 2016

虽然上升沙粒和下降沙粒的平均水平速度均随高度的增加而增加，但下降沙粒的平均水平速度均大于同一高度处上升沙粒的平均水平速度，这主要是沙粒沿跃移轨迹从上升阶段转变为下降阶段后，继续受到气流对其加速作用所致。上升沙粒的体积浓度一般小于下降沙粒的体积浓度，必然导致上升沙粒的水平输沙通量小于下降沙粒的水平输沙通量（图 2-9）。

从图 2-13 还可看出，在 0.02m 高度以下，上升沙粒和下降沙粒的平均垂直速度在随高度增加衰减很快；而在 0.02m 高度以上可近似看作常数，可能主要与颗粒间碰撞有关，在地表附近颗粒碰撞比较强烈导致沙粒动能损失，从而上升沙粒和下降沙粒的平均垂直速度在地面附近随高度增加而快速衰减，但在较高的高度处，上升沙粒和下降沙粒的平均垂直速度的大小在 0.2～0.4m/s，近似常数，在理论上可以作这样的解释：假定稳态风沙流中每个沙粒大小、质量均相同，忽略垂向气流阻力和气流中颗粒间碰撞，那么高度 z 处沙粒数密度表示为（Kang and Zou，2014）

$$n(z)=2n_{0\uparrow}\int_{\sqrt{2gz}}^{+\infty}\frac{P_{A}(v_0)v_0}{\sqrt{v_0^2-2gz}}\mathrm{d}v_0 \tag{2-43}$$

式中，$n_{0\uparrow}$ 为床面所有上升沙粒的数密度；v_0 为床面沙粒垂直起跳速度；$P_A(v_0)$ 为床面沙粒垂直起跳速度概率密度函数（基于三维空间分布）；g 为重力加速度；$\sqrt{v_0^2-2gz}$ 为沙粒以 v_0 起跳后到达高度 z 处的垂直速度。

高度 z 处上升沙粒平均垂直速度表示为

$$\begin{aligned}v_{pm\uparrow}(z)&=\frac{1}{n(z)}2n_{0\uparrow}\int_{\sqrt{2gz}}^{+\infty}\frac{P_{A}(v_0)v_0}{\sqrt{v_0^2-2gz}}\sqrt{v_0^2-2gz}\,\mathrm{d}v_0\\&=\frac{1}{n(z)}2n_{0\uparrow}\int_{\sqrt{2gz}}^{+\infty}P_{A}(v_0)v_0\mathrm{d}v_0\end{aligned} \tag{2-44}$$

一个合理的概率密度函数 P_A（v_0）可表示为半正态分布函数（Creyssels et al., 2009; Kang and Liu, 2010; Kang and Zou, 2014）：

$$P_A(v_0)=\frac{2}{\pi v_{0m}}\exp\left(-\frac{v_0^2}{\pi v_{0m}^2}\right) \tag{2-45}$$

式中，v_{0m}为床面处上升沙粒的平均垂直起跳速度。

此时沙粒数密度将随高度按指数规律衰减（Creyssels et al., 2009; Kang and Zou, 2014)，这与本实验所得较高高度处上升沙粒和下降沙粒的体积浓度的变化规律一致（图 2-11)，即将式（2-45）代入式（2-43）得

$$n(z)=2n_{0\uparrow}\exp\left(-\frac{2gz}{\pi v_{0m}^2}\right) \tag{2-46}$$

将式（2-45）和式（2-46）代入式（2-44）得上升沙粒的平均垂直速度为

$$v_{pm\uparrow}(z)=v_{0m} \tag{2-47}$$

以上推导过程表明，不同高度处上升沙粒平均垂直速度均为常数。由于下降沙粒平均垂直速度$v_{pm\downarrow}(z)=-v_{pm\uparrow}(z)=-v_{0m}$，因此，不同高度处下降沙粒平均垂直速度也均为常数。通过对 0.03m 高度以上的沙粒体积浓度廓线进行拟合分析表明，四种摩阻风速条件下的v_{0m}分别为 0.28m/s、0.29m/s、0.30m/s 和 0.31m/s，正好落在实验值范围（0.2 ~0.4m/s）（图 2-13）。

3）不同粒径沙粒的输运特征

自然界沙粒通常不是由均匀单一粒径组成的，而是由不同大小粒径的非均匀沙粒组成的。由于沙粒大小影响沙粒的运动速度、轨迹，因而在风沙流中不同粒径沙粒具有不同的输运特征（Kang and Zou, 2020)。将非均匀沙粒按粒径大小划分为 N 个粒径组，设 $q_{d,i}(z)$、$w_{pd,i}(z)$ 和 $u_{pd,i}(z)$ 分别为高度 z 处第 i 粒径组沙粒的输沙通量、质量浓度（等于沙粒材料密度和体积浓度的乘积）和平均水平速度，那么它们之间有如下关系：

$$q_{d,i}(z)=w_{pd,i}(z)u_{pd,i}(z) \tag{2-48}$$

考虑所有粒径组沙粒，可定义：

$$q(z)=\sum_{i=1}^{N}q_{d,i}(z) \tag{2-49}$$

$$w_p(z)=\sum_{i=1}^{N}w_{pd,i}(z) \tag{2-50}$$

$$u_p(z)=\sum_{i=1}^{N}w_{pd,i}(z)u_{pd,i}(z)/\sum_{i=1}^{N}w_{pd,i}(z) \tag{2-51}$$

式中，$q(z)$、$w_p(z)$ 和 $u_p(z)$ 分别为高度 z 处所有沙粒的输沙通量、质量浓度和平均水平速度，那么：

$$q(z)=w_p(z)u_p(z) \tag{2-52}$$

由式（2-48）和式（2-52）得

$$\frac{q_{\mathrm{d},i}(z)}{q(z)}=\frac{w_{\mathrm{pd},i}(z)}{w_{\mathrm{p}}(z)}\frac{u_{\mathrm{pd},i}(z)}{u_{\mathrm{p}}(z)} \tag{2-53}$$

式中，$\frac{q_{\mathrm{d},i}(z)}{q(z)}$和$\frac{w_{\mathrm{pd},i}(z)}{w_{\mathrm{p}}(z)}$分别为高度 z 处第 i 粒径组沙粒输沙通量比例（或份额）和质量比例（即质量份额）；$\frac{u_{\mathrm{pd},i}(z)}{u_{\mathrm{p}}(z)}$为高度 z 处第 i 粒径组沙粒平均水平速度与所有沙粒平均水平速度的比值。

第 i 粒径组沙粒的单宽输沙率 $Q_{\mathrm{d},i}$、单位面积床面以上沙粒质量 $M_{\mathrm{d},i}$ 和质量平均水平速度 $u_{\mathrm{pdm},i}$ 分别定义为

$$Q_{\mathrm{d},i}=\int_0^{+\infty} q_{\mathrm{d},i}(z)\,\mathrm{d}z \tag{2-54}$$

$$M_{\mathrm{d},i}=\int_0^{+\infty} w_{\mathrm{pd},i}(z)\,\mathrm{d}z \tag{2-55}$$

$$u_{\mathrm{pdm},i}=\int_0^{+\infty} w_{\mathrm{pd},i}(z)\,u_{\mathrm{pd},i}(z)\,\mathrm{d}z/M_{\mathrm{d},i} \tag{2-56}$$

式（2-54）、式（2-55）和式（2-56）有以下关系：

$$Q_{\mathrm{d},i}=M_{\mathrm{d},i}u_{\mathrm{pdm},i} \tag{2-57}$$

类似地，所有沙粒的单宽输沙率 Q、单位面积床面以上沙粒质量 M 和平均水平速度 u_{pm} 有以下关系：

$$Q=Mu_{\mathrm{pm}} \tag{2-58}$$

并且式（2-57）和式（2-58）的比值为

$$\frac{Q_{\mathrm{d},i}}{Q}=\frac{M_{\mathrm{d},i}}{M}\frac{u_{\mathrm{pdm},i}}{u_{\mathrm{pm}}} \tag{2-59}$$

式中，$\frac{Q_{\mathrm{d},i}}{Q}$为第 i 粒径组沙粒输沙率与总输沙率的比值；$\frac{M_{\mathrm{d},i}}{M}$为空中第 i 粒径组沙粒质量份额；$\frac{u_{\mathrm{pdm},i}}{u_{\mathrm{pm}}}$为空中第 i 粒径组沙粒平均水平速度与所有沙粒平均水平速度的比值。式（2-53）和式（2-59）反映了不同粒径组沙粒的输运关系。8mm 高度以下沙粒浓度较高，导致 PTV 算法不能较好地得到沙粒速度数据，这里主要分析 8mm 高度以上的数据，这并不影响不同粒径组沙粒输运特征的分析。

不同粒径组沙粒质量浓度随高度的变化如图 2-14 所示，对于细沙样品，粒径大于 0.14mm 的沙粒质量浓度随高度符合指数衰减规律，$w_{\mathrm{pd}}(z)=a\exp(-bz)$，$a$ 和 b 为系数；而粒径小于 0.14mm 的沙粒质量浓度随高度可表示为两个分段的指数函数，分界点约在 0.03m 高度处。对于粗沙样品，粒径小于 0.27mm 的沙粒质量浓度在 0.02m 高度以上基本符合指数衰减规律，在 0.02m 高度以内发生偏离指数规律而增加；粒径大于 0.27mm 的沙

粒质量浓度随高度变化均符合指数衰减规律。大于 0. 14mm 的较粗粒径组沙粒质量浓度随高度的指数衰减速率受摩阻风速的影响较小，而随粒径的增加而增加即衰减更快，这与 Creyssels 等（2009）报道的均匀沙情况下，沙粒体积浓度随高度的指数衰减速率不随摩阻风速而改变的结果基本一致。然而，一些均匀沙情况下的实验也报道了不同的结果，如沙粒体积浓度随高度的指数衰减速率随风速增加而减小（Dong et al.，2003b；Wang et al.，2006）或增加（Liu and Dong，2004），随粒径的增加而减小（Liu and Dong，2004），这主要与实验条件有关。

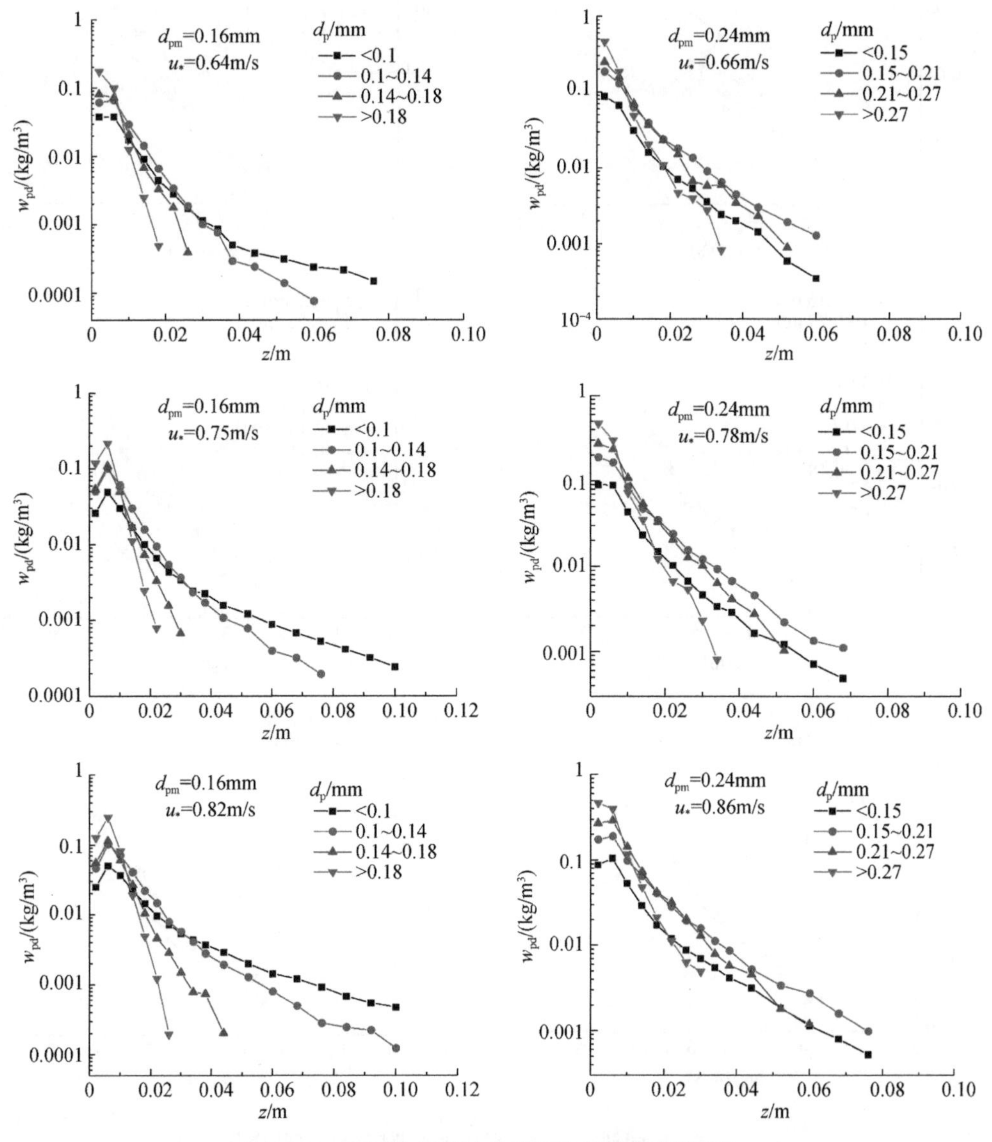

图 2-14　不同粒径组沙粒质量浓度随高度的变化

资料来源：Kang and Zou，2020

不同粒径组沙粒平均水平速度均随高度的增加而增加（图 2-15），并且与大颗粒相比，小颗粒可以到达更高的高度，并且具有较大的速度，这是由于小颗粒更易追随气流，被气流加速。这与均匀沙输运研究的一些结果一致，即沙粒平均水平速度随高度而增加、随粒径而减小（Liu and Dong，2004；Kang et al.，2008a；Yang et al.，2011）。

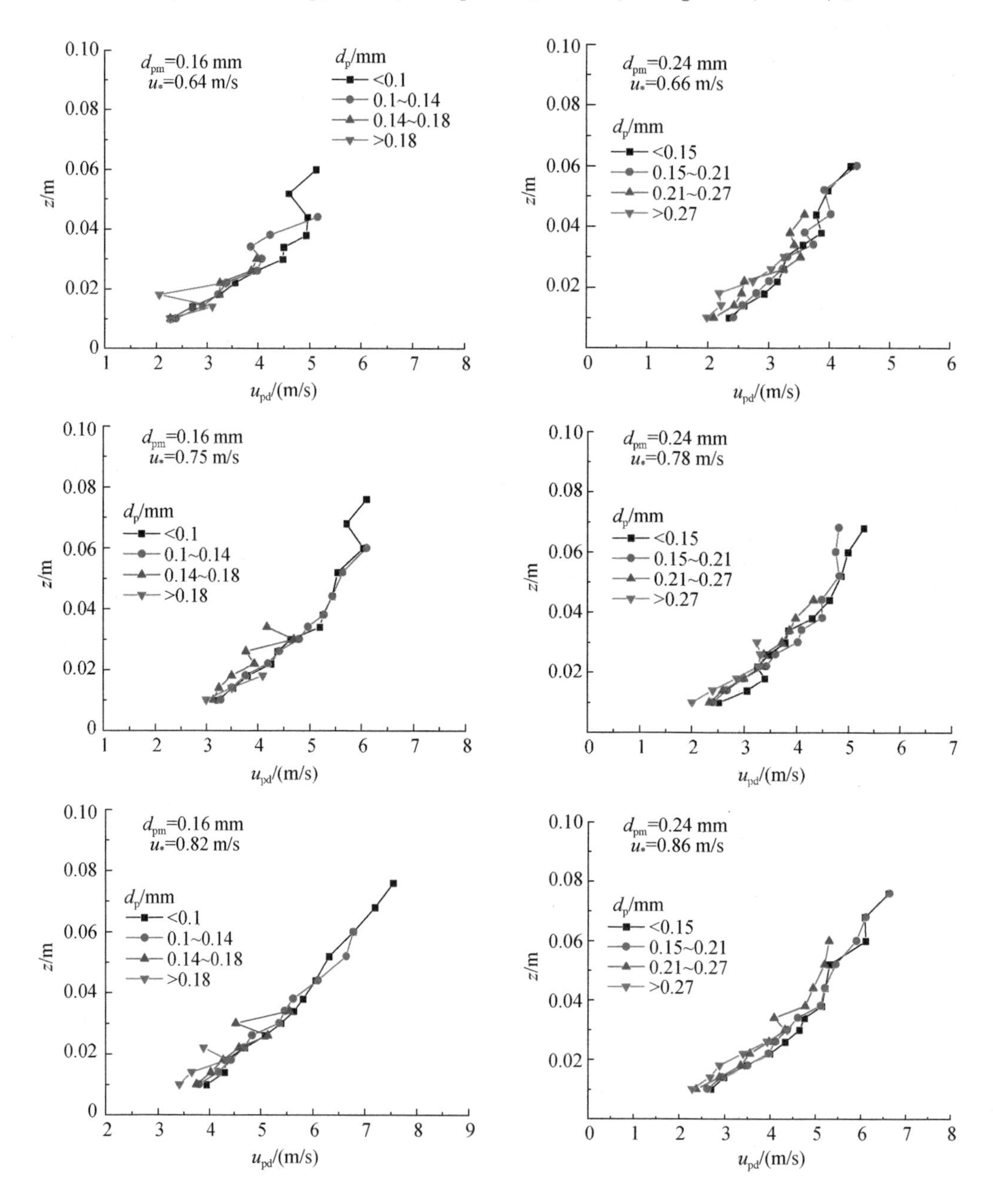

图 2-15　不同粒径组沙粒平均水平速度随高度的变化

资料来源：Kang and Zou，2020

不同粒径组沙粒输沙通量随高度的变化如图 2-16 所示。一般地，粒径大于 0. 14mm 的沙粒输沙通量随高度的变化可表示为指数衰减函数，而小于 0. 14mm 的细沙粒输沙通量通常在地表附近偏离指数函数，这与 Xing（2007）、Tan 等（2014）和 Yang 等（2018）的报道结果一致，但粒径转折点有一些差异，这项实验的转折点为 0. 14 ~ 0. 15mm，接近 Xing（2007）

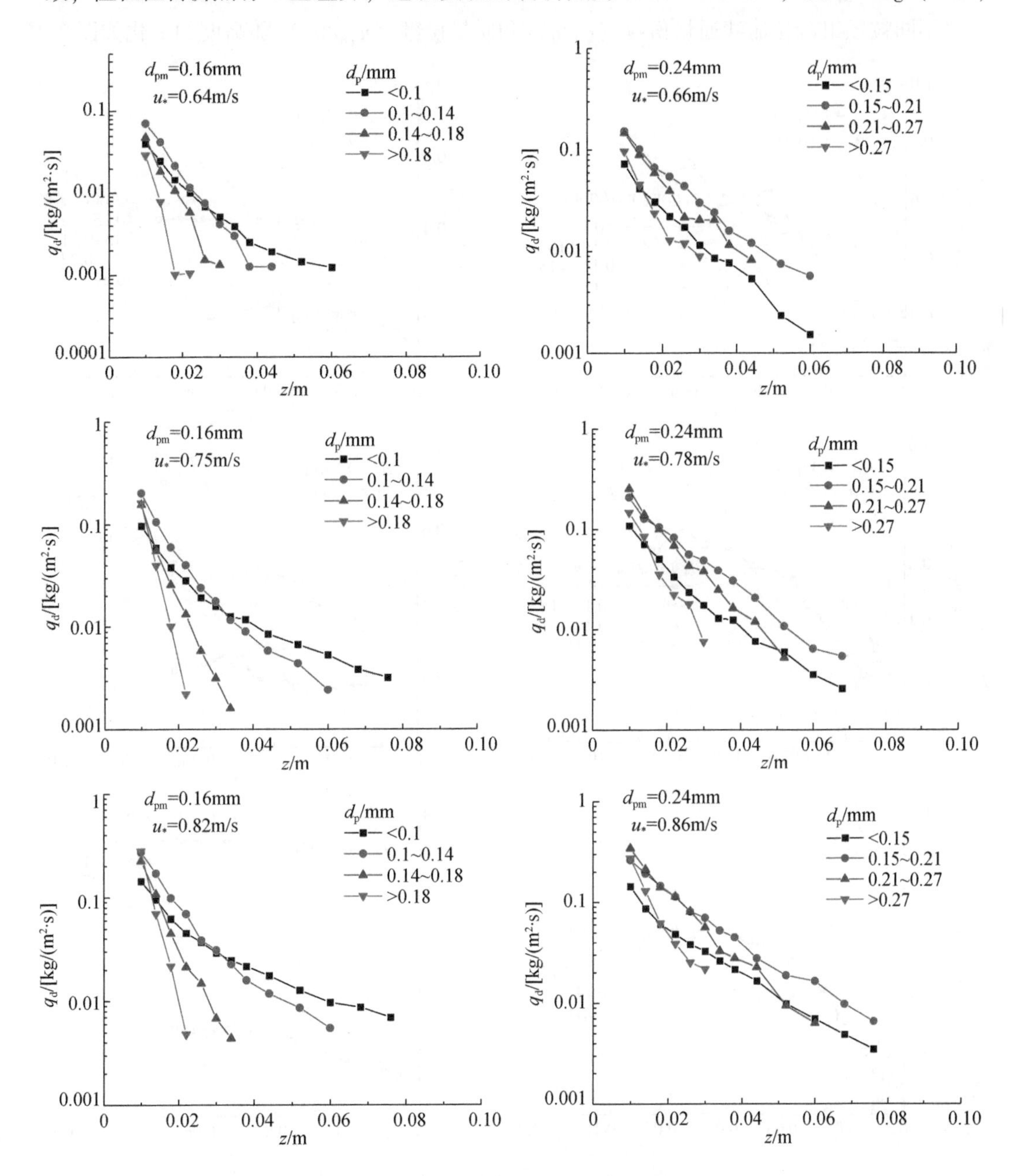

图 2-16　不同粒径组沙粒输沙通量随高度的变化

资料来源：Kang and Zou，2020

的报道值（0.1mm），小于 Tan 等（2014）和 Yang 等（2018）的报道结果（分别为 0.8mm 和 0.25mm），这可能与混合沙的粒径分布、质地、形状有关。粒径较大的粗沙组分的输沙通量随高度增加的指数衰减速率受摩阻风速的影响较小，随粒径的增加而快速衰减，这与 Yang 等（2018）的报道一致，却与 Li 等（2008）的研究结果相反。

不同粒径组沙粒输沙通量份额（q_d/q）和质量份额（w_{pd}/w_p）随高度的变化如图 2-17

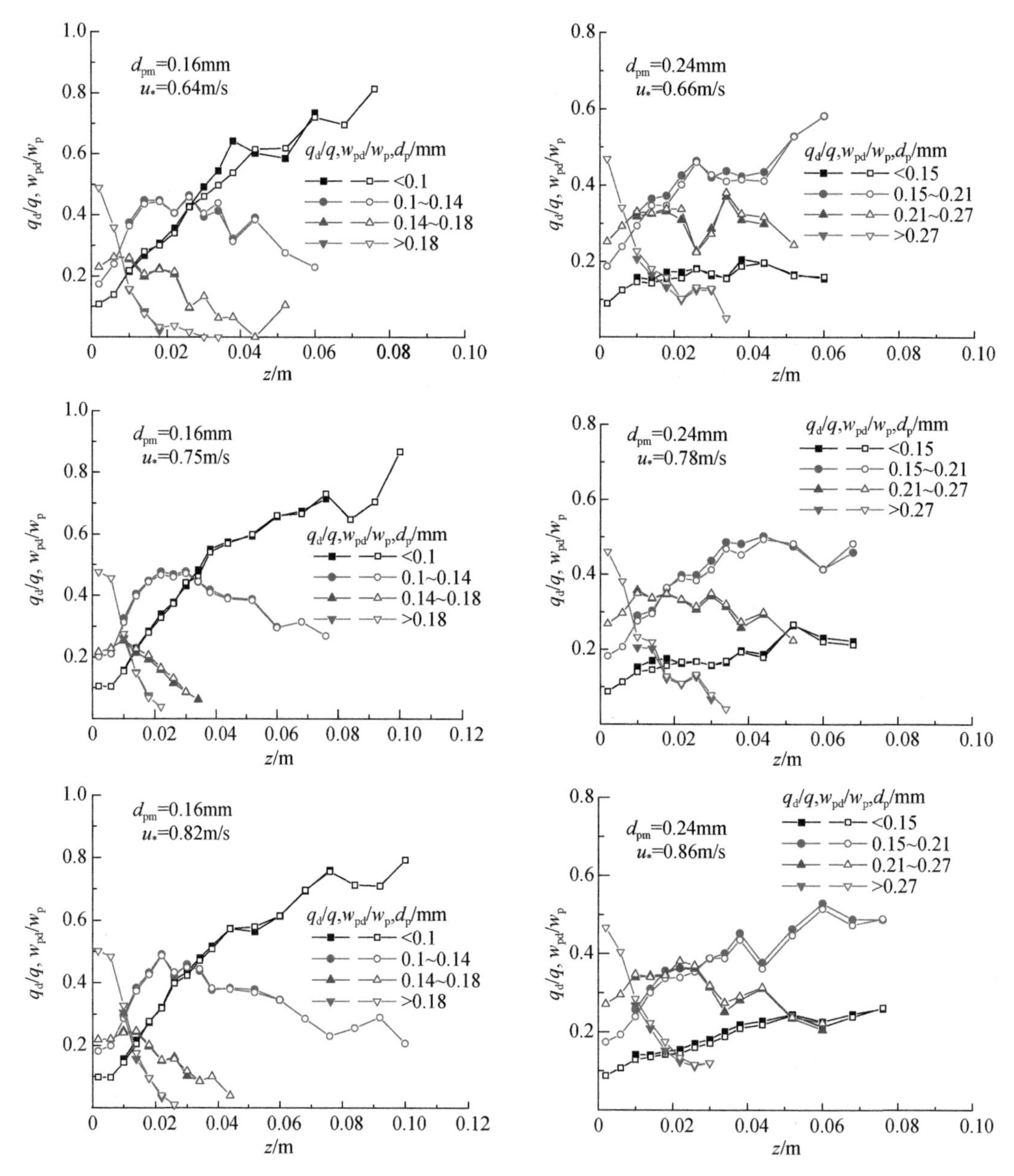

图 2-17 不同粒径组沙粒输沙通量份额和质量份额随高度的变化

资料来源：Kang and Zou，2020

所示。对于细沙样品，随高度的增加，小于 0.1mm 的较小粒径组沙粒输沙通量份额和质量份额均增加，而大于 0.14mm 的较大粒径组沙粒对应的值却减小。对于粗沙样品，随高度的增加，小于 0.21mm 的较小粒径组沙粒输沙通量份额和质量份额均增加，而大于 0.27mm 的较大粒径组沙粒对应的值却减小，这意味着随高度增加，小颗粒组分的输沙通量份额和质量份额均增加，大颗粒组分对应的值均减小，这种颗粒大小组分转变的临界值接近平均沙粒粒径。对来自集沙仪的沙粒的大小进行分析表明（Williams，1964；Li et al.，2008；Cheng et al.，2015），随高度的增加，颗粒大小分布曲线向小颗粒方向移动。也就是说，随高度的增加，小粒径组分的输沙通量份额增加，而大颗粒组分的输沙通量份额减小，这项实验的输沙通量份额结果与这些报道一致。同时，小颗粒组分的平均水平速度比值（u_{pd}/u_p）通常大于 1.0，而大颗粒组分的平均水平速度比值通常小于 1.0，大小颗粒组分的粒径转折点对于细沙样品和粗沙样品分别约为 0.14mm 和 0.21mm（图 2-18）。根据式（2-53），对于小颗粒组分，输沙通量份额通常会大于质量份额，而对于大颗粒组分，输沙通量份额通常会小于质量份额（图 2-17）。

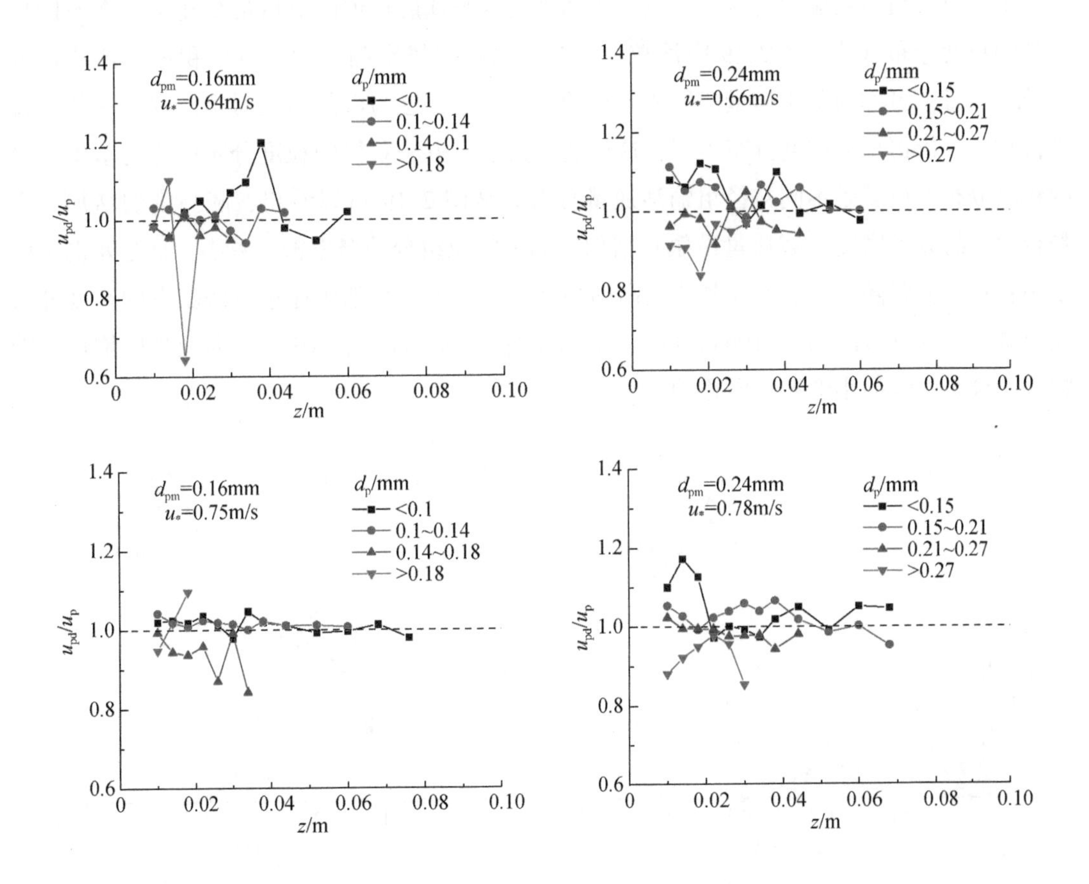

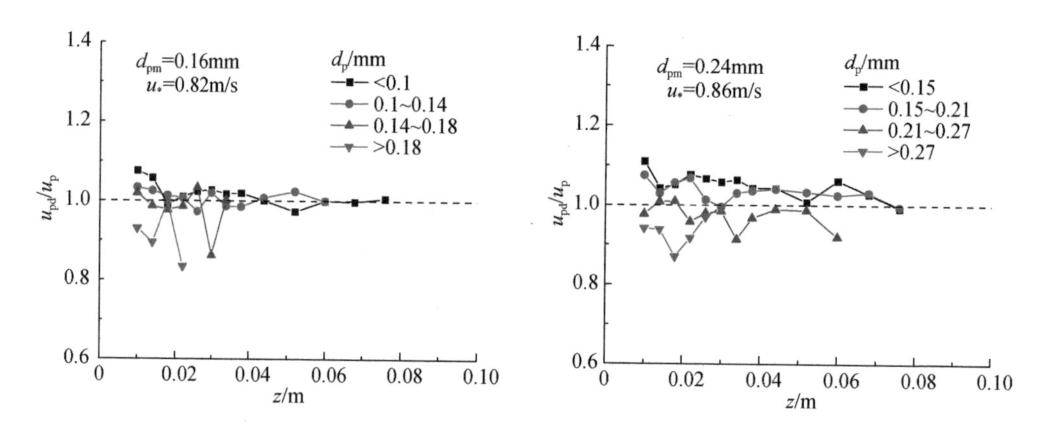

图 2-18　不同粒径组沙粒平均水平速度比值随高度的变化

资料来源：Kang and Zou，2020

不同粒径组沙粒输沙通量、质量份额和平均水平速度比值随高度的变化与其在不同高度处的粒度分布有关。图 2-19 中沙粒粒度分布根据三维空间中沙粒的体积浓度或质量浓度推导而得，可称为基于质量或体积观点的粒度分布，这与以前通过对集沙仪收集的沙粒进行粒度分析得出的粒度分布不同，这种通过集沙仪方法获得的粒度分布可称为基于通量的粒度分布，也就是不同粒径组输沙通量分布。从图 2-19 可以看出，随高度的增加，小颗粒组分的概率密度（或质量份额）增加，而大颗粒组分的概率密度减小，这主要也是由于小颗粒更易跟随气流运动而到达更高的高度。本结果也与基于通量方法获得的粒度分布规律基本一致（Williams，1964；Li et al.，2008；Cheng et al.，2015），即随高度增加，颗粒大小分布曲线向小颗粒方向移动。

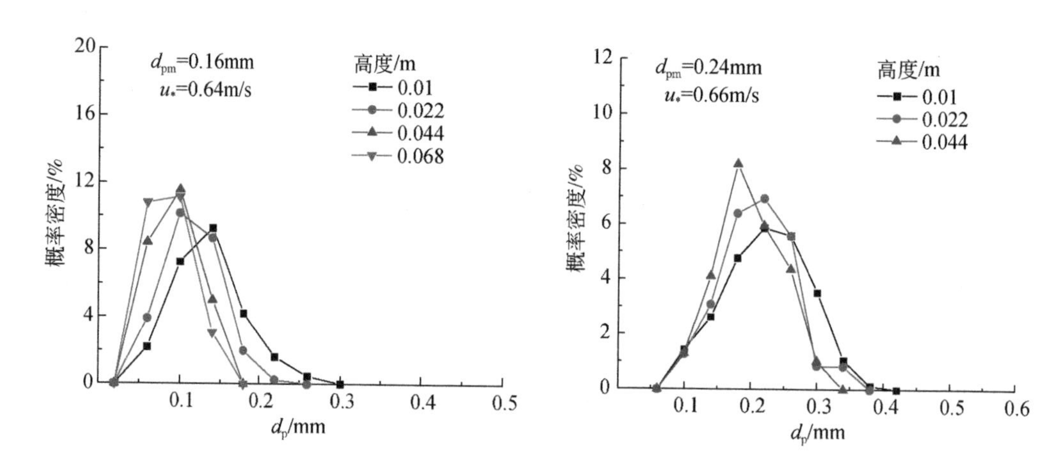

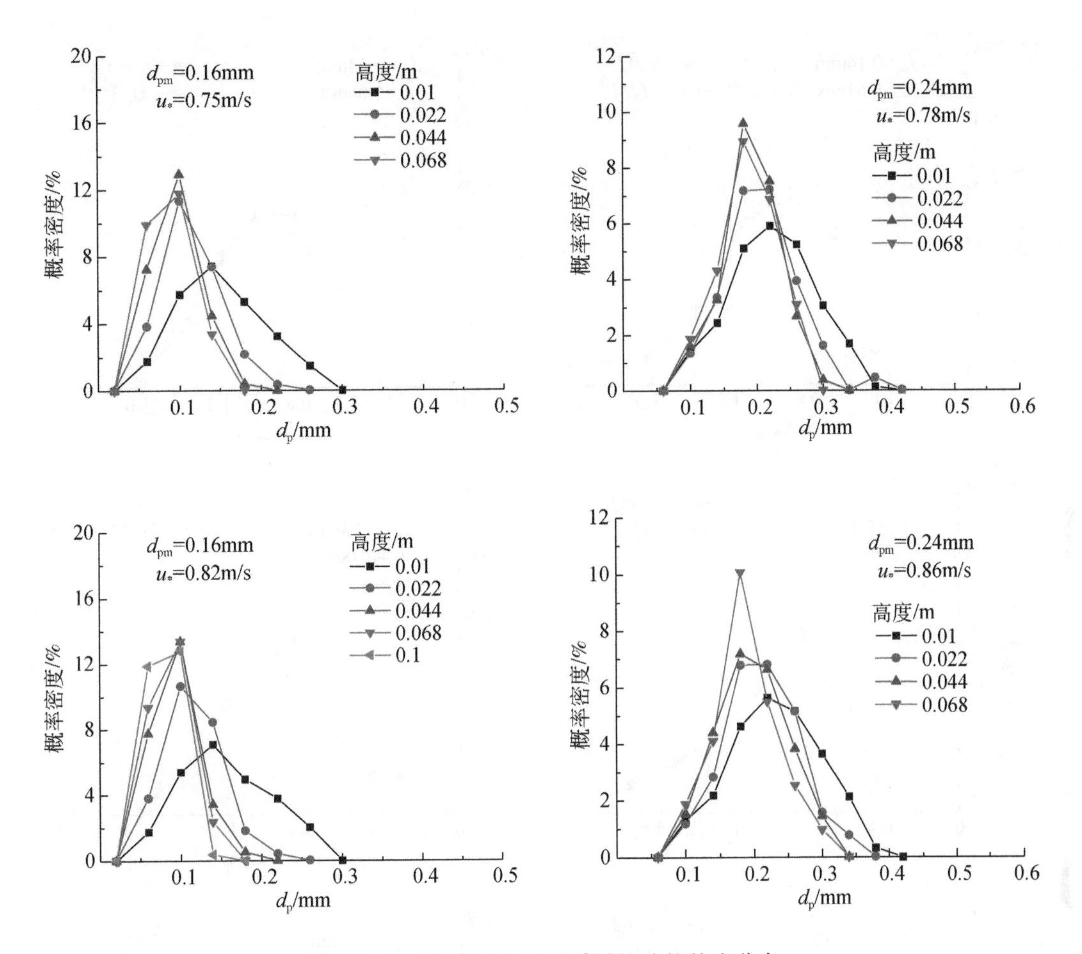

图 2-19　不同高度处基于质量的沙粒粒度分布

资料来源：Kang and Zou，2020

在 8mm 高度以上区域不同粒径组沙粒输沙率份额（Q_d/Q）和质量份额（M_d/M）随无量纲粒径 $d_{pdm,non}=d_{pdm}/d_{pm}$ 的变化如图 2-20 所示。小于平均粒径的小颗粒组分（$d_{pdm,non}<1.0$）的输沙率份额大于质量份额，而对于大于平均粒径的大颗粒组分，输沙率份额小于质量份额。根据式（2-54），对于小颗粒组分（$d_{pdm,non}<1.0$），必然有 $u_{pdm}/u_{pm}>1.0$，而对于大颗粒组分（$d_{pdm,non}>1.0$），必然有 $u_{pdm}/u_{pm}<1.0$，这也可以在图 2-21 中看出。从图 2-17 和图 2-21 还可看出，虽然有一定偏差，但不同粒径组沙粒输沙通量份额比较接近其质量份额，而且不同粒径组沙粒输沙率份额也比较接近其质量份额，它们之间的偏差由不同粒径组沙粒平均水平速度决定，由图 2-18 和 2-21 可知，该偏差大多在 −15% ~15%。

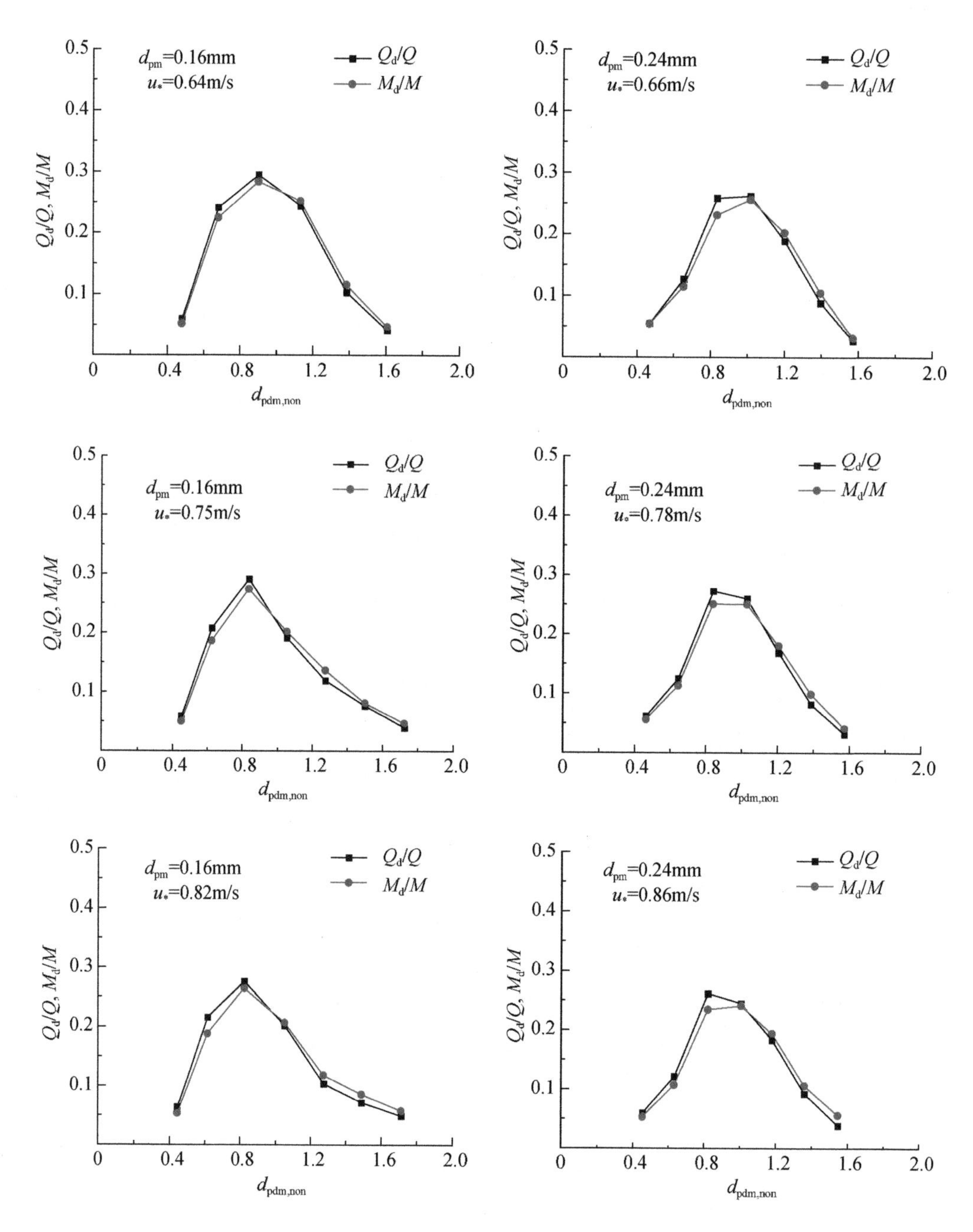

图 2-20 在 8mm 高度以上不同粒径组输沙率份额和质量份额随无量纲粒径的变化

资料来源：Kang and Zou，2020

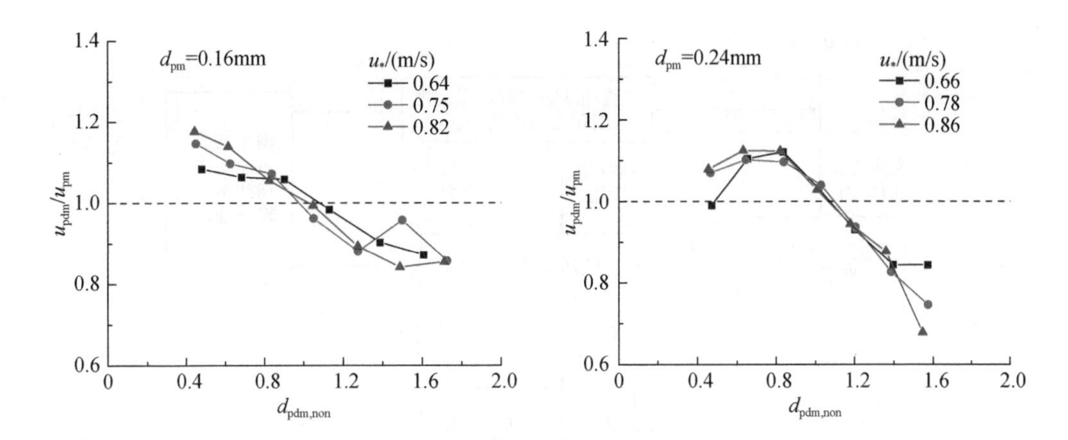

图 2-21　在 8mm 高度以上不同粒径组沙粒平均水平速度比值随无量纲粒径的变化

资料来源：Kang and Zou，2020

2.4　风沙流数值模拟

2.4.1　模拟方法

这里主要介绍基于溅射函数的经典风沙流模型、基于沙粒起跳概率分布的稳态风沙流模型及离散颗粒模型（discrete particle model，DPM）。

1. 基于溅射函数的经典风沙流模型

该模型通常包括四个子过程：空气动力学夹带（aerodynamic entrainment）过程、沙粒运动轨迹的计算、沙粒-床面碰撞过程（表征为溅射函数），以及气流和沙粒之间动量交换引起的气流场修正（Ungar and Haff，1987；Anderson and Haff，1988，1991；Werner，1990；McEwan and Willetts，1991，1993），如图 2-22 所示。这四个子过程之间形成负反馈机制，使风沙流达到动态平衡状态。

对于空气动力学夹带过程，风力直接起动沙粒的起跳率一般简单地认为与超过临界值的剪应力部分成正比（Anderson and Haff，1988，1991），即

$$N_a = \zeta(\tau_{a0} - \tau_t) \tag{2-60}$$

式中，N_a 为单位时间单位面积沙床面上起跳的沙粒数目；τ_{a0} 和 τ_t 分别为床面流体剪应力和临界流体剪应力；ζ 为经验系数（约 10^5 量级）。由于在动态稳定状态的风沙流中，空气动力学夹带作用的贡献可以忽略，因此，在以后的许多模型计算中不考虑这一过程。

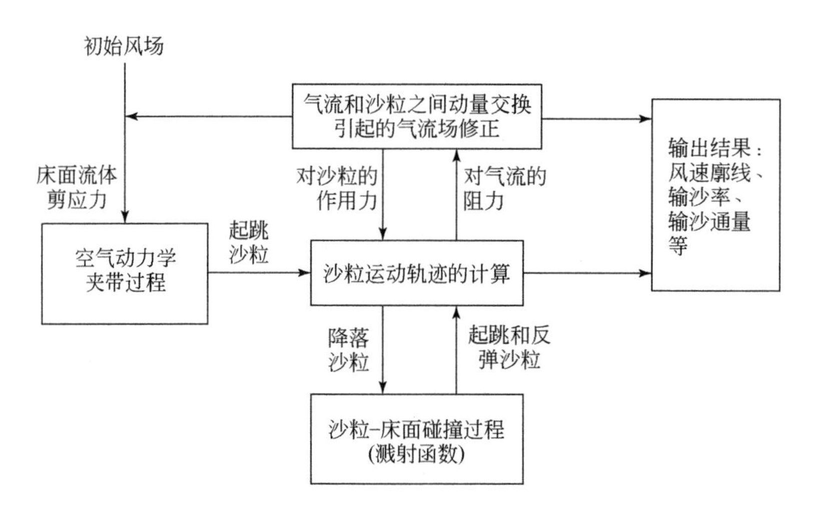

图 2-22　四个子过程之间的联系示意图

对于沙粒运动轨迹的计算，颗粒运动方程采用牛顿第二运动定律描述，主要考虑沙粒所受的拖曳力和重力，一些研究还考虑了升力（Saffman 力和 Magnus 力）、电场力的影响（黄宁和郑晓静，2001；黄宁，2002；Kok and Renno，2009）。当考虑由沙粒旋转而引起的 Magnus 力时，必须引入颗粒转动方程（根据动量矩定理）。

对于气流场的修正，在描述流体湍流运动的 Navier-Stokes 动量方程中引入颗粒对流体的作用力，进行计算求解。早期描述流体湍流运动的方法一般采用雷诺时均方法，后续研究中还采用了大涡模拟方法（Huang et al.，2020）。

沙粒-床面碰撞过程是风沙运动中最重要的物理过程之一，大量跃移沙粒以不同的速度和角度碰撞沙床面，并溅起更多的床面沙粒进入气流当中，来维持风沙运动的持续动态发展，因此，沙粒-床面碰撞过程的准确模化是这类风沙流模型模拟成功的关键。通常采用溅射函数来表征沙粒-床面碰撞过程，即建立碰撞沙粒与碰后起跳沙粒和反弹沙粒之间的参数关系（包括起跳速度、反弹速度、起跳数与碰撞速度的关系，以及起跳角度、反弹角度等参数的确定）。Anderson 和 Haff（1988，1991）将反弹沙粒速度概率分布表示为正态分布函数，将被碰撞而起跳的沙粒速度概率分布表示为指数分布函数，其中 Anderson 和 Haff（1988）给出的具体表达式为

$$P(V_r)=\frac{0.95}{\sqrt{2\pi}(0.12V_{im})}\exp\left[-\frac{(V_r-0.59V_{im})^2}{2(0.12V_{im})^2}\right] \tag{2-61}$$

$$P(V_{ej})=\frac{1}{0.1V_{im}}\exp\left(-\frac{V_{ej}}{0.1V_{im}}\right) \tag{2-62}$$

$$N_{ej}(V_{im})=0.6V_{im} \tag{2-63}$$

式中，V_r、V_{ej}和 V_{im}分别为反弹速度、起跳速度和碰撞速度；$P(V_r)$ 和 $P(V_{ej})$ 分别为反弹

速度和起跳速度的概率密度；$N_{\mathrm{ej}}(V_{\mathrm{im}})$ 为一次碰撞而起跳的颗粒数。起跳角度和反弹角度分别为 60°～70°和 30°～40°。式（2-61）表达了颗粒反弹总概率为 0.95，而 Anderson 和 Haff（1991）将其表示为 $P_{\mathrm{r}}=0.95[1-\exp(2V_{\mathrm{im}})]$。

Ungar 和 Haff（1987）采用 delta（即 δ）函数形式的表达式来表征溅射函数：

$$S(\vec{V}_0,\vec{V}_{\mathrm{im}})=A\frac{V_{\mathrm{im}}^2}{d_{\mathrm{p}}g}\delta^3\left(\vec{V}_0-B\frac{V_{\mathrm{im}}^3}{d_{\mathrm{p}}g}\vec{e}_z\right) \tag{2-64}$$

式中，$S(\vec{V}_0,\vec{V}_{\mathrm{im}})$ 为以碰撞速度 $\vec{V}_{\mathrm{im}}$ 碰撞床面后以 $\vec{V}_0$ 起跳的沙粒数目；V_{im} 为碰撞速度矢量 $\vec{V}_{\mathrm{im}}$ 的大小；$\vec{e}_z$ 为垂直于床面的高度方向单位矢量；δ^3 为三维空间 δ 函数；A 和 B 为无量纲系数。上标“→”表示矢量。

在稳态风沙流中，统计意义上每一次碰撞只能使一颗沙粒起跳，这意味着式（2-64）等价于：

$$A\frac{V_{\mathrm{im}}^2}{d_{\mathrm{p}}g}=1 \tag{2-65}$$

$$\vec{V}_0=B\frac{V_{\mathrm{im}}^3}{d_{\mathrm{p}}g}\vec{e}_z \tag{2-66}$$

对于混合沙情况，Kok 和 Renno（2009）假定不同大小沙粒起跳数目与其在沙床所占面积份额有关，将其表示为

$$N_i=\frac{a}{\sqrt{gD}}\frac{D_{\mathrm{im}}}{D_{\mathrm{ej},i}}V_{\mathrm{im}}f_i \tag{2-67}$$

式中，N_i 为第 i 粒径组沙粒起跳数目；D_{im} 和 $D_{\mathrm{ej},i}$ 分别为碰撞沙粒和起跳沙粒的直径；f_i 为第 i 粒径组沙粒在沙床中的质量份额；D 为参考粒径（0.25mm）；a 为系数（0.01～0.05）。

2. 基于沙粒起跳概率分布的稳态风沙流模型

在稳态风沙流状态下，撞击沙床面的每个沙粒平均溅起一个跃移沙粒，即平均意义上，床面上每降落一个沙粒，必然有一个沙粒起跳。此时，从床面上起跳的每颗沙粒必然服从相同的起跳概率分布，即相同的起跳速度分布函数和起跳角度分布函数。也就是说，表征沙粒-床面碰撞过程的溅射函数可以简化为起跳速度分布函数和起跳角度分布函数。

基于沙粒起跳概率分布的稳态风沙流模型包括三个子过程：沙粒运动轨迹的计算、沙粒起跳概率分布函数的计算及气流场（即风速廓线）的计算（Anderson and Hallet，1986；Namikas，1999，2003；黄宁，2002；Zheng et al.，2004；Kang et al.，2008b；Huang et al.，2010；赵国丹等，2015），如图 2-23 所示。当风场和沙粒之间为单向耦合时，风速廓线一

般设置为稳态风沙流状态下的风速廓线（通常为实验数据拟合曲线或假定合理的廓线），即沙粒输运情况要与该风场相适应（Anderson and Hallet，1986；Namikas，1999，2003；赵国丹等，2015）。当风场和沙粒之间为双向耦合时，需要计算沙粒运动对气流阻力的改变，进而修正风速廓线，最终二者达到相适应状态（黄宁，2002；Zheng et al.，2004；Kang et al.，2008b；Huang et al.，2010）。对于沙粒运动轨迹的计算，颗粒运动方程中主要考虑沙粒所受的拖曳力和重力，也可以考虑颗粒旋转、静电力等的影响（Zheng et al.，2004；Huang et al.，2010）。

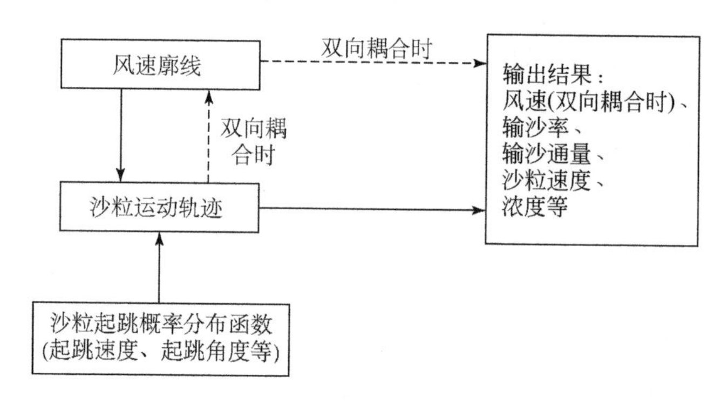

图 2-23　基于沙粒起跳概率分布的稳态风沙流模型示意图

沙粒起跳概率分布函数是该风沙流模型模拟的关键，直接影响沙粒的空间分布规律。根据起跳速度、起跳角度等参数的范围，来计算许多条可能的沙粒运动轨迹，然后根据每条沙粒轨迹的贡献（即概率），统计计算得到风沙运动的宏观参数（输沙率、输沙通量等）。因此，沙粒起跳概率分布函数又是联系沙粒微观运动和宏观运动的桥梁，成为风沙运动研究的重要内容之一。

由于沙粒起跳速度的矢量（大小和方向）特征，沙粒起跳概率分布函数就要包含这一特征。尽管风沙流中床面沙粒的起跳具有三维运动特性，然而由于测量的困难以及沙粒运动大多集中于流动方向和高度方向，因此，目前沙粒起跳概率分布函数通常只体现沙粒的二维起跳特征，即限制在 x-z 平面内（x 表示流动方向，z 表示高度方向）。一般沙粒起跳概率分布函数分解为起跳速度分布函数和起跳角度分布函数，或者水平起跳速度分布函数和垂直起跳速度分布函数，即假定认为起跳速度和起跳角度或水平起跳速度和垂直起跳速度之间互相独立，这是因为关于它们之间耦合关系的研究十分匮乏。表 2-11 列出了一些沙粒起跳概率分布函数，一般来讲，起跳速度分布和起跳角度分布可表示为对数正态分布、指数分布或伽马（Gamma）分布，垂直起跳速度分布可表示为指数分布或 Gamma 分布，水平起跳速度分布可表示为正态分布。

表 2-11　一些沙粒起跳概率分布函数

研究者	概率密度分布函数	备注
Anderson 和 Hallet (1986)	Gamma 分布：$P(v_{p0})=\frac{27}{2}\frac{1}{0.96u_*}\left(\frac{v_{p0}}{0.96u_*}\right)^3\exp\left[-3\left(\frac{v_{p0}}{0.96u_*}\right)\right]$	v_{p0} 为垂直起跳速度，u_* 为摩阻风速。根据 White 和 Schulz (1977) 高速摄像的合成起跳速度数据，并假定起跳角度为 50°，数据拟合所得
	指数分布：$P(v_{p0})=\frac{1}{0.63u_*}\exp\left(-\frac{v_{p0}}{0.63u_*}\right)$	认为高速摄像方法没有考虑小起跳速度的沙粒，因而假定为指数函数
Nalpanis 等 (1993)	(合成) 起跳速度和起跳角度均类似对数正态分布；水平起跳速度和垂直起跳速度为单峰分布，没有给出具体类型	多图像摄影结果
Namikas (1999，2003)	(合成) 起跳速度为 Gamma 分布或指数分布	
Dong 等 (2002)	(合成) 起跳速度为韦布尔 (Weibull) 分布	基于 LDV 技术的实验结果。起跳角度分布复杂，不能表示为简单函数
Huang 等 (2006)	(合成) 起跳速度为指数分布：$P(U_{p0})=\frac{1}{U_{p0m}}\exp\left(-\frac{U_{p0}}{U_{p0m}}\right)$ 式中，$U_{p0m}=-0.247+0.366\exp\left(\frac{u_*}{0.747}\right)$	基于风洞输沙通量数据进行数值反演计算。 U_{p0} 为 (合成) 起跳速度，U_{p0m} 为平均 (合成) 起跳速度
Cheng 等 (2006)	起跳角度为 LogNorm4 分布，(合成) 起跳速度、水平起跳速度和垂直起跳速度均为 Gamma 分布	高速摄像结果
Kang 等 (2008b)	正态分布：$P(u_{p0})=\frac{1}{\sqrt{2\pi}\sigma}\exp\left[-\frac{(u_{p0}-u_{p0m})^2}{2\sigma^2}\right]$ 指数分布：$P(v_{p0})=\frac{1}{v_{p0m}}\exp\left(-\frac{v_{p0}}{v_{p0m}}\right)$ 对数正态分布：$P(U_{p0})=\frac{1}{\sqrt{2\pi}\sigma U_{p0}}\exp\left[-\frac{(\ln U_{p0}-\ln U_{p0m})^2}{2\sigma^2}\right]$ 指数分布：$P(\alpha_{p0})=\frac{1}{\alpha_{p0m}}\exp\left(-\frac{\alpha_{p0}}{\alpha_{p0m}}\right)$	基于 LDV 技术的实验结果。u_{p0} 为水平起跳速度，u_{p0m} 为平均水平起跳速度，v_{p0m} 为平均垂直起跳速度，σ 为标准偏差，α_{p0} 为起跳角度，α_{p0m} 为平均起跳角度

3. 离散颗粒模型

离散颗粒模型是指流体相采用湍流形式的 Navier-Stokes 动量方程描述，颗粒相则采用离散元模型描述，并考虑相间作用力及颗粒间碰撞作用，如图 2-24 所示。离散颗粒模型在单颗粒水平上直接模拟每颗沙粒的运动速度和轨迹，追踪每颗沙粒的详细运动信息。

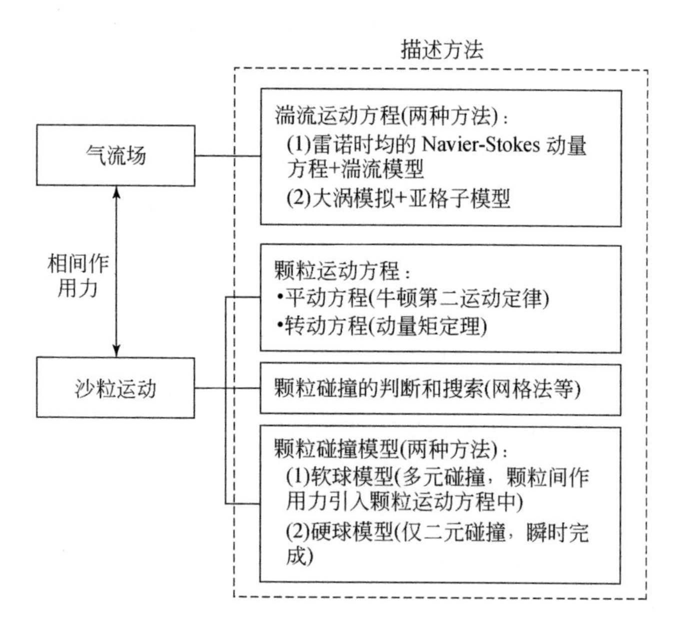

图 2-24　模拟风沙流的离散颗粒模型示意图

描述气流湍流运动有两种方法：雷诺时均方法和大涡模拟方法。对于雷诺时均方法，气流连续方程和动量方程分别表示为（Kang and Guo，2006；Kang and Liu，2010；Kang and Zou，2011；Kang，2012）

$$\frac{\partial}{\partial t}(\alpha_{\mathrm{f}}\rho_{\mathrm{f}})+\nabla\cdot(\alpha_{\mathrm{f}}\rho_{\mathrm{f}}\vec{\boldsymbol{u}}_{\mathrm{f}})=0 \tag{2-68}$$

$$\frac{\partial}{\partial t}(\alpha_{\mathrm{f}}\rho_{\mathrm{f}}\vec{u}_{\mathrm{f}})+\nabla\cdot(\alpha_{\mathrm{f}}\rho_{\mathrm{f}}\vec{u}_{\mathrm{f}}\vec{u}_{\mathrm{f}})=-\alpha_{\mathrm{f}}\nabla p+\nabla\cdot(\alpha_{\mathrm{f}}\vec{\vec{\tau}}_{\mathrm{f}})+\alpha_{\mathrm{f}}\rho_{\mathrm{f}}\vec{g}-\vec{f}_{\mathrm{drag}}-\vec{f}_{\mathrm{Mag}}-\vec{f}_{\mathrm{Saff}} \tag{2-69}$$

式中，ρ_{f}、$\vec{\boldsymbol{u}}_{\mathrm{f}}$ 和 p 分别为流体（空气）密度、速度矢量和压强；$\vec{g}$ 为重力加速度矢量；α_{f} 为流体体积份额；$\vec{\vec{\tau}}_{\mathrm{f}}$ 为流体应力张量；$\vec{\boldsymbol{f}}_{\mathrm{drag}}$、$\vec{\boldsymbol{f}}_{\mathrm{Mag}}$ 和 $\vec{\boldsymbol{f}}_{\mathrm{Saff}}$ 分别为沙粒所受的体平均拖曳力矢量、Magnus 力矢量和 Saffman 力矢量，其中沙粒所受的 Magnus 力和 Saffman 力通常比拖曳力小 1 个数量级，因而经常被忽略。

α_{f} 和 $\vec{\vec{\tau}}_{\mathrm{f}}$ 分别表示为

$$\alpha_{\mathrm{f}}=1-\sum_{i=1}^{n}V_{\mathrm{p}i}/\Delta V \tag{2-70}$$

$$\vec{\vec{\tau}}_{\mathrm{f}}=-\frac{2}{3}(\mu_{\mathrm{eff}}\nabla\cdot\vec{u}_{\mathrm{f}})\vec{\vec{\delta}}_{k}+\mu_{\mathrm{eff}}[\nabla\vec{\boldsymbol{u}}_{\mathrm{f}}+(\nabla\vec{\boldsymbol{u}}_{\mathrm{f}})^{\mathrm{T}}] \tag{2-71}$$

式中，ΔV 和 $V_{\mathrm{p}i}$ 分别为计算网格单元的体积和该单元内颗粒 i 的体积；n 为该单元内颗粒总数目；μ_{eff} 为有效黏性系数，$\mu_{\mathrm{eff}}=\mu_{\mathrm{f}}+\mu_{\mathrm{ft}}$，$\mu_{\mathrm{f}}$ 和 μ_{ft} 分别为流体动力黏性系数和湍流黏性系

数；$\vec{\vec{\delta}}_k$ 为克罗内克（Kronecker）符号；上标 T 表示转置。

$\vec{f}_{\text{drag}}$、$\vec{f}_{\text{Mag}}$和$\vec{f}_{\text{Saff}}$分别表示为

$$\vec{f}_{\text{drag}}=\frac{1}{\Delta V}\sum_{i=1}^{n}\vec{F}_{\text{drag},i} \tag{2-72}$$

$$\vec{f}_{\text{Mag}}=\frac{1}{\Delta V}\sum_{i=1}^{n}\vec{F}_{\text{Mag},i} \tag{2-73}$$

$$\vec{f}_{\text{Saff}}=\frac{1}{\Delta V}\sum_{i=1}^{n}\vec{F}_{\text{Saff},i} \tag{2-74}$$

式中，$\vec{F}_{\text{drag}}$、$\vec{F}_{\text{Mag}}$和$\vec{F}_{\text{Saff}}$分别为作用在单个颗粒上的拖曳力矢量、Magnus 力矢量和 Saffman 力矢量。

湍流模型用来计算湍流黏性系数，其中标准 k-ε 湍流模型表示为

$$\frac{\partial}{\partial t}(\alpha_{\text{f}}\rho_{\text{f}}k)+\nabla\cdot(\alpha_{\text{f}}\rho_{\text{f}}\vec{u}_{\text{f}}k)=\nabla\cdot\left[\alpha_{\text{f}}\left(\mu_{\text{f}}+\frac{\mu_{\text{ft}}}{\sigma_k}\right)\nabla k\right]+\alpha_{\text{f}}G-\alpha_{\text{f}}\rho_{\text{f}}\varepsilon \tag{2-75}$$

$$\frac{\partial}{\partial t}(\alpha_{\text{f}}\rho_{\text{f}}\varepsilon)+\nabla\cdot(\alpha_{\text{f}}\rho_{\text{f}}\vec{u}_{\text{f}}\varepsilon)=\nabla\cdot\left[\alpha_{\text{f}}\left(\mu_{\text{f}}+\frac{\mu_{\text{ft}}}{\sigma_\varepsilon}\right)\nabla\varepsilon\right]+\alpha_{\text{f}}\frac{\varepsilon}{k}(c_1G-c_2\rho_{\text{f}}\varepsilon) \tag{2-76}$$

式中，k 和 ε 分别为流体湍动能和其耗散率，湍流黏性系数 $\mu_{\text{ft}}=c_\mu\rho_{\text{f}}k^2/\varepsilon$，产生项 $G=\mu_{\text{ft}}\nabla\vec{u}_{\text{f}}\cdot[\nabla\vec{u}_{\text{f}}+(\nabla\vec{u}_{\text{f}})^{\text{T}}]$；系数 c_1、c_2 和 c_μ 为常数，$c_1=1.44$，$c_2=1.92$，$c_\mu=0.09$；σ_k 和 σ_ε 分别为 k 和 ε 的湍流 Prandtl 数，$\sigma_k=1.0$，$\sigma_\varepsilon=1.3$。

对于大涡模拟方法，气流湍流运动被分解为大尺度涡运动和小尺度涡脉动，将小尺度涡过滤后，气流连续方程和动量方程分别表示为（以分量形式表示）（Li et al.，2014）

$$\frac{\partial}{\partial t}(\alpha_{\text{f}}\rho_{\text{f}})+\frac{\partial}{\partial x_i}(\alpha_{\text{f}}\rho_{\text{f}}u_{\text{f}i})=0 \tag{2-77}$$

$$\begin{aligned}&\frac{\partial}{\partial t}(\alpha_{\text{f}}\rho_{\text{f}}u_{\text{f}i})+\frac{\partial}{\partial x_j}(\alpha_{\text{f}}\rho_{\text{f}}u_{\text{f}i}u_{\text{f}j})\\=&-\alpha_f\frac{\partial p}{\partial x_i}+\frac{\partial}{\partial x_j}\left[\alpha_{\text{f}}\mu_{\text{f}}\left(\frac{\partial u_{\text{f}i}}{\partial x_j}+\frac{\partial u_{\text{f}j}}{\partial x_i}\right)\right]-\frac{\partial}{\partial x_j}(\alpha_{\text{f}}\rho_{\text{f}}\tau_{ij})-f_{\text{fp},i}\end{aligned} \tag{2-78}$$

式中，u_{f} 为过滤后大尺度流体速度；f_{fp}为体平均的流体对颗粒施加的相间作用力。包含小尺度脉动影响的亚网格应力 τ_{ij}可采用亚网格模型描述，其中 Smagorinsky 亚网格模型类似涡黏假设，表示为

$$\tau_{ij}=-2\nu_{\text{t}}S_{ij}+\frac{1}{3}\tau_{kk}\delta_{ij} \tag{2-79}$$

式中，$S_{ij}=\frac{1}{2}\left(\frac{\partial u_{\text{f}i}}{\partial x_j}+\frac{\partial u_{\text{f}j}}{\partial x_i}\right)$；$\delta_{ij}$为 Kronecker 符号；$\nu_{\text{t}}=(C_{\text{s}}\Delta)^2|S_{ij}|$，其中，$\Delta$ 为过滤尺度，C_{s} 为 Smagorinsky 常数（$C_s=0.1$）。

离散颗粒模型非常适合描述风沙流中沙粒之间的碰撞问题，沙粒运动过程中如果发生碰撞，那么就要引入沙粒间碰撞过程，使其参与到沙粒运动过程中。因此，该模型在计算过程中直接模拟了沙粒-床面的碰撞过程，完全抛弃了基于溅射函数的经典风沙流模型中需要模化沙粒-床面碰撞的溅射函数问题。沙粒运动的描述包括颗粒运动方程、颗粒碰撞的判别和搜索及颗粒碰撞模型。颗粒运动方程需要考虑沙粒的平动运动和旋转运动，分别表示为（Kang and Guo，2006；Kang and Liu，2010；Kang and Zou，2011；Kang，2012）

$$m_p \frac{d\vec{\boldsymbol{u}}_p}{dt} = m_p \vec{g} + \vec{\boldsymbol{F}}_{drag} + \vec{\boldsymbol{F}}_{Mag} + \vec{\boldsymbol{F}}_{Saff} + \sum_{j=1}^{n_c} (\vec{\boldsymbol{f}}_{n,ij} + \vec{\boldsymbol{f}}_{t,ij}) \tag{2-80}$$

$$I_p \frac{d\vec{\boldsymbol{\omega}}_p}{dt} = \sum_{j=1}^{n_c} \vec{\boldsymbol{T}}_{ij} + \vec{\boldsymbol{T}}_f \tag{2-81}$$

式中，m_p、$\vec{\boldsymbol{u}}_p$ 和 $\vec{\boldsymbol{\omega}}_p$ 分别为单个颗粒 i 的质量、速度矢量和角速度矢量；$\vec{\boldsymbol{f}}_{n,ij}$ 和 $\vec{\boldsymbol{f}}_{t,ij}$ 分别为颗粒 i 和 j 碰撞产生的法向和切向碰撞应力；n_c 为与颗粒 i 发生碰撞的所有颗粒数；$\vec{\boldsymbol{T}}_{ij}$ 为颗粒 i 和 j 碰撞所产生的转矩；$\vec{\boldsymbol{T}}_f$ 为流体对颗粒施加的阻力矩；I_p 为颗粒惯性矩。

$\vec{\boldsymbol{F}}_{drag}$ 可表示为 Di Felice（1994）模型：

$$\vec{\boldsymbol{F}}_{drag} = \frac{C_{d0}}{8} \pi d_p^2 \rho_f \alpha_f^2 \, |\vec{\boldsymbol{u}}_f - \vec{\boldsymbol{u}}_p| \, (\vec{\boldsymbol{u}}_f - \vec{\boldsymbol{u}}_p) \alpha_f^{-\chi} \tag{2-82}$$

式中，$\chi = 3.7 - 0.65\exp[-(1.5 - \log Re_p)^2/2]$，$C_{d0}$ 和 Re_p 分别为阻力系数和颗粒雷诺数，表示为

$$C_{d0} = \begin{cases} 24(1 + 0.15 Re_p^{0.687})/Re_p, & Re_p < 1000 \\ 0.44, & Re_p \geqslant 1000 \end{cases} \tag{2-83}$$

$$Re_p = \frac{\alpha_f \rho_f d_p \, |\vec{u}_f - \vec{u}_p|}{\mu_f} \tag{2-84}$$

$\vec{\boldsymbol{F}}_{Mag}$ 和 $\vec{\boldsymbol{F}}_{Saff}$ 分别表示为（Crowe et al.，1998）

$$\vec{\boldsymbol{F}}_{Mag} = \frac{\pi}{8} d_p^3 \rho_f \left[\left(\frac{1}{2} \nabla \times \vec{\boldsymbol{u}}_f - \vec{\boldsymbol{\omega}}_p \right) \times (\vec{\boldsymbol{u}}_f - \vec{\boldsymbol{u}}_p) \right] \tag{2-85}$$

$$\vec{\boldsymbol{F}}_{Saff} = 1.61 d_p^2 \, (\mu_f \rho_f)^{1/2} \, |\vec{\boldsymbol{\omega}}_f|^{-1/2} [(\vec{\boldsymbol{u}}_f - \vec{\boldsymbol{u}}_p) \times \vec{\boldsymbol{\omega}}_f] \tag{2-86}$$

式中，流体涡量 $\vec{\boldsymbol{\omega}}_f = \nabla \times \vec{\boldsymbol{u}}_f$；$\frac{1}{2} \nabla \times \vec{\boldsymbol{u}}_f$ 为局部流体旋转的角速度。

颗粒 i 和 j 碰撞所产生的转矩 $\vec{\boldsymbol{T}}_{ij}$ 是由颗粒碰撞力引起的，表示为

$$\vec{\boldsymbol{T}}_{ij} = \vec{\boldsymbol{R}}_i \times (\vec{\boldsymbol{f}}_{n,ij} + \vec{\boldsymbol{f}}_{t,ij}) \tag{2-87}$$

流体对颗粒施加的阻力矩 $\vec{T}_f$ 是由颗粒表面剪切摩擦力产生的，表示为（Happel and

Brenner，1973）

$$\vec{T}_{\mathrm{f}}=\pi\mu_{\mathrm{f}}d_{\mathrm{p}}^{3}\left(\frac{1}{2}\nabla\times\vec{u}_{\mathrm{f}}-\vec{\omega}_{\mathrm{p}}\right) \tag{2-88}$$

式（2-85）、式（2-86）和式（2-88）是在流体颗粒之间相对速度很小时推导出的理论表达式，所以在流体颗粒相对速度较大时可适当修正。

颗粒碰撞模型主要有软球模型和硬球模型。硬球模型表征两个颗粒之间的碰撞，假定碰撞瞬间完成，计算碰后速度。软球模型通过颗粒间的变形量来表征颗粒间作用力，颗粒的碰撞过程需要一定时间完成，可处理多颗粒间的碰撞，当采用线性弹簧阻尼模型时，颗粒间法向和切向碰撞作用力分别表示为（Crowe et al.，1998）：

$$\vec{f}_{\mathrm{n},ij}=-k_{\mathrm{s}}\vec{\delta}_{\mathrm{n}}-\eta\vec{v}_{\mathrm{n},ij} \tag{2-89}$$

$$\vec{f}_{\mathrm{t},ij}=\begin{cases}-k_{\mathrm{s}}\vec{\delta}_{\mathrm{t}}-\eta\vec{v}_{\mathrm{t},ij}, & |-k_{\mathrm{s}}\vec{\delta}_{\mathrm{t}}-\eta\vec{v}_{\mathrm{t},ij}|\leqslant\mu_{\mathrm{s}}|\vec{f}_{\mathrm{n},ij}| \\ -\mu_{\mathrm{s}}|\vec{f}_{\mathrm{n},ij}|\vec{t}, & |-k_{\mathrm{s}}\vec{\delta}_{\mathrm{t}}-\eta\vec{v}_{\mathrm{t},ij}|>\mu_{\mathrm{s}}|\vec{f}_{\mathrm{n},ij}|\end{cases} \tag{2-90}$$

式中，k_{s} 和 η 分别为刚度系数和阻尼系数；μ_s 为摩擦系数；$\vec{\delta}$ 为颗粒间变形矢量；$\vec{v}$ 为颗粒间碰撞时的相对运动速度；下标 n 和 t 分别表示颗粒碰撞时法向和切向方向；$\vec{v}_{\mathrm{n},ij}=(\vec{v}_{ij}\cdot\vec{n})\vec{n}$，$\vec{v}_{\mathrm{t},ij}=\vec{v}_{ij}-\vec{v}_{\mathrm{n},ij}$，$\vec{v}_{ij}=\vec{v}_i-\vec{v}_j+\vec{\omega}_i\times\vec{R}_i-\vec{\omega}_j\times\vec{R}_j$，其中 $\vec{n}$ 为从颗粒 i 质心指向颗粒 j 质心的单位矢量，$\vec{R}_i$ 为颗粒 i 质心到接触点的矢量，$\vec{n}=\vec{R}_i/|\vec{R}_i|$；$\vec{t}$ 为颗粒碰撞接触点处单位切向量，$\vec{t}=\vec{v}_{\mathrm{t},ij}/|\vec{v}_{\mathrm{t},ij}|$。

颗粒在运动过程中，需要不断地判断颗粒之间是否发生碰撞，如果发生碰撞，那么就需要计算碰撞问题，所以计算中需要对颗粒间碰撞进行判别和搜索。颗粒间碰撞的判别一般认为，如果两颗粒质心之间距离小于两颗粒的半径之和时，则颗粒间发生碰撞。对于颗粒间碰撞的搜索，如果颗粒数很多，那么两两搜索，即每个颗粒都要和其他颗粒进行碰撞判断的搜索，会十分耗时，所以需要采用其他搜索算法，其中一种方法是网格法，即将计算域划分网格，颗粒碰撞的搜索限制在该颗粒所在网格以及与其相邻的网格内，从而使搜索耗时大大降低。

2.4.2 算例分析

1. 基于沙粒起跳概率分布的稳态风沙流模型算例

风场和沙粒之间为单向耦合时，基于沙粒起跳概率分布的稳态风沙流模型来分析沙粒体积浓度的空间变化规律（赵国丹等，2015）。模型的三部分（风速廓线、跃移沙粒轨迹和床面沙粒起跳概率分布）分别描述如下。

当风沙两相之间为单向耦合时，风速廓线设置为稳态风沙流状态下的风速廓线，这里采用风洞实验所得的风速廓线数据（图 2-25），边界层内（高度 0.2m 以下）风速廓线可表示为幂函数形式：

$$u_f(z)=az^b \tag{2-91}$$

式中，u_f 为水平风速；z 为高度；a 和 b 为拟合系数。

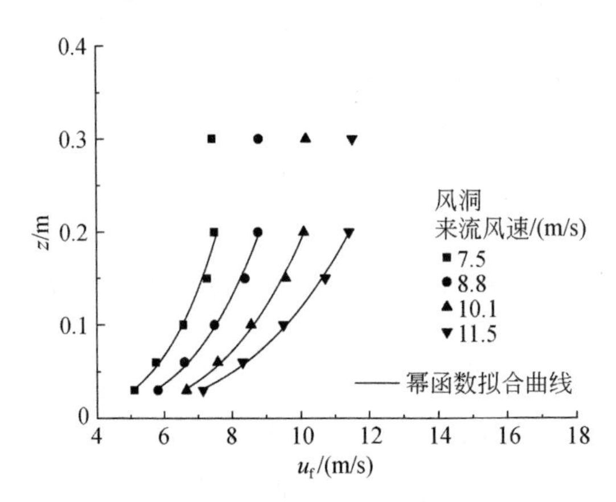

图 2-25　稳态风沙流中风速廓线

资料来源：赵国丹等，2015

沙粒跃移轨迹通过颗粒运动方程进行计算，假设沙粒在二维平面内运动，主要考虑沙粒的重力及风对沙粒的拖曳力，不考虑沙粒的旋转运动，那么沙粒在水平 x 方向和垂直 z 方向上的运动方程分别表示为

$$m_p\frac{\mathrm{d}u_p}{\mathrm{d}t}=F_{d,x} \tag{2-92}$$

$$m_p\frac{\mathrm{d}v_p}{\mathrm{d}t}=F_{d,z}-F_w \tag{2-93}$$

式中，t 为时间；m_p 为单颗沙粒的质量；u_p 和 v_p 分别为 x、z 方向上的沙粒速度（即沙粒水平速度和垂直速度）；$F_{d,x}$ 和 $F_{d,z}$ 分别为在 x、z 方向上（即水平和垂直方向）的拖曳力；F_w 为单颗沙粒的重力。

拖曳力在水平和垂直方向（即 x、z 方向）上的分量分别表示为

$$F_{d,x}=\frac{\pi}{8}d_p^2C_D\rho_f\sqrt{(u_f-u_p)^2+v_p^2}(u_f-u_p) \tag{2-94}$$

$$F_{d,z}=\frac{\pi}{8}d_p^2C_D\rho_f\sqrt{(u_f-u_p)^2+v_p^2}(0-v_p) \tag{2-95}$$

式中，ρ_f 为空气密度，取值为 1.2kg/m^3；C_D 为阻力系数，参见式（2-83）和式（2-84），需将颗粒雷诺数表达式［式（2-84）］中 α_f 设置为 1。

沙粒重力 F_w 表示为

$$F_w = m_p g = \frac{\pi}{6}\rho_p d_p^3 g \tag{2-96}$$

式中，g 为重力加速度，取值为 9.8m/s²；ρ_p 为沙粒材料密度；d_p 为沙粒平均直径。

沙粒轨迹可通过沙粒在轨迹上的位置与其速度的关系来计算，即

$$\frac{dx_p}{dt} = u_p \tag{2-97}$$

$$\frac{dz_p}{dt} = v_p \tag{2-98}$$

式中，x_p 和 z_p 分别为沙粒在水平和垂直方向上的位置坐标。

这里，起跳沙粒速度概率密度分布函数的统计对象是指床面附近三维空间中向上运动的沙粒（基于体积观点），而不是单位时间内从单位面积床面上起跳的沙粒（基于面积观点）。基于体积观点的沙粒水平起跳速度和垂直起跳速度概率密度分布函数分别采用正态分布函数和指数分布函数来描述（Kang et al., 2008b）：

$$P_u(u_{p0}) = \frac{1}{\sqrt{2\pi}\sigma}\exp\left[-\frac{(u_{p0}-u_{p0m})^2}{2\sigma^2}\right] \tag{2-99}$$

$$P_v(v_{p0}) = \frac{1}{v_{p0m}}\exp\left(-\frac{v_{p0}}{v_{p0m}}\right) \tag{2-100}$$

式中，u_{p0} 和 v_{p0} 分别为床面沙粒水平和垂直起跳速度；P_u 和 P_v 分别为其对应的概率密度；u_{p0m} 和 v_{p0m} 分别为起跳沙粒的平均水平速度和平均垂直速度；σ 为沙粒水平起跳速度的标准偏差。

基于以上模型的三部分，可以计算稳态风沙流中所有可能的起跳沙粒的运动轨迹，然后根据这些轨迹信息（包括轨迹坐标、沙粒运动速度），可以统计计算各个高度处的沙粒体积浓度。沙粒体积浓度定义为单位体积内沙粒的体积分数。高度 z 处沙粒数密度可表示为

$$n(z) = n_{\uparrow}(z) + n_{\downarrow}(z) \tag{2-101}$$

式中，$n(z)$ 为高度 z 处沙粒数密度；$n_{\uparrow}(z)$ 和 $n_{\downarrow}(z)$ 分别为高度 z 处上升沙粒和下降沙粒的数密度。

在稳态风沙流中，边界层内沙粒的运动处于动态平衡状态，对于相同起跳状态的沙粒，即拥有相同运动轨迹的沙粒，其在任意高度处上升沙粒和下降沙粒数通量的绝对值相等，表示为

$$n_{\uparrow}(z,(u_{p0},v_{p0})_i)v_{p\uparrow}(z,(u_{p0},v_{p0})_i) = -n_{\downarrow}(z,(u_{p0},v_{p0})_i)v_{p\downarrow}(z,(u_{p0},v_{p0})_i) \tag{2-102}$$

式中，$v_{p\uparrow}$ 和 $v_{p\downarrow}$ 分别为沙粒在高度 z 处上升和下降时的垂直速度；$(u_{p0},v_{p0})_i$ 为第 i 种起跳状态。

同时，在稳态风沙流中，对于相同起跳状态的沙粒，边界层内任意高度处的上升沙粒数通量与床面起跳沙粒数通量相等，即

$$n_{\mathrm{p0}}((u_{\mathrm{p0}},v_{\mathrm{p0}})_i)v_{\mathrm{p0},i}=n_{\uparrow}(z,(u_{\mathrm{p0}},v_{\mathrm{p0}})_i)v_{\mathrm{p}\uparrow}(z,(u_{\mathrm{p0}},v_{\mathrm{p0}})_i) \tag{2-103}$$

式中，$n_{\mathrm{p0}}((u_{\mathrm{p0}},v_{\mathrm{p0}})_i)$ 为以第 i 种起跳状态起跳的沙粒在沙床面处的数密度。

那么，以第 i 种起跳状态起跳，在高度 z 处沙粒体积浓度的计算式为

$$\alpha_{\mathrm{p}}(z,(u_{\mathrm{p0}},v_{\mathrm{p0}})_i)=\frac{\pi}{6}d_{\mathrm{p}}^3 n_{\mathrm{p0}}((u_{\mathrm{p0}},v_{\mathrm{p0}})_i)v_{\mathrm{p0},i}\left(\frac{1}{v_{\mathrm{p}\uparrow}(z,(u_{\mathrm{p0}},v_{\mathrm{p0}})_i)}-\frac{1}{v_{\mathrm{p}\downarrow}(z,(u_{\mathrm{p0}},v_{\mathrm{p0}})_i)}\right) \tag{2-104}$$

式中，$\alpha_{\mathrm{p}}(z,(u_{\mathrm{p0}},v_{\mathrm{p0}})_i)$ 为以第 i 种起跳状态 $(u_{\mathrm{p0}},v_{\mathrm{p0}})_i$ 起跳的沙粒在高度 z 处的体积浓度。

考虑所有起跳状态，即对所有起跳沙粒在高度 z 处体积浓度的贡献进行相加，即可得到高度 z 处总沙粒体积浓度为

$$\begin{aligned}\alpha_{\mathrm{p}}(z)=\frac{\pi}{6}d_{\mathrm{p}}^3 n_{\mathrm{p0}}&\int_{-\infty}^{+\infty}P_u(u_{\mathrm{p0}})\\&\int_0^{+\infty}P_v(v_{\mathrm{p0}})\left[\frac{1}{v_{\mathrm{p}\uparrow}(z,u_{\mathrm{p0}},v_{\mathrm{p0}})}-\frac{1}{v_{\mathrm{p}\downarrow}(z,u_{\mathrm{p0}},v_{\mathrm{p0}})}\right]v_{\mathrm{p0}}\mathrm{d}u_{\mathrm{p0}}dv_{\mathrm{p0}}\end{aligned} \tag{2-105}$$

式中，n_{p0}为沙床面处所有起跳沙粒的数密度。

由于起跳沙粒在床面处的沙粒体积浓度可以表示为

$$\alpha_{\mathrm{p0}}=\frac{\pi}{6}d_{\mathrm{p}}^3 n_{\mathrm{p0}} \tag{2-106}$$

因此沙粒体积浓度表达式［式（2-105）］可写为

$$\begin{aligned}\alpha_{\mathrm{p}}(z)=\alpha_{\mathrm{p0}}&\int_{-\infty}^{+\infty}P_u(u_{\mathrm{p0}})\\&\int_0^{+\infty}P_v(v_{\mathrm{p0}})\left(\frac{1}{v_{\mathrm{p}\uparrow}(z,u_{\mathrm{p0}},v_{\mathrm{p0}})}-\frac{1}{v_{\mathrm{p}\downarrow}(z,u_{\mathrm{p0}},v_{\mathrm{p0}})}\right)v_{\mathrm{p0}}\mathrm{d}u_{\mathrm{p0}}\mathrm{d}v_{\mathrm{p0}}\end{aligned} \tag{2-107}$$

计算的来流风速工况与实验工况相同，即来流风速分别为 7. 5m/s、8. 8m/s、10. 1m/s 和 11. 5m/s，对应的风速廓线如图 2-25 所示。计算中沙粒直径 d_{p} 取为实验沙样的中值粒径，为 0. 23mm。沙粒材料密度 ρ_{p} 采用石英砂的材料密度值，为 2650kg/m^3。模型计算中的输入参数 α_{p0}、$u_{\mathrm{p0}m}$、$v_{\mathrm{p0}m}$、σ 的取值如表 2-12 所示，并说明如下，起跳沙粒在沙床面上的体积浓度 α_{p0}从实验所得沙粒体积浓度的变化曲线获得，将沙粒体积浓度随高度的变化曲线向高度为 0 处（即沙床面）延伸，可得沙床面处沙粒体积浓度，α_{p0}取为其大小的 1/2（认为沙床面上升、下降沙粒各约占一半）。对于沙粒平均水平起跳速度 $u_{\mathrm{p0}m}$、平均垂直起跳速度 $v_{\mathrm{p0}m}$及水平起跳速度标准偏差 σ 的取值，由于风洞实验中沙床面沙粒浓度较高，PTV 算法不能获得该处准确的沙粒速度，因而这些取值主要参考已有文献的取值范围，并根据实验沙粒浓度确定。求解方法采用差分法求解，时间步长取为 0. 001s。

表 2-12　算例中一些输入参数的取值

来流风速/(m/s)	α_{p0}	u_{p0m}/(m/s)	σ	v_{p0m}/(m/s)
7.5	6.05×10^{-4}	0.50	0.60	0.175
8.8	7.28×10^{-4}	0.55	0.60	0.185
10.1	7.78×10^{-4}	0.60	0.60	0.200
11.5	8.94×10^{-4}	0.65	0.60	0.220

模型计算的沙粒体积浓度结果与风洞实验值的比较如图 2-26 所示。可以看出，模型计算结果与实验结果基本一致，沙粒体积浓度随高度的增加大致呈负指数规律衰减，这也说明该计算模型有较好的预测能力。计算模型中做了很多简化，故其所得结果还有一定的局限性，需要进一步完善。

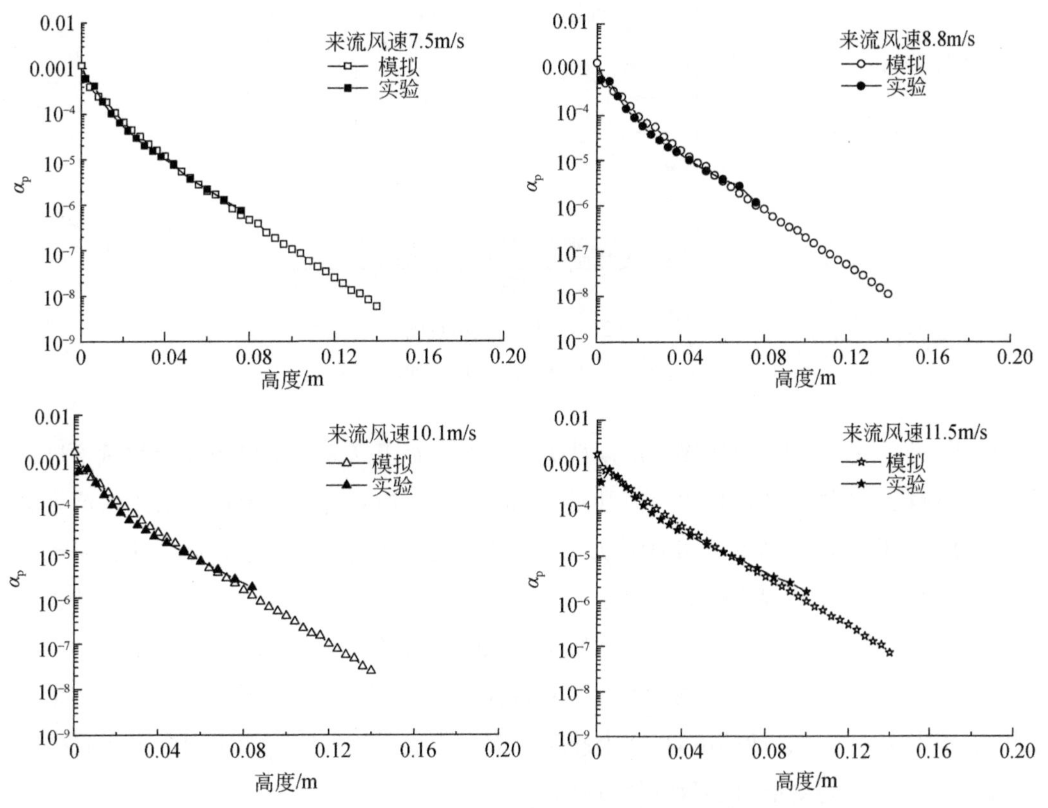

图 2-26　模型计算的沙粒体积浓度与风洞实验值的比较

资料来源：赵国丹等，2015

2. 离散颗粒模型算例

模型方程为雷诺时均的气相控制方程［式（2-68）和式（2-69）］、标准 k-ε 湍流模型

［式（2-75）和式（2-76）］、颗粒运动方程［式（2-80）和式（2-81）］以及颗粒碰撞软球模型［线性弹簧阻尼模型，式（2-89）和式（2-90）］，两相间作用力仅考虑沙粒所受的拖曳力、Magnus 力（Kang and Liu，2010）。气相控制方程采用传统的 SIMPLEC 算法求解，颗粒运动方程采用显式时间积分方法求解。这里，实施二维模拟计算，计算域为二维矩形区域，如图 2-27 所示，x 和 z 分别表示气流流动方向和高度方向，计算域宽度为 0.15m，计算域高度取为 0.35m 或 0.5m（对计算统计结果无影响）。模拟计算前，需要给出边界条件和初始条件。

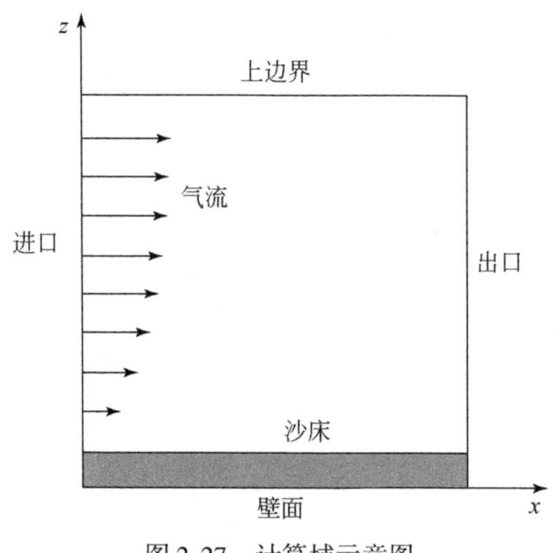

图 2-27　计算域示意图

资料来源：Kang and Liu，2010

边界条件：进口和出口边界为周期性边界条件，对于气流，出口边界参数赋予进口边界；对于颗粒，当颗粒从出口边界离开时，同时从进口边界进入。上边界对于气流为剪应力边界条件，即气流运动由剪切力驱动，稳定状态风速廓线不依赖于初始风速，对于颗粒为反射边界条件。下边界为壁面，对于气流为无滑移壁面边界条件，对于颗粒为颗粒-壁面碰撞条件，可视为颗粒与一个无限大质量、无限大直径、零速度的颗粒碰撞。

初始条件：进口边界初始风速廓线为对数律分布函数，湍流强度为 3.7%。初始沙床面状态如图 2-28 所示，沙床由 8000 个沙粒组成（厚度约 5mm），沙床面以上布置碰撞颗粒（30 个）撞击沙床面，以起动风沙运动。

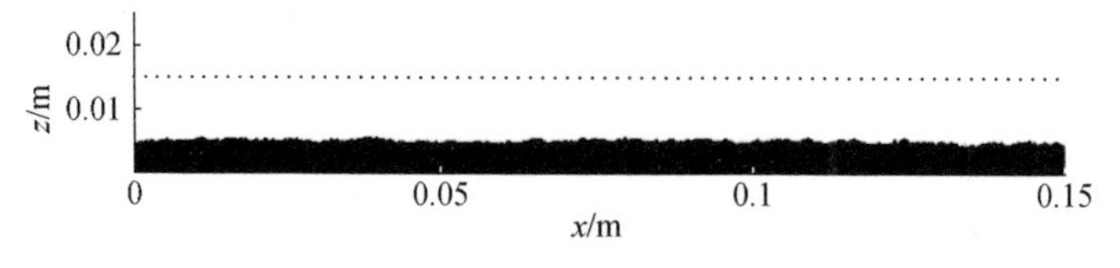

图 2-28　初始沙床面状态

资料来源：Kang and Liu，2010

所用计算参数如下：空气密度为1.2 kg/m^3，动力黏度为1.785×10^{-5}Pa·s。沙粒直径为0.33mm，材料密度2650kg/m^3。线性弹簧阻尼模型中摩擦系数为0.4，刚度系数1500N/m，阻尼系数为0.002。计算时间步长对于颗粒取为2.0×10^{-6}s，对于气流取为2.0×10^{-5}s。上边界气流剪应力为14.7Pa。

计算结果分析：稳定状态下，沙床面附近沙粒空间分布如图2-29所示，可以看到每一颗沙粒的运动位置、速度大小和方向。风速、沙粒平均水平速度、输沙通量随高度的变化如图2-30所示，均反映了其合理的分布状态，这说明该模型可以用来揭示沙粒运动规律的研究。

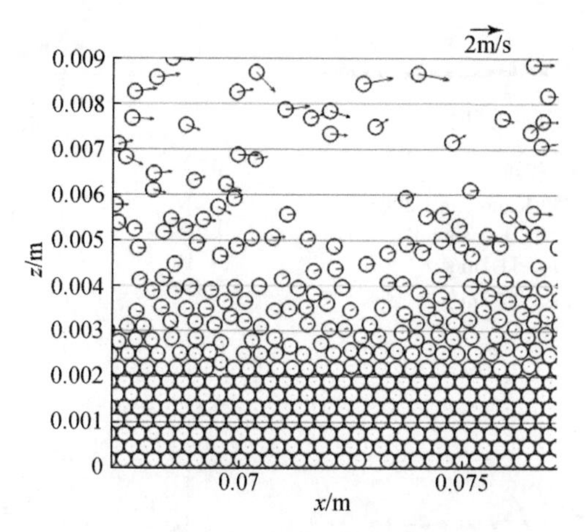

图2-29　稳定状态沙床面附近沙粒空间分布

资料来源：Kang and Liu，2010

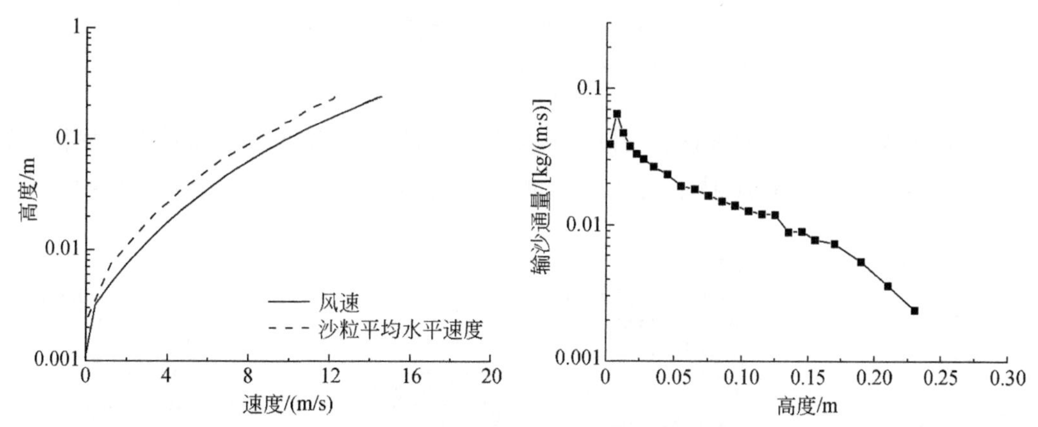

图2-30　风速、沙粒平均水平速度和输沙通量随高度的变化

资料来源：Kang and Liu，2010

沙床面上降落沙粒的无量纲合成碰撞速度、无量纲碰撞角度及起跳沙粒的无量纲合成起跳速度、无量纲起跳角度的概率密度分布如图2-31所示，可以看出，模拟数据和基于

LDV 技术测量得到的实验数据基本一致，合成碰撞速度和合成起跳速度基本符合对数正态分布函数，碰撞角度和起跳角度基本符合指数分布函数。

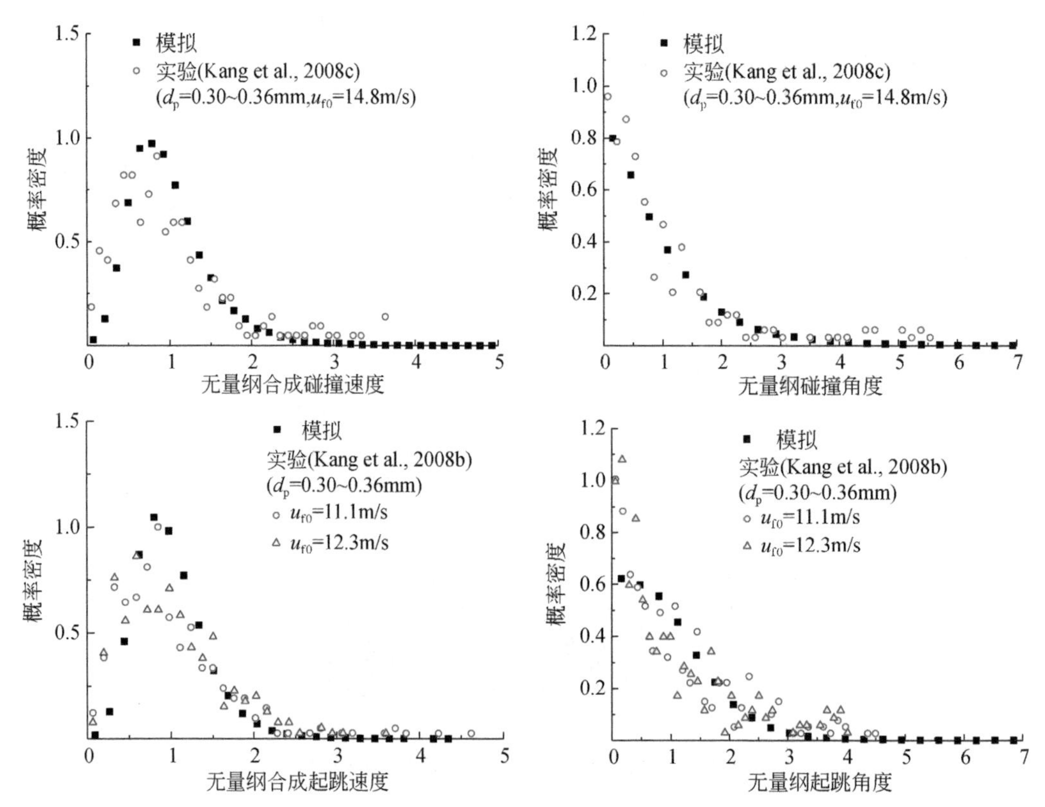

图 2-31　降落沙粒的无量纲合成碰撞速度、无量纲碰撞角度及起跳沙粒的无量纲合成起跳速度、无量纲起跳角度的概率密度分布

资料来源：Kang and Liu，2010

不同高度处上升沙粒的垂直速度概率密度分布如图 2-32 所示，可以看出，模拟计算的概率密度数据与基于 LDV 技术测量得到的实验数据基本一致，并且上升沙粒的无量纲

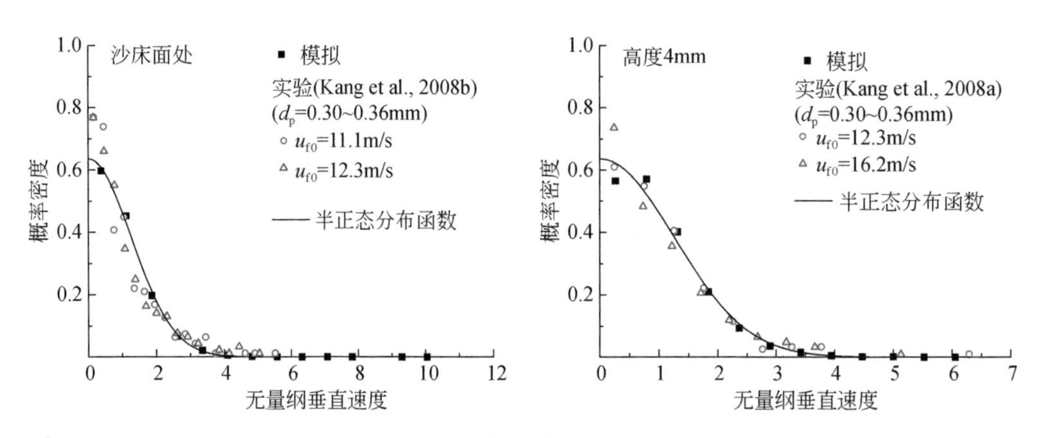

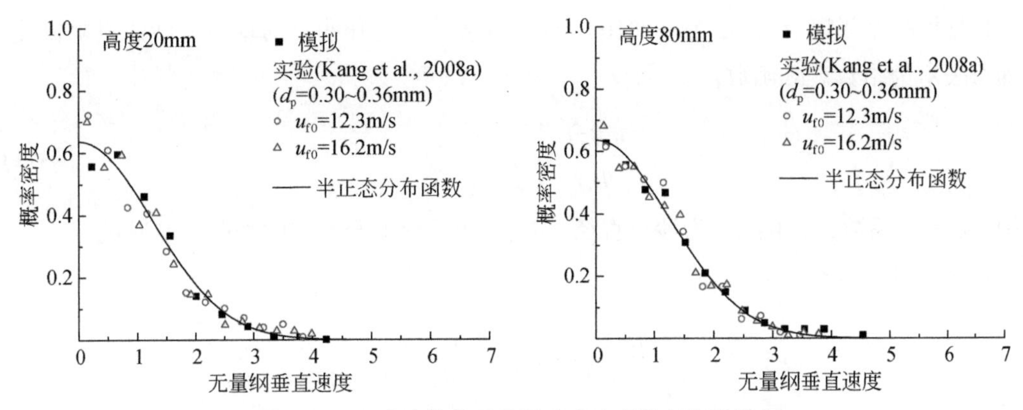

图 2-32　上升沙粒的无量纲垂直速度概率密度分布

资料来源：Kang and Liu，2010

垂直速度概率密度分布均符合半正态分布函数：

$$P(v_{p\uparrow}^{*}) = \frac{2}{\pi}\exp\left(-\frac{v_{p\uparrow}^{*2}}{\pi}\right) \tag{2-108}$$

式中，$P(v_{p\uparrow}^{*})$ 为上升沙粒无量纲垂直速度 $v_{p\uparrow}^{*}$ 的概率密度；$v_{p\uparrow}^{*}$ 定义为上升沙粒无量纲垂直速度。

下面给出上升沙粒无量纲垂直速度概率密度分布符合半正态分布函数的一个理论推导。

假设每颗沙粒为大小、质量均相同的球形沙粒，风沙运动处于跃移平衡状态，空中沙粒碰撞忽略，跃移沙粒垂向拖曳力忽略。设 $P(v_{z1})$ 为高度 z_1 处上升沙粒垂直速度概率密度，其中 v_{z1} 为高度 z_1 处上升沙粒垂直速度，$v_{z1}>0$，显然如果 $z_1=0$，$P(v_{z1})$ 则表示沙床面处沙粒垂直起跳速度 v_0 的概率密度。在高度 $z(z>z_1)$ 处上升沙粒的垂向输沙通量可表示为

$$q_v(z) = m\int_{\sqrt{2g(z-z_1)}}^{+\infty} n_{z1}P(v_{z1})v_{z1}\mathrm{d}v_{z1} \tag{2-109}$$

式中，$q_v(z)$ 为高度 z 处上升沙粒垂向输沙通量；m 为单颗沙粒的质量；g 为重力加速度；n_{z1} 为高度 z_1 处上升沙粒的数密度；$\sqrt{2g(z-z_1)}$ 为沙粒从高度 z_1 处上升到高度 z 处所需的最小垂直速度（在高度 z_1 处）。

需要指出，式（2-109）的表达形式表明概率密度 $P(v_{z1})$ 是基于体积观点的概率密度，详见 Kang 和 Zou（2014）的研究，他们提出了两种观点的垂直起跳速度分布函数：基于体积观点（即统计三维空间中起跳沙粒样本）和基于表面积观点（即统计沙床面上起跳数通量所表征的沙粒样本）。

令 $\sqrt{2g(z-z_1)}=v_{z1}$，那么式（2-109）可重新写为

$$q_v[z(v_{z1})] = q_v(v_{z1}) = m\int_{v_{z1}}^{+\infty} n_{z1}P(v_1)v_1\mathrm{d}v_1 \tag{2-110}$$

根据模拟结果以及 Kang 等（2016）的实验结果，上升沙粒的垂向输沙通量随高度的增加可表示为指数衰减函数：

$$\frac{q_v(z)}{q_{v,0}}=\exp\left(-a\frac{z}{d_{\mathrm{p}}}\right) \tag{2-111}$$

式中，a 为一系数，$a>0$；d_{p} 为沙粒直径；$q_{v,0}$为床面处上升沙粒的垂向输沙通量。

那么，进一步有

$$\frac{q_v(z)}{q_v(z_1)}=\exp\left[-\frac{a(z-z_1)}{d_{\mathrm{p}}}\right] \tag{2-112}$$

将式（2-110）代入式（2-112），得

$$\frac{m\int_{v_{z1}}^{+\infty}n_{z1}P(v_1)v_1\mathrm{d}v_1}{q_v(z_1)}=\exp\left(-a\frac{v_{z1}^2}{2gd_{\mathrm{p}}}\right) \tag{2-113}$$

对式（2-113）中的 v_{z1}求导数，得

$$\frac{-mn_{z1}P(v_{z1})v_{z1}}{q_v(z_1)}=-\frac{av_{z1}}{gd_{\mathrm{p}}}\exp\left(-a\frac{v_{z1}^2}{2gd_{\mathrm{p}}}\right) \tag{2-114}$$

$$P(v_{z1})=\frac{aq_v(z_1)}{mn_{z1}gd_{\mathrm{p}}}\exp\left(-a\frac{v_{z1}^2}{2gd_{\mathrm{p}}}\right) \tag{2-115}$$

由于 $\int_0^{+\infty}P(v_{z1})\mathrm{d}v_{z1}=1$，得

$$a=\frac{2gd_{\mathrm{p}}}{\pi}\left[\frac{mn_{z1}}{q_v(z_1)}\right]^2 \tag{2-116}$$

因此，在高度 z 处上升沙粒的垂直速度概率密度可表示为

$$P(v_z)=\frac{2\sqrt{C}}{\sqrt{\pi}}\exp(-Cv_z^2) \tag{2-117}$$

式中，$C=\frac{1}{\pi}\left[\frac{mn_z}{q_v(z)}\right]^2>0$；$n_z$ 为高度 z 处上升沙粒的数密度；v_z 为高度 z 处上升沙粒的垂直速度，且 $v_z>0$。

由于 $q_v(z)=mn_z\bar{v}_z$，其中 $\bar{v}_z$ 为高度 z 处上升沙粒的平均垂直速度，因此，式（2-117）可重新写为

$$P(v_z)=\frac{2}{\pi\bar{v}_z}\exp\left(-\frac{v_z^2}{\pi\bar{v}_z^2}\right) \tag{2-118}$$

式（2-118）表明不同高度处包括沙床面处上升沙粒垂直速度概率密度分布均可表示

为半正态分布函数，其无量纲形式的分布函数为式（2-108）。根据 Kang 和 Zou（2014）的研究，当基于体积观点的垂直起跳速度概率密度分布函数为半正态分布函数时，基于表面积观点的垂直起跳速度概率密度分布函数为瑞利（Rayleigh）分布函数，其形状为单峰正偏分布类型，这与高速摄像获得的垂直起跳速度分布形状相似（Nalpanis et al., 1993; Cheng et al., 2006; Zhang et al., 2007）。因此，一种可能的认识是基于 LDV 技术测量得到的起跳速度概率密度分布是基于体积观点的，而根据高速摄像技术获得的起跳速度概率密度分布是基于表面积观点的。

第3章　土壤风蚀观测与模拟

土壤风蚀（简称“风蚀”）是指风力作用导致表土物质脱离原空间位置的过程，是包括风、植被、土壤特性、土地利用方式、降水、微地形等多要素交互作用，发生在特定地理空间，具有独特的气流-土壤界面相互作用机制的连续动力学过程（邹学勇等，2014）。风蚀作为土壤侵蚀的主要类型，是干旱、半干旱及部分半湿润地区土地退化的重要原因。

3.1　风蚀类型与分布

3.1.1　风蚀类型

风蚀可以划分为自然风蚀和人为风蚀两大类。自然风蚀是指无人类活动干预的风蚀过程，又称地质风蚀，如人迹罕至的荒漠地区的风蚀。根据风蚀对土壤剖面发育的影响，自然风蚀又可分为常态风蚀和非常态风蚀。常态风蚀是指不影响土壤发生层正常发育的风蚀过程，而非常态风蚀是指土壤发生层不能正常发育的风蚀过程。

人为风蚀是指在有潜在风蚀发生的自然条件下，人类活动的参与导致风蚀强度发生明显变化的风蚀过程。人类活动对风蚀的影响作用是双向的，既可以加速风蚀，又可以减弱甚至控制风蚀。根据历史时期人类活动的方式与强度，可以将人为风蚀划分为若干次一级的类型，如内蒙古后山地区的人为风蚀可划分为古代风蚀、近代风蚀和现代风蚀（董治宝和陈广庭，1997）。古代风蚀是指在20世纪初之前，在没有土地开垦时出现的人为风蚀，影响风蚀的人类活动方式主要是游牧和古代战争，在时间、空间和影响程度上都十分有限，人类风蚀是暂时的，呈斑点状分布。近代风蚀是指发生于20世纪初至20世纪50年代之间的人为风蚀，其间人类活动开始多样化，由单一的牧业走向半农半牧。现代风蚀出现于20世纪50年代以后，是指随着经济建设的大规模开展，农牧业迅速增长，大面积草原辟为农田，资源开发、工矿和道路建设规模空前所引起的风蚀。

按照引起地表破坏和物质损失的直接动力的差异，风蚀可分为吹蚀和磨蚀。吹蚀又称净风侵蚀，是指风吹过地表时产生的剪切应力，将地表松散沉积物或基岩风化物（沙物质）吹走的过程。在吹蚀过程中，地表物质的位移是在风力直接作用下发生的，所以吹蚀又称流体风蚀。吹蚀对地表颗粒间的聚合力十分敏感，一般发生在干燥松散的沙质地表，在黏土含量较高和有胶结的地表吹蚀作用较弱。在同一风蚀事件中，吹蚀作用随时间减弱，这是因为在吹蚀过程中，地表细粒物质被吹走而逐渐粗化，抗风蚀能力逐渐增强。

磨蚀又称风沙流侵蚀，是指风沙流中的运动沙粒撞击地表而引起的地表破坏和物质位移的过程。磨蚀作用一般要比吹蚀强得多。跃移沙粒冲击松散地表会使更多的颗粒进入气流中或其本身被反弹回气流中，被气流不断加速，从而获得更多的能量重新冲击地表。如此反复，更多的风动量传输给地表。当运动沙粒撞击比较坚实的地表时，首先是沙粒冲击作用破坏地表，产生松散沙粒。在磨蚀过程中，冲击颗粒是风动量的传递者，是风蚀能量的直接携带者，所以也称冲击风蚀。一旦有风沙运动发生，磨蚀就成为风蚀的主要形式和塑造风蚀地貌的主要动力。风洞实验表明，相同风速条件下的挟沙风，对相同地表产生的磨蚀作用是吹蚀作用的 4 ~5 倍（董光荣等，1987）。

磨蚀作用的强度与颗粒粒径和形状、冲击颗粒速度和冲击角度、风沙流通量及被侵蚀物质的抗蚀性等有关。Chepil（1945）得出的磨蚀方程为

$$A=W_{\mathrm{r}}(25/u)^{2} \tag{3-1}$$

式中，A 为磨损系数；u 为风速，mile①/h；W_{r}为单位质量土体表面被磨蚀损失的量。为了评价磨蚀作用的相对强度，Greeley 等（1982）引入了磨蚀强度指数的概念，将其定义为磨蚀量与冲击颗粒的质量或数量之比，并利用风洞实验得出磨蚀强度指数（S_{a}）与颗粒粒径（d）的三次方和颗粒移动速度（u_{s}）的平方成正比的结论，即 $S_{\mathrm{a}}\propto d^{3}u_{\mathrm{s}}^{2}$。

沙粒的冲击角也影响磨蚀作用。当冲击角在 30°左右时，磨蚀作用最弱。磨蚀作用因被磨蚀物体的部位不同而有所差异，其中最为明显的是垂向变化。Greeley 和 Iversen（1985）从风沙流冲击能量学的角度，认为越靠近地表磨蚀越强。Sharp（1964）及 Suzuki 和 Takahashi（1981）在实验中发现，最强的磨蚀作用出现在距地表 10 ~15cm 的高度上。Anderson（1988）和邹学勇等（1994）通过风沙流能量的理论计算，发现最强烈的磨蚀作用发生在距地表 6cm 的高度处。

3.1.2 风蚀分布

风蚀主要发生在干旱、半干旱以及部分半湿润气候区。按照湿润指数划分，全球湿润指数介于 0.05 ~0.65 的极端干旱区、干旱区、半干旱区和亚湿润干旱区（统称干旱地区）总面积约 5.3558×10^{7}km^{2}，约占世界陆地面积的 40%，主要分布在亚洲、大洋洲和非洲大部分地区、北美洲和南美洲的西部地区。其中，大洋洲干旱地区面积占陆地总面积的

① 1mile = 1.609 344km。

89%，非洲占43%，亚洲占39%；在欧洲、北美洲和南美洲，干旱地区面积约占陆地总面积的1/3（表3-1）。干旱地区几乎都有风蚀现象发生，严重者形成风蚀荒漠化土地。

表3-1 世界干旱地区分布

区域	干旱地区面积/10^3 km^2				占陆地总面积的比例/%
	干旱区	半干旱区	亚湿润干旱区	总计	
非洲	5 052	5 073	2 808	12 933	43
亚洲	6 164	7 649	4 588	18 401	39
大洋洲	3 488	3 532	996	8 016	89
欧洲	5	373	961	1 339	24
北美洲	379	3 436	2 081	5 896	28
南美洲	401	2 980	2 233	5 614	32
中美洲	421	696	242	1 359	58
总计	15 910	23 739	13 909	53 558	40

资料来源：UNSO/UNDP，1997。

全球极易发生风蚀的地区有非洲、中东、中亚、东南亚部分地区、西伯利亚平原、澳大利亚、南美洲南部及北美洲的内陆地区。人类活动引起风蚀，并造成土地退化的面积达5.48亿hm^2，其占全球退化土地总面积的28%（表3-2）；若包括自然风蚀，全球风蚀面积要大很多，如约3.14×10^7km^{2}的荒漠和戈壁中的大部分地区都有风蚀现象发生。目前，全球100多个国家和地区的9亿人口受到风蚀荒漠化的威胁。

表3-2 世界土地退化面积（单位：10^6hm^2）

区域	总面积	土地退化面积	土壤侵蚀面积	
			水蚀	风蚀
非洲	2 966	494	227	186
亚洲	4 256	748	441	222
南美洲	1 768	243	123	42
中美洲	306	63	46	5
北美洲	1 885	95	60	35
欧洲	950	219	114	42
大洋洲	882	103	83	16
总计	13 013	1 965	1 094	548

资料来源：Lal，2001。

中国是世界上受风蚀危害最严重的国家之一，据第一次全国水利普查统计（《第一次全国水利普查成果丛书》编委会，2017），2011年我国风蚀总面积为165.59万km^2，占普查总面积的17.5%。其中，轻度风蚀面积最大，为71.60万km^2，剧烈风蚀面积次之，为21.74万km^2；中度、强烈、极强烈风蚀面积相近，均占风蚀总面积的13%～13.5%（图3-1）。

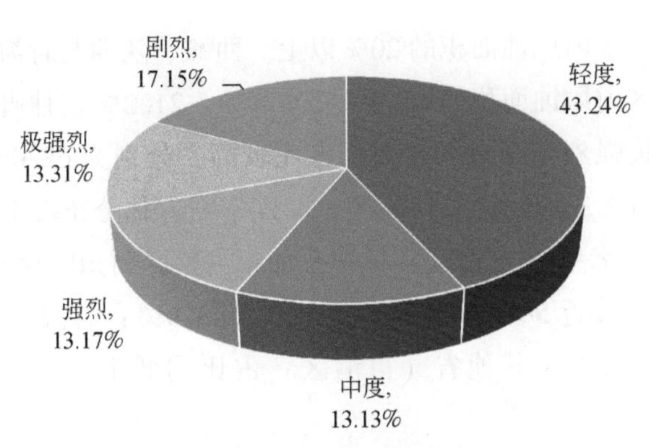

图 3-1 全国不同风蚀强度面积占比

资料来源:《第一次全国水利普查成果丛书》编委会,2017

受气候、植被、土壤性质等多重因素的综合影响,风蚀空间差异性显著,主要发生于新疆、内蒙古、甘肃、青海、宁夏、吉林、西藏、河北、黑龙江、四川、辽宁、陕西和山西 13 个省(自治区)。其中,新疆、内蒙古、青海和甘肃 4 个省(自治区)气候干旱、植被盖度低、侵蚀性风速累计时间长,风蚀面积最大,共计 157.54 万 km^2,占全国风蚀总面积的 95.1%;黑龙江、四川、宁夏、河北、辽宁、陕西和山西域内的风蚀呈斑块状零散分布,各省(自治区)风蚀面积均在 1 万 km^2以下,整体占比不足 1%(图 3-2)。

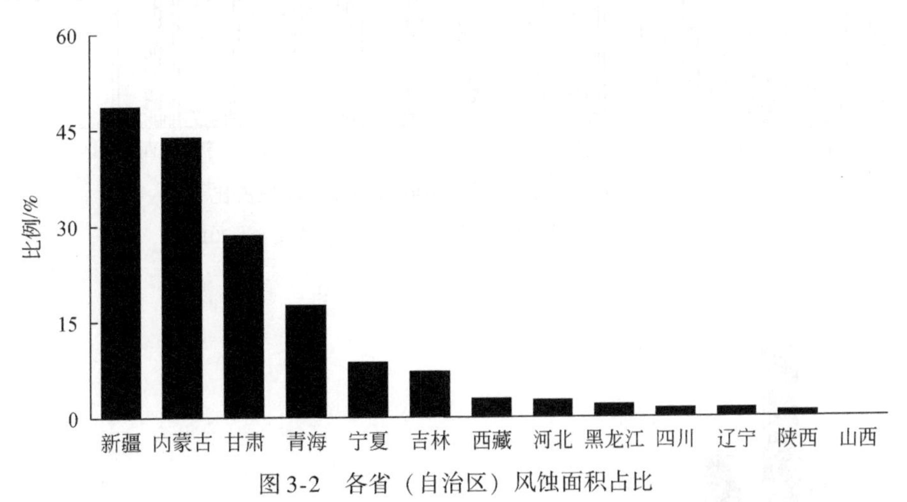

图 3-2 各省(自治区)风蚀面积占比

资料来源:《第一次全国水利普查成果丛书》编委会,2017

根据《土壤侵蚀分类分级标准》(SL 190—2007),新疆、青海、甘肃、西藏和内蒙古 5 个省(自治区)的轻度、中度、强烈及其以上风蚀强度的面积,分别占全国相应风蚀强度面积的 96.1%、96.2%与 99.0%,其他省(自治区)各风蚀强度面积占比均较低。各省(自治区)不同风蚀强度面积所占比例具有较大差异,山西、四川、辽宁、河北与吉林轻度风蚀面积比例较高,均占其辖区内风蚀面积的 60%以上。黑龙江、河北与吉林中度风蚀面积较大，均占其辖区内风蚀面积的20%以上。西藏、陕西与青海强烈风蚀面积比例较为突出，依次占其辖区内风蚀面积的45.9%、35.9%、21.2%。甘肃、宁夏、内蒙古、新疆、青海、陕西境内极强烈与剧烈风蚀面积占比较高，分别为62.0%、39.7%、35.2%、26.6%、21.2%、16.3%，其他省（自治区）除辽宁与吉林分布极小比例外无极强烈与剧烈风蚀分布（图3-3）。各省（自治区）风蚀总面积占辖区面积的比例也大不相同，新疆、内蒙古风蚀总面积占比接近50%，分别为48.7%、43.9%；甘肃、青海、宁夏与吉林风蚀总面积占比为5%～20%，其他省（自治区）占比均低于5%，山西占比最低，仅为0.04%（图3-4）。

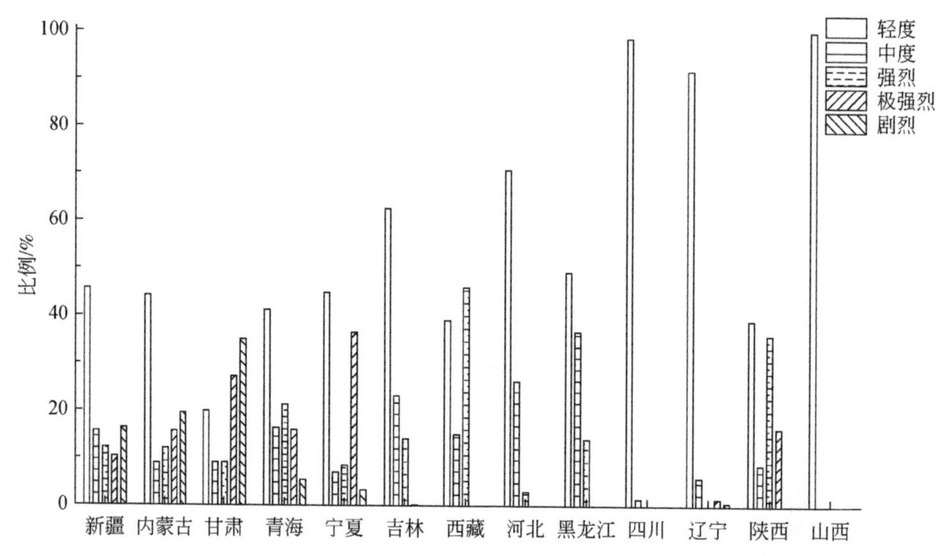

图3-3　各省（自治区）不同风蚀强度面积占比

资料来源：《第一次全国水利普查成果丛书》编委会，2017

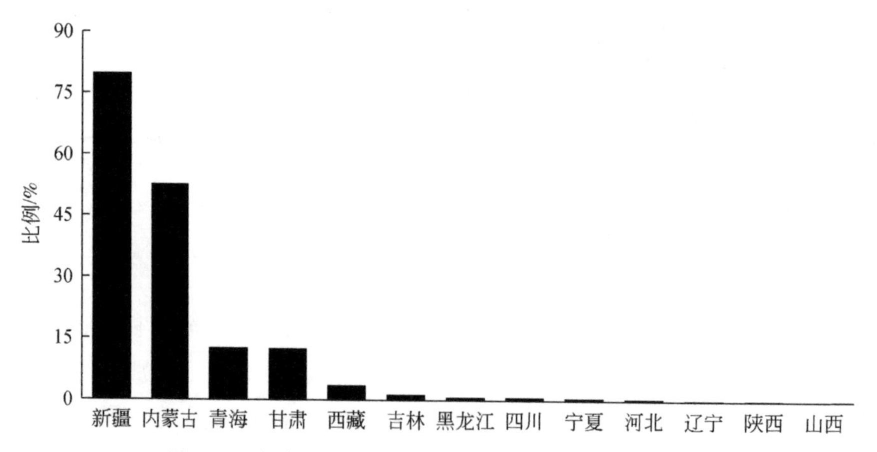

图3-4　各省（自治区）风蚀面积占辖区面积的比例

资料来源：《第一次全国水利普查成果丛书》编委会，2017

3.2 风蚀影响因子及其作用原理

3.2.1 风蚀影响因子分类

风蚀影响因子是指对风蚀过程产生影响的各种自然和人为干扰因素，包含大气、土壤、植被、土地利用方式和管理措施等要素。Chepil（1945）最早从风蚀动力学的角度，将风蚀影响因子分为空气、地表和土壤 3 类，虽然并未给出具体的分类原则和风蚀影响因子表达方法，但这种划分是合理的。遗憾的是，后来的研究者并未继续发展这一思想，而是将各类因子的作用均以因数的形式体现出来。

为了进一步明确各类因子对风蚀过程的影响方式和作用机制，对风蚀影响因子进行了重新定义和分类（邹学勇等，2014）。在风蚀过程中，虽然影响风蚀的要素众多，各要素之间存在相互作用，但从风蚀动力学的角度来看，各要素的属性和力学特性不同，可以根据以下分类原则严格地分类：①有利于或不利于风蚀的属性原则；②三维空间上的连续性原则；③风蚀过程中表现出的同类力学特性原则；④实际应用中的可测度原则。根据上述原则，将风蚀影响因子分为风力侵蚀因子（wind erosivity factors）、粗糙干扰因子（roughness interference factors）和土壤抗蚀因子（soil anti-erodibility factors）3 类（表 3-3），分别对应风力侵蚀力（wind driving force）、粗糙干扰力（roughness interference force）和土壤抗蚀力（soil anti-erodibility force）。

表 3-3 风蚀影响因子分类

风蚀影响因子	因子特性	风蚀影响要素	要素属性和力学特性
风力侵蚀因子	地表以上空间的气流特性，反映风对表土产生的侵蚀力，是风蚀的原动力，用剪应力表达	风速（m/s）、风向（°）、湍流（%）、空气密度（kg/m^3）、空气黏度［$(N \cdot s)/m^2$］	描述风力侵蚀因子特性，决定风力侵蚀力强弱的关键要素
粗糙干扰因子	介于气流与表土之间的粗糙元对风力侵蚀力的干扰特性，反映地表粗糙元对风力侵蚀力的削弱程度，是阻碍风蚀的重要因子，用粗糙元分担的剪应力表达	植被/留茬覆盖度（%）、植被/留茬平均高度（m）、平铺残余物覆盖度（%）、平铺残余物质量（kg/m^2）、土垄高度和间距（m）、地形起伏度（%）、砾石覆盖（%）、土块覆盖（%）、土块尺寸（m）、空气动力学粗糙度（m）	描述粗糙元形态及其与气流相互作用，决定粗糙干扰因子削弱风力侵蚀力作用能力的关键要素
土壤抗蚀因子	表土理化性质决定的风蚀难易程度的特性，反映表土抵抗风蚀的能力，是阻碍风蚀的关键因子，用表土颗粒的抗剪应力表达	土壤密度（kg/m^3）、土壤颗粒尺寸分布（m）、盐分质量分数（%）、有机质质量分数（%）、土壤水分质量分数（%）、土块密度（kg/m^3）、植物根系密度（m/m^3）、pH（无量纲）、结皮覆盖（%）	描述表土理化特性和植物根系对土壤颗粒的固结作用，决定表土抵抗风力侵蚀力能力的关键

资料来源：邹学勇等，2014。

在风蚀因子动力学分类体系中，风力侵蚀因子仅包括与气流特性有关的各要素，在空间上气流位于表土以上，气流底层与地表粗糙元产生部分接触；在力学属性上反映风对表土颗粒产生剪应力并导致颗粒脱离地表的潜在能力。粗糙干扰因子仅包括描述地表粗糙元特性的各要素，在空间上位于气流与土壤表面之间；在力学属性上反映各种粗糙元对气流的干扰作用，是削弱风力侵蚀力的外加因子。土壤抗蚀因子仅包括表土理化性质和植物根系等要素，在空间上处于发生风蚀的最底层；在力学属性上反映表土本身具有的抵抗风力侵蚀力的能力。风力侵蚀因子、粗糙干扰因子和土壤抗蚀因子中的各要素均具有相对的独立性，不随其他影响因子中的要素变化而变化。因此，将各风蚀影响要素按照所处空间位置和力学属性合理地分开，使各风蚀影响因子及其次级风蚀影响要素成为独立的变量，以避免风蚀影响因子在参数化过程中交叉出现相同的风蚀影响要素，从而能够满足构建基于风蚀动力学的风蚀模型时自变量互不关联的建模要求，这是从风蚀动力学角度对风蚀影响因子进行分类的出发点和主要优点。

3.2.2 风蚀因子作用原理及其力学表达

风蚀过程本质上是风力侵蚀力、粗糙干扰力和土壤抗蚀力构成的矛盾统一体。对于风力侵蚀力，理论和室内外实验结果证明，风蚀速率（Q）和风蚀物输移量（q）都与摩阻风速（u_*）呈正相关，而$u_*=\sqrt{\tau_w/\rho_g}$（τ_w为剪应力，ρ_g为空气密度）。粗糙干扰力是通过分担风的剪应力减小表土分担风的剪应力，对表土产生保护作用。土壤抗蚀力是表土本身具有的抵抗风剪应力的能力。风蚀的力学本质是风对表土颗粒产生的剪应力克服了表土颗粒本身的抗剪力。

1. 风力侵蚀因子

风力侵蚀因子表达的力学属性是风对表土颗粒产生剪应力并导致颗粒脱离地表的潜在能力，它与粗糙干扰因子和土壤抗蚀因子无关，可表达为 $\tau_w=u_*^2\rho_g$。在地表平坦且裸露（无粗糙元）的情形下，$u_*=ku_z/\ln(z/z_0)$，其中 k 为常数（0.4），u_z为某一高度 z 处的风速，z_0为空气动力学粗糙度。对于不同的裸露地表，z_0值取决于土壤表层颗粒大小和田块长度，当田块面积较大时，z_0值近似地等于土壤表层颗粒直径的 1/30（Bagnold，1941）。

实际研究中，野外地表一般都会存在不同几何形状和力学特性的粗糙元，造成贴地层风速廓线在底部区域偏离对数分布形式。目前在气象数值模式和更宏观的陆面模式中，描述大气贴地层风速廓线采用的是 Oke（1987）提出的方法，即 $u_z/u_*=\{\ln[(z-h)/z_0]+\psi(z/l)\}/k$，其中 h 为零平面位移高度，$\psi(z/l)$ 为大气稳定性函数。风蚀研究也开始使用这种方法，以描述粗糙元对风速廓线的改变作用，但是这种方法的问题在于 h 值随风速和粗糙元变化而变化（刘小平和董治宝，2002；钟时等，2013），难以简便地确定 h 值。因此，在将风力侵蚀因子用剪应力表达时，建议使用简便实用的经典计算方法，即 $u_* = k(u_z - u_{h_e})/\ln(z/h_e)$，其中的 u_{h_e} 是高度 h_e 处的风速（$h_e > h$）。实际应用时，选取 $h \sim z$ 高度范围 h_e 以上部分符合对数率的一段风速廓线即可计算 u_*。利用 u_* 计算得到的剪应力 τ_w 即风力对地表产生的风力侵蚀力。

2. 粗糙干扰因子

粗糙干扰因子产生的粗糙干扰力与风力侵蚀力的物理意义一致，使用剪应力表达：$\tau_R = \tau_w - \tau_s$，其中 τ_R 为粗糙干扰力，τ_s 为裸露表土分担的风力侵蚀力。当粗糙元为形状规则的刚体时，τ_R 的表达方法如下：①设定粗糙干扰因子的综合阻力系数为 C_R，裸露表土阻力系数为 C_S，则 $(C_R + C_S)u_z^2 = \tau_w/\rho_g$，变换为 $C_R = \tau_w/(\rho_g u_z^2) - C_S = u_z^2/u_*^2 - C_S$，其中 u_z 为 h 高度以上的风速。②粗糙元的空间格局使用粗糙元侧影盖度 λ 表示，即单位面积地表上粗糙元的迎风面总面积，$\lambda = nbH/S$，其中 b 为粗糙元宽度，H 为粗糙元高度，n 为面积为 S 的地表上分布的粗糙元个数。③就某一独立粗糙元而言，粗糙元下风向形成的“有效遮蔽面积 A”和“有效遮蔽体积 V”可分别表达为 $A = c'_1(b/H)^p bHu_H/u_*$，$V = c'_2(b/H)^p bH^2 u_H/u_*$（Raupach，1992），其中 c_1' 和 c_2' 分别为比例系数，p 与 b/H 有关（当 $b/H \to 0$ 时，$p = 1$；当 $b/H \to \infty$ 时，$p = 0$），u_H 为粗糙元高度 H 处的风速。④当面积为 S 的范围内有 n 个粗糙元时，其中某个粗糙元分担的风力剪应力 $\tau_i = \rho_g C_R bHu_H^2$，$n$ 个粗糙元分担的剪应力 $\tau_R = \frac{n\tau_i}{S}\left(1 - \frac{V}{SH}\right)^2$；当 $n \to \infty$ 时，在 λ 值一定的情形下，粗糙因子分担的风力剪应力 $\tau_R = \rho_g C_R f_R(\lambda, u_H, u_*)$。⑤建立 $C_R - \lambda$ 及 $\tau_R - f_R(\lambda, u_H, u_*)$ 关系式。事实上，τ_R 与 τ_s 常常是联系在一起的。对裸露表土而言（即 $\lambda = 0$ 时），$\tau_s(\lambda = 0) \approx \rho_g C_S u_H^2$；对某一独立粗糙元而言，$\frac{\tau_s(n=1)}{\tau_s(n=0)} = 1 - \frac{A}{S}$；对多个粗糙元而言，$\frac{\tau_s(n)}{\tau_s(0)} = \left(1 - \frac{\lambda A}{nbH}\right)^n$（Raupach，1992）。由此，当占地表面积 S 范围内有 n 个粗糙元时，裸露表土分担的风力剪应力 $\tau_s = \rho_g C_S f_s(\lambda, u_H, u_*)$。通过建立 $C_S - \lambda$ 及 $\tau_s - f_s(\lambda, u_H, u_*)$ 关系式，计算裸露表土分担的风力剪应力。然而，现实中的粗糙元多为具有一定柔性的不规则物体，如草本和乔灌木植株等，此时需要增加粗糙元在风力作用下的变形函数 $f(F)$。即在形状规则的刚体 $C_R - \lambda$ 和 $\tau_R - f_R(\lambda, u_H, u_*)$ 基础上，建立 $C_R - \lambda f(F)$、$\tau_R - f_R(\lambda, u_H, u_*) f(F)$、$C_S - \lambda f(F)$、$\tau_s - f_s(\lambda, u_H, u_*) f(F)$ 关系式。

粗糙元对风力剪应力的分割，在风洞和野外可以采取以下方法测量和计算（Hagishima et al.，2009；Gillies et al.，2007；Walter et al.，2012）：首先，研制加工测量紧贴地表气流压力差的专用装置，并精确校准，通过测量地表气流压力差计算一定面积地表所受气流的剪应力；然后，在地表加载不同类型和组合特征的粗糙元，进行类似的实验，获得一定面积裸露土壤和粗糙元的总剪应力；最后，将相同风力条件下的实验结果进行对比分析，即可获得一定面积裸露表土和各类粗糙元及其组合特征的平均剪应力，达到定量表达剪应力分割的目的。

3. 土壤抗蚀因子

土壤可蚀性通常用土壤砂粒、粉粒和黏粒含量，以及 $CaCO_3$ 和有机质含量等指标表达。从表土对风的抵抗力角度，描述土壤抗蚀因子产生的土壤抗蚀力（τ_{sa}），则难以用土壤可蚀性指标来直接表达，必须寻找具有力学属性并且易于测量的替代指标。理论和应用水平相对较高的水蚀研究，将水流对土壤的侵蚀过程看作水流对土壤的冲刷剪切作用过程（刘国彬，1997），土壤发生侵蚀时的水流临界摩阻速度与土壤抗剪强度直接相关（Rauws and Covers，1988；Brunori et al.，1989）。土壤抗剪强度、地表径流量、地形因素是直接影响土壤水蚀量的主要因素，降雨后和降雨前的土壤抗剪强度可较好地预测土壤水蚀量（Watson and Laflen，1986）。风蚀研究同样可以借鉴水蚀研究思路，使用表土抗剪强度来表达 τ_{sa}。虽然这方面的研究鲜见报道，但是 Wilson 和 Gregory（1992）利用量纲分析法，借鉴土壤水蚀中抗剪强度与侵蚀量的内在联系，对风蚀过程中土壤物质最大输移量进行了系统研究。国内少数研究者在北方农牧交错带通过研究地温、土壤水分和容重、植被覆盖度等因素与耕地和草地土壤抗剪强度的关系，定性描述了土壤抗风蚀能力与土壤抗剪强度的关系（申向东等，2004；逯海叶，2005）。

发生风蚀的区域表层土壤的土体结构差异不大，采集 0 ~ 4cm 表层土体进行抗剪强度实验，剪切面约位于 2cm 处，基本处于风蚀深度范围内，结果可能具有较好的代表性。使用表土抗剪强度表达 τ_{sa}：首先，需要解决的关键问题是，土壤风蚀过程中，风力对表土产生的法向压力很小，在进行抗剪强度实验时，即使忽略剪切面上部土体产生的压力，也必须是在无法向应力条件下进行实验，这可能导致实验结果具有较大的不确定性。其次，抗剪强度实验测得的结果是剪切面上的剪应力$\bar{\tau}$，而 τ_{sa}是风对位于土壤表层颗粒产生的剪应力。$\bar{\tau}$不仅包含了表层土体物理化学特性和植物根系等影响要素，还包含了剪切面上下颗粒之间的咬合力、黏聚力和抗滑力等（Kok and McCool，1990）。因此，一般情况下$\bar{\tau} \geqslant \tau_{sa}$。最后，为了达到使用$\bar{\tau}$表达 τ_{sa}的目的，必须建立$\bar{\tau}-\tau_{sa}$关系，而$\bar{\tau}$和 τ_{sa}并不直接关联。为了使用 τ_{sa}表达土壤抗蚀因子，必须选取尽可能多的影响抗剪强度的要素，以准确反映$\bar{\tau}$和 τ_{sa}的本质；将$\bar{\tau}$和 τ_{sa}无量纲化，建立$\bar{\tau}-\tau_{sa}$关系。

使用 τ_{sa}表达土壤抗蚀因子的基本思路：①假设 0 ~ 4cm 表层土壤土体结构一致。②确定剪切面和土壤表层颗粒（含团聚体）粒径 d 的分布函数 F（d），计算出各粒级颗粒数目占地表总颗粒数目的比例。③计算各粒级颗粒在剪切面和土壤表层的垂直投影面积 $dS(d)=\frac{3dF(d)}{2d\rho_p}$，地表所有颗粒垂直投影面积 $S_{total}=\int_{d_{min}}^{d_{max}} dS(d)\ dd$，以及各粒级垂直投影面积占所有颗粒垂直投影面积的比例，即 $dS_{rel}=\frac{dS(d)}{S_{total}}$，其中 ρ_p 为颗粒密度（Marticorena and Bergametti，1995）。④实验测量不同 u_* 的情形下单位面积裸露表土分担的风力剪应力，计算各粒级分担的风力剪应力 $\overline{\tau_s(d)}=\overline{\tau_{sa}}\int d\,S_{rel}dd$，$\overline{\tau_{sa}}=f_{sa}(d, W, OM, Ca, R)$，其中，$\overline{\tau_{sa}}$ 为颗粒直径 d 所分担的总风力剪应力，W 为土壤水分含量，OM 为有机质含量，Ca 为 $CaCO_3$ 含量，R 为植物根系密度。⑤对比计算不同理化特性和植物根系密度的 $\overline{\tau_i}$ 和 τ_{sa-i}，$\overline{\tau_i}=f_{\bar{\tau}}[F(d), W_i, OM_i, Ca_i, R_i]$，$\overline{\tau_{sa-i}}=f_{sa}[F(d), W_i, OM_i, Ca_i, R_i]$，其中，$\overline{\tau_i}$ 和 τ_{sa-i} 分别为第 i 类土壤样品的剪切面和土壤表层的剪应力，W_i、OM_i、Ca_i 和 R_i 分别为第 i 类土壤样品的含水量、有机质含量、$CaCO_3$ 含量、植物根系密度。⑥对 $\overline{\tau_i}$ 和 τ_{sa-i} 无量纲化，得到 $\overline{\tau_i}$ 的无量纲参数 $\overline{\tau_i}'=\overline{\tau_i}/\overline{\tau_{sd-i}}$，得到 τ_{sa-i} 的无量纲参数 $\overline{\tau_{sa-i}}'=\overline{\tau_{sa-i}}/\overline{\tau_{sd-i}}$，此时，$0<\overline{\tau_i}'\leqslant 1$，$0<\overline{\tau_{sa-i}}'\leqslant 1$，其中 $\overline{\tau_{sd-i}}$ 为第 i 类干燥土壤样品的颗粒被分散后的标准抗剪力。⑦得到 $\tau_{sa-i}=f_{nd}(\bar{\tau}, \overline{\tau_i}', \overline{\tau_{sa-i}}')$。

3.3 风蚀野外观测

正如 Hudson（1971）强调的"可靠的侵蚀速度和侵蚀量的资料是一个国家土壤保持计划的重要基础和科学依据"，风蚀测定与监测对风蚀评价、风蚀防治及风蚀理论研究具有重要意义。

3.3.1 风蚀因子观测

1. 风力侵蚀因子

1）风速与风向

地面气象站记录的逐时风速风向数据（实际为整点前 10min 平均风速和风向）是目前最重要和常用的风力侵蚀因子原始数据。鉴于气象站观测的长期性、连续性和位置固定等优势，在区域及更大空间尺度、最长数十年时间尺度上的风蚀强度的估算和预测研究中，气象站的风速风向观测数据仍将长期作为最重要的风力侵蚀因子计算的数据源。然而，气象站观测的风速风向数据，并不能直接转化为近地表摩阻风速。同时，其每小时一次的数据采集频率也限制了风蚀速率对风速变化响应的计算精度。为了解决这两个问题，必须开展近地面风速廓线测量和风速风向高频测量。

（1）摩阻风速。测量风速廓线的最主要目的是计算摩阻风速（u_*）和地表空气动力学粗糙度（z_0）。在中性大气层结条件下，平坦、光滑地表的近地面风速廓线满足对数律分布：

$$u(z)=(u_*/k)\ln(z/z_0) \tag{3-2}$$

式中，z 为距地面高度，m；$u(z)$ 为 z 高度的风速，m/s；u_*为摩阻风速，m/s；z_0为地表空气动力学粗糙度，m；k 为冯卡门（Von Kármán）常数（0.4）。式（3-2）中的 u_*和 z_0均为未知数，因而无法直接利用不同高度测量得到的风速数据计算 u_*和 z_0，但是可根据中性大气层结条件下近地面风速廓线满足对数律，利用最小二乘法获得风速廓线经验方程：

$$u(z)=a+b\ln z \tag{3-3}$$

式中，a 和 b 为与地表粗糙属性有关的常数项。根据 z_0定义，可得

$$z_0=\mathrm{e}^{(-a/b)} \tag{3-4}$$

联立式（3-2）~式（3-4），可得 $u_*=bk$。

上述方法是地面无高大粗糙元的情形下 u_*和 z_0计算的便利途径。对于存在高大粗糙元（如灌木植被）的地表，近地面风速廓线存在一个零平面位移（zero plane displacement），风速廓线变为

$$u(z)=(u_*/k)\ln[(z-h)/z_0] \tag{3-5}$$

式中，h 为零平面位移，m。式（3-5）中有 u_*、z_0和 h 3 个未知数，显然无法继续采用上述方法计算 u_*和 z_0，也无法直接计算 h。鉴于此，将包含高大粗糙元在内的地表视为一个整体，则粗糙元顶部以上的风速廓线（即不考虑粗糙元高度以内的风速），理论方程和经验方程分别为

$$u(z)=(U_*/k)\ln(z/Z_0) \tag{3-6}$$

$$u(z)=A+B\ln z \tag{3-7}$$

式中，Z_0为包含高大粗糙元在内的地表的空气动力学粗糙度；U_*为粗糙元顶部以上的摩阻风速；A 和 B 为粗糙元顶部以上的风速廓线对数律拟合关系式的常数项。则有

$$Z_0=\mathrm{e}^{(-A/B)} \tag{3-8}$$

$$U_*=Bk \tag{3-9}$$

U_*尽管并不是贴地层摩阻风速，不能用来计算风对实际地面的剪应力，但可以用来计算风对包含高大粗糙元在内的地表的总剪应力，因而仍具有重要的实际意义。

获得地表空气动力学粗糙度后，在中性大气层结条件下，即便没有进一步的近地表风速廓线测量，也可以利用气象站在 10m 高度处观测的风速数据，计算近地表摩阻风速：

$$u_{*}=ku_{(z=10\mathrm{m})}/\ln(10/z_0)\text{(无高大粗糙元)} \tag{3-10}$$

或：

$$U_{*}=ku_{(z=10\mathrm{m})}/\ln(10/Z_0)\text{(有高大粗糙元)} \tag{3-11}$$

（2）瞬时风速。风杯式风速仪虽然可以实现自动不同频率的数据采集，但受其测量原理限制，当风速采集频率达到 1Hz 时，输出数据与实际风速相差非常明显，风速越小误差越大。当采集频率降至 1/30 ~ 1/10Hz 时，输出的风速数据较为稳定，与同时段的高频观测数据平均值误差小于 5%。因此，在实际应用中，风杯式风速仪主要用于 30s 或 1min 时间内平均风速的测量，瞬时风速目前多采用超声波风速仪进行测量。

以美国 RM. YOUNG 81000 型三维超声波风速仪为例，其测量频率最大为 32Hz，在实际使用时，数据采集频率可设定为 20Hz，超声探头的中心位置高度为 1.0m，利用水平仪对超声波风速仪进行水平调整，并根据风速仪自带的正北方向指示标志，调整风速仪方向。在野外观测中，如果因地表的细微起伏和风速仪安置不当，风速仪水平位置和方向产生偏差，则需要对测量数据进行坐标转换，以减小误差（Van Boxel et al.，2004；Walker，2005）。以一次野外观测为例，根据风速仪安置情况和数据质量，依次对此次野外实测风速进行了两次旋转校正。第一次旋转为偏航旋转，即将超声波风速仪坐标旋转 θ，得到一个新的坐标系，以确保主流风速 u 的方向绝对准确。经过偏航旋转后展向风速分量的平均值为 0（$\overline{v_1}=0$），该旋转不影响垂直分量的风速。三维超声风速仪坐标系下的实测来流风速、展向风速及垂向风速分别为 u_0、v_0 和 w_0。在新的坐标系下来流风速 u_1、展向风速 v_1 及垂向风速 w_1 的计算公式为

$$u_1=u_0\cos\theta+v_0\sin\theta \tag{3-12}$$

$$v_1=-u_0\sin\theta+v_0\cos\theta \tag{3-13}$$

$$w_1=w_0 \tag{3-14}$$

$$\theta=\arctan(\overline{v}_0/\overline{u}_0) \tag{3-15}$$

第二次旋转为俯仰校正，目的是将 u 分量的风定向到与主气流风向相同角度的同时，使 w 分量的风向垂直于主气流风向。通过俯仰校正后，w 分量的风速均值为 0（$\overline{w}_2=0$），二次校正得到的新坐标系下的来流风速 u_2、展向风速 v_2、垂向风速 w_2 的计算公式为

$$u_2=u_1\cos\varphi+w_1\sin\varphi \tag{3-16}$$

$$v_2=v_1 \tag{3-17}$$

$$w_2=-u_1\sin\varphi+w_1\cos\varphi \tag{3-18}$$

$$\varphi=\arctan(\overline{w_1}/\overline{u_1}) \tag{3-19}$$

有时还需要第三次旋转（轴旋转），以使 v 分量的风与主流风向在同一平面上，而 w 分量的风垂直于主流平面。当风速仪垂直于气流方向安装时，第三个旋转的角度为 0，可省去此次旋转。

2）临界起沙风速

临界起沙风速（u_t）或临界起沙摩阻风速（u_{*t}）通常被定义为使颗粒脱离地表的最小风速（Barchyn and Hugenholtz，2011）。它是风蚀模型、粉尘释放模型及沙尘暴预报模型中重要的参数之一（朱好和张宏升，2014），是风蚀野外测量的重点之一。获取临界起沙风速的野外观测实验通常需要同时测量风速和沙尘运动两个要素。目前，主要采用置于地表或距地表几厘米高度处的电子传感器，如 Sensit（Gillette and Stockton，1986）、Saltiphone（Spaan and Van den Abeele，1991）、Safire（Baas，2004）、Wenglor® Particle Counter（Davidson-Arnott and Bauer，2009）等，高频率记录沙粒的跃移活动，然后将引起跃移活动的最低风速作为临界起沙风速。这种方法相对简单，但在实际应用中，由于风速和沙粒跃移活动不完全相关，较难给出固定的临界风速值（朱好和张宏升，2014）。目前通过野外测量手段确定地表临界起沙风速并实时跟踪其变化仍然较为困难。为了避免野外观测的不足，同时为了获取实测地表的临界起沙风速，大多采用以下两种方法进行估算：一是利用 Bagnold（1941）模型估算 u_{*t}，即

$$u_{*t}=A\sqrt{\frac{\rho_s-\rho}{\rho}gd} \tag{3-20}$$

式中，u_{*t}为临界起沙摩阻风速，m/s；ρ_s为沙粒密度，kg/m^3；d 为沙粒的粒径，m；g 为重力加速度（m/s^2）；A 为经验系数。这种方法简单易行，采用较多，但其使用有一个前提条件，即地表是由松散颗粒组成的（这种情形下计算的颗粒平均粒径才有意义）；对于紧实地表，则不能采用该模型。二是利用不同风速下的输沙率观测结果，建立输沙率与风速之间的经验关系，然后利用该关系式计算输沙率等于 0 时的风速，即临界起沙风速。这种方法普遍适用于各类地表。如果使用某个高度的风速，则得到的是该高度的临界起沙风速（u_t）；如果使用的是摩阻风速，则得到临界起沙摩阻风速（u_{*t}）。例如，在河北坝上地区表土较为紧实的农田撂荒地风蚀观测中，得到图 3-5 所示的一组摩阻风速和输沙率测量数据，以及摩阻风速与输沙率之间的最佳函数关系式：

$$q=6.72u_*^3-0.55(R^2=0.95) \tag{3-21}$$

将 $q=0$ 代入式（3-21），得到撂荒地临界起沙摩阻风速 $u_{*t}=0.43$m/s。

2. 粗糙干扰因子

粗糙干扰因子包括植被、残茬、砾石、土垄、土块等类型的粗糙元及其覆盖下的地表粗糙特征变量。在风蚀区，植被、作物残茬和砾石是常见的粗糙元类型。

1）植被

植被粗糙元的大小可直接通过测量植被的高度和盖度进行表征。如果植被具有一定的冠层结构，还需要对植物形态、结构、迎风面积、疏透度、柔韧性及空间布局等进行测

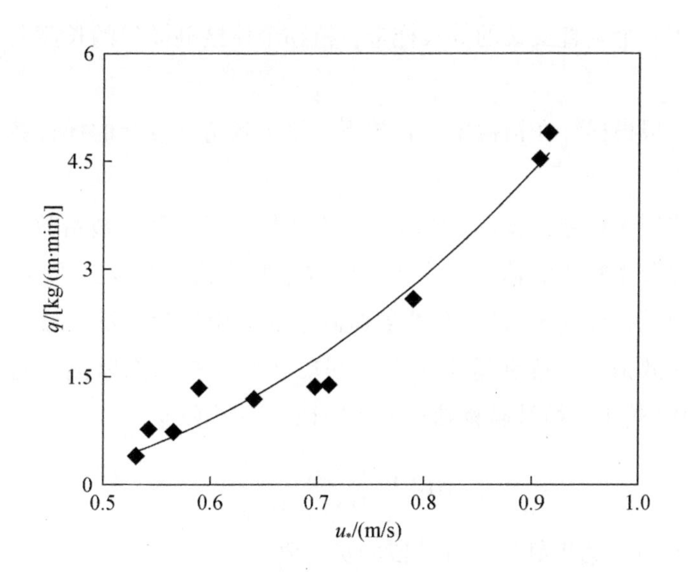

图 3-5　坝上撂荒地表面输沙率与摩阻风速的关系

量，因为这些指标对地表粗糙度和冠层顶部的摩阻风速具有显著影响（Davidson-Arnott and Bauer，2009）。地上生物量也是表征植被粗糙元大小的常用指标，并且茎干和枝叶的生物量要分别进行统计，这是因为坚硬的茎干消减风速的效果明显不同于柔软的枝叶。单位面积茎干与枝叶的干重是一些风蚀模型重要的输入参数（Zobeck and Sterk，2003）。植被调查的主要内容有草本和灌木的个体、群落特征、地上生物量测定、根茎叶描述及植被盖度。植物群落的调查主要是群落数量的特征，包括了密度和相对密度、盖度和相对盖度、频度和相对频度、优势度和相对优势度、高度和相对高度等重要指标。目前，植被的调查方法主要为野外调查与室内遥感图像判读。

在植物野外调查方法中，最广泛应用的是盖度调查法。盖度法就是根据单位面积内各植物种所占面积的比例进行计算。把各个物种的盖度与株高、密度的测量值综合考虑，得出综合优势度，反映植物群落特征。常用的群落特征调查方法有样方法、样线法、样点法及点-四分法；地上生物量调查方法主要是收割法，直接将植物体地上部分全部刈割下来进行烘干称重；植被盖度调查方法有地面测量和遥感测量方法，其中地面测量方法又分为目估法（相片目估、网格目估等）、采样法（样方法、样线法、样点法等），遥感监测方法主要是植被指数法。

目估法：主要根据经验来判断植被盖度，其中的网格目估法是先将样地划分为若干小样方，然后对每个样方的植被盖度进行目估，最后对所有样方的植被盖度求平均。

样方法：在研究区内划出一方形或圆形样地来调查，分别取样方两条对角线上的植被盖度，通过算数平均来求得植被盖度，样方大小、形状根据所研究群落的性质和所需数据的要求来定。

样带法：使用两个垂直交叉的等长样带，植物个体接触样带的长度与样带总长度之比为植被盖度。

样点法：将一根根样针在植被中垂直放下，接触到植物枝叶的样针数与总样针数之比为植被盖度。

在遥感技术应用于植被盖度调查方面，研究者提出了多种植被指数，并利用植被指数进行植被宏观监测及生物量的估算。应用遥感技术监测植被盖度的优点在于监测范围大、频率高。归一化植被指数（NDVI）在植被监测中的应用最为广泛，被认为是监测植被和生态环境变化的有效指标，特别适用于大空间尺度的植被动态监测。通常，NDVI 越大，植被越茂密；NDVI 越小，植被越稀疏。NDVI 计算公式如下：

$$\mathrm{NDVI}=\frac{\mathrm{DN}_{\mathrm{NIR}}-\mathrm{DN}_{\mathrm{R}}}{\mathrm{DN}_{\mathrm{NIR}}+\mathrm{DN}_{\mathrm{R}}} \tag{3-22}$$

式中，$\mathrm{DN}_{\mathrm{NIR}}$、$\mathrm{DN}_{\mathrm{R}}$分别为近红外、红波段的灰度值。

2）作物残茬

作物残茬可分为直立残茬和平铺残茬两类。直立残茬通过改变近地表的气流场结构，分担地表剪应力而减弱地表风蚀；平铺残茬通过覆盖地面，减少地面与气流的接触面积而减弱地表风蚀。直立残茬因子主要通过残茬数量、高度和宽度三个指标来表征。人工测量方法可以取得准确的数据，但速度较慢。Fox 和 Wagner（2001）发明的激光距离感应器实现了对残茬数量、高度和宽度的快速测量，但其精度还有待提高。平铺残茬因子可以通过收集一定面积上的残茬，晾干、称重后，用单位面积残茬量来表征；也可以通过点线法测得的残茬盖度来表征（Van Donk and Skidmore，2001）。由于人工手动测量作物残茬盖度耗时费力，近年来有学者采用遥感手段测量作物残茬盖度，取得了一定的进展（张淼等，2011）。

3）砾石

砾石是戈壁地表和旱作农田风蚀粗化地表起主导作用的粗糙元。砾石粗糙元的野外测量方法主要有两种：一是采集表层土壤样品（一般为 1 ~ 2cm），用表层土壤中砾石含量来表征砾石粗糙元的多少，但这种方法不能直接反映有砾石地表的特征。二是照相法，在拍照获取地表样点的数码图片后，使用 ImageJ 或其他软件对图像进行处理，得到样点的砾石盖度和砾石尺寸。拍照加软件分析是目前应用最多的一种方法（Poesen et al.，1998；Nyssen et al.，2002；朱元骏和邵明安，2008），这种方法获得的数据精度高，但图片处理过程烦琐，并且不能反映砾石出露地面的高度。

4）微地形

微地形是控制地表粗糙度的重要因素（Kardous et al.，2005），尤以农田地表翻耕造成的垄状起伏微地形最为典型（Hagen，1991）。土垄和土块是翻耕农田中主要的粗糙元。土垄导致地面起伏变化，并且这种变化是有方向性的，称为有向粗糙度（oriented roughness）；土块和土壤团聚体引起的地面起伏变化是随机的，称为随机粗糙度（random roughness）（Allmaras et al.，1966）。有向粗糙度和随机粗糙度都对农田风蚀产生显著影响（Fryrear，1984）。有向粗糙度可直接通过测量垄宽和垄高来进行表征。随机粗糙度通常用特定间隔土壤表面相对高度的标准差来表征，主要使用微地形计进行野外测量（Kuipers，1957；Wagner and Yu，1991），操作过程较为复杂。为此，Saleh（1993）提出一种“链条法”的野外测量方法，通过度量平铺于地面上链条长度缩短的距离来表征地表粗糙度的大小。该方法操作简单，但精度不高，并且不适合在柔软的地面使用（Zobeck and Sterk，2003）。为了表征有向粗糙度与随机粗糙度的共同影响，Potter 等（1990）提出用防护角描述地面粗糙度。该指标虽然测量过程较为复杂，但具有参数简洁，能描述不同方向上的粗糙度和反映降水、耕作及土壤类型影响等优点，已被应用于 WEPS 风蚀模型中。

使用三维激光扫描仪测量地表微地形是一种测量精度较高的方法。三维激光扫描仪测量获得的点云数据，首先需要通过点云数据处理软件进行进一步分析，得到沙床面不同位置的高程，进而计算微地形参数。主要步骤如下：①点云拼接。为了更加全面地获得地表的微地形参数，特别是面积较大的样地，需要将不同测站的点云数据通过标靶拼接成一个完整的点云数据。②点云分割。扫描过程中扫描仪会扫描到目标范围以外的其他地方，所以需要对点云进行分割处理，即删除不需要的点云数据，只保留样地范围内的点云数据。③点云检测。当点云完成拼接和分割处理后，便可对点云数据进行相应分析，获取地表高程数据、数字高程模型（DEM）图和均方根高度（RMSH）等参数。其中，均方根高度是一个较为被广泛应用的描述粗糙度的参数（Haubrock et al.，2009；Brown and Hugenholtz，2011），其计算公式为

$$\mathrm{RMSH} = \sqrt{\frac{\sum_{i=1}^{n} (z_i - \mu)^2}{n - 1}} \tag{3-23}$$

式中，z_i 为测点在沙床 i 处的高程；μ 为沙床面整体平均高程；n 为所有测点个数。一般来说，均方根高度的值越大，地表越粗糙。利用三维激光扫描仪测量获得地表高程数据及 DEM 图，即可精确计算地表的均方根高度，将其作为土壤风蚀影响因子中微地形的定量表达指标。

3. 土壤抗蚀因子

表土含水率、土壤干团聚体和单颗粒的粒度组成、地表结皮等土壤抗蚀因子，受时间、气象条件、管理措施、风蚀过程的影响而经常发生变化，被称为土壤的暂时性属性（Zobeck，1991）。在风蚀研究中，如果土壤的暂时性属性发生变化，应及时进行测量。

1）表土含水量

表土含水量是指表层土壤中水分的质量分数或体积分数。表土含水量增加能够增强颗粒之间的内聚力，大幅提高临界起沙风速，从而降低土壤可蚀性（Pye and Tsoar，2009）。传统上，土壤含水量测定的方法主要包括取样测定法和定位测定法（图 3-6）。其中经典的方法是烘干法，也是国际上公认的标准方法。烘干法耗时比较长，而且对土壤结构有一定的破坏，不便于长期定点连续观测。中子法克服了烘干法的不足，可以实现野外定点连续观测，但中子法存在潜在的辐射性，测定结果误差较大。时域反射（TDR）法克服了中

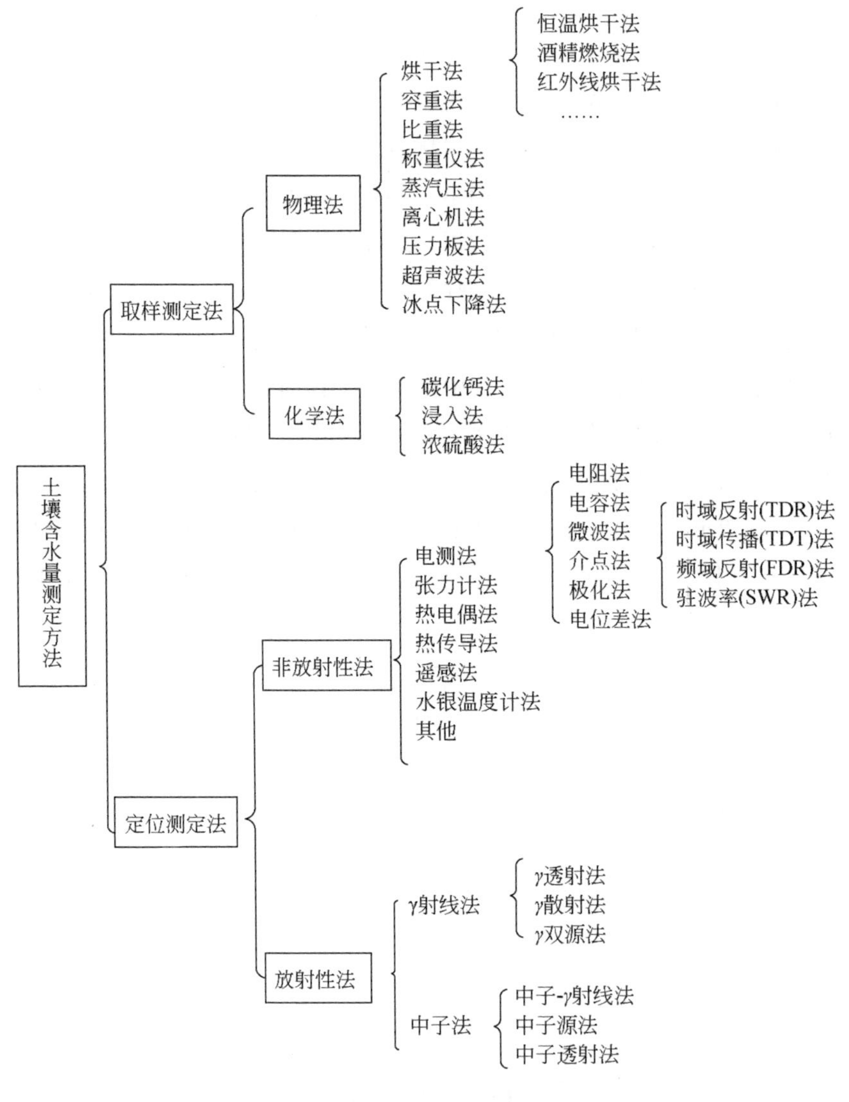

图 3-6　土壤含水量测量方法分类

资料来源：邓英春和许永辉，2007

子法的一些缺点，测定精度较高，无放射性，而且适合于长期定点观测，但是价格较昂贵。频域反射（FDR）法测定精度高，具有快速、准确、连续测定的优势，不扰动土壤，能自动监测土壤含水量及其变化，不足的是在野外土壤含水量监测应用中，因土壤类型不同而需要标定，较为费时费力。遥感技术的发展为土壤含水量测定提供了更便捷的手段，可以实现实时、快速、长期和大面积的动态监测。

下面介绍几种常用的土壤水分测定方法。

烘干法：包括经典烘干法和快速烘干法。经典烘干法是目前国际上仍在沿用的标准方法。其测定的简要过程：先在野外选择代表性取样点，按所需深度采集土样，将土样放入铝盒（空铝盒质量为 M_1），并立即盖好盖（以防水分蒸发影响测定结果），称重（即湿土加空铝盒质量，记为 M_2）。然后打开盖，置于烘箱，在 105 ~ 110℃条件下烘至恒重（需 6 ~ 8h），再称重（干土加铝盒质量，记为 M_3），则该土壤含水量（W）可以按式（3-24）求出：

$$W(\%)=\frac{(M_2-M_3)}{(M_3-M_1)}\times 100 \tag{3-24}$$

经典烘干法一般至少重复测量 3 次，求取平均值。此方法较经典、简便、可靠，但也有许多不足之处：定期测定土壤含水量时，不可能在原处再取样，而不同位置上土壤的空间变异性给测定结果带来误差。另外，烘干至恒重需要的时间较长。

快速烘干法包括红外线烘干法、微波炉烘干法、酒精燃烧法等。这些方法虽可缩短烘干时间，但需要特殊设备或消耗大量药品。同时，其仍有各自的缺点，也不能避免每次取出土样和更换位置等所带来的误差。

中子法：把一个快速中子源和慢中子探测器置于套管中，埋入土内，其中的中子源（如镭、镅、铍）以很高速度放射出中子，当这些快中子与水中的氢原子碰撞时，就会改变运动的方向，并失去一部分能量而变成慢中子。土壤水分越多，氢越多，产生的慢中子也就越多。慢中子被探测器和一个容器量出，经过校正可求出土壤含水量。主要步骤如下：①校正中子水分仪，得到标准曲线（$V\%=a+b\times R_{土壤}/R_{参考}$）。②在待测土壤内埋设同预测定深度的铝管。③测定土壤水分前，先将中子水分仪置于水桶上获得参考读数 $R_{参考}$。④测定土壤含水量，在田间铝管上测定土壤中中子水分仪读数 $R_{土壤}$。⑤用标准曲线方程计算土壤的体积含水量 $V\%$。虽然此法较精确，但目前的设备只能测出较深土层中的含水量，无法测定表面薄层土的含水量。另外，在有机质含量多的土壤中，因有机质中的氢也有同样作用而影响土壤含水量测定的结果。

时域反射法：在测定土壤含水量时，主要依赖电缆测试器。时域反射仪通过与土壤中平行电极连接的电缆，传播高频电磁波，信号从波导棒的末端反射到电缆测试器，从而在示波器上显示出信号往返的时间。只要知道传输线和波导棒的长度，就能计算出信号在土壤中的传播速度。介电常数与传播速度成反比，与土壤含水量成正比，通过预先率定的土壤-水介质的介电常数，求出土壤的体积含水量。

2）土壤干团聚体粒度组成

土壤干团聚体粒度组成对土壤可蚀性具有重要影响（Webb and Strong，2011；Zou et al.，2015）。粒径小于0.84mm的干团聚体颗粒的质量百分含量是表征土壤可蚀性的重要指标（Chepil，1962），被广泛应用于风蚀模型及风蚀敏感性评估（Hevia et al.，2007；Colazo and Buschiazzo，2010）。土壤干团聚体粒度组成主要通过干筛法测量。由于平筛容易造成土壤干团聚体和土块的破碎，Chepil 和 Bisal（1943）发明了旋筛（图3-7），专门用于风蚀研究中土壤干团聚体粒度组成的测量。经过一系列改进后（Chepil，1952；Lyles et al.，1970；Fryrear，1985），目前旋筛筛分已经成为国际上土壤干团聚体粒度组成测量的主流方法。但是我国及世界上其他一些国家仍然主要使用平筛进行土壤干团聚体粒度组成的测定（Toogood，1978；López et al.，2001；Wang et al.，2015b），因为平筛具有价格便宜、操作简单、筛分速度快等优点。对比实验表明，平筛法与旋筛法的筛分结果虽然有所不同，但具有较好的相关性（Guo et al.，2017）。

图3-7　河北师范大学的旋筛

无论平筛还是旋筛，都无法对粒径小于0.05mm的细颗粒进行筛分。某些研究为了获取更详细的土壤干团聚体粒度组成数据，使用超声波筛分仪测定细颗粒组分（Feng and Sharratt，2007）。超声波筛分仪只需要1.0g左右的样品量，其筛分精度可达0.01mm，是目前国际上细颗粒干团聚体粒度组成测量的主要设备，但因价格昂贵，未在中国大量使用。我国学者采用显微镜拍照加软件分析的方法对细颗粒干团聚体粒度组成进行了分析（王仁德等，2009；Wang et al.，2015c；李慧茹等，2018），取得了一定效果，但其操作过程受人为因素影响较大，结果的代表性和准确性还有待检验。

3）土壤干团聚体稳定性

土壤干团聚体稳定性（dry aggregate stability）反映了土壤颗粒之间黏结性的大小（Skidmore and Powers，1982）。土壤干团聚体越稳定，抵抗风力侵蚀的能力越强（Hagen，1984）。研究者提出了多种用于测量土壤干团聚体稳定性的指标（Skidmore and Layton，1988），如破碎能与表面积比、破碎能、破裂应力和初始破裂应力等。其中，破碎能使用专门的破碎能量计进行测量（Hagen et al.，1995），测量方法简单，需要的土壤团块数量较少（≥15 个），并且能够较好地反映土壤抗蚀性的大小，是目前土壤干团聚体稳定性最常用的表征指标。

4）地表结皮

地表结皮（surface crusting）可分为物理结皮和生物结皮两类（李晓丽和申向东，2006）。两类结皮虽然性质不同，但都通过增加地表的紧实度和稳定性提高土壤的抗蚀性。风蚀研究中重点关注的是农田、干湖盆表面的物理结皮和沙漠（沙地）地表的生物结皮。物理结皮形成于降水后土壤表面的湿-干过程，其抗蚀性的大小主要通过结皮厚度和稳定性两个指标来表征（Hagen et al.，1995）。结皮厚度一般用尺子直接进行测量，方法简单，但由于结皮层与下层松散物质的界限不是很清晰，测量精度不高（Zobeck and Sterk，2003）。结皮稳定性主要使用便携式土壤硬度计或类似仪器进行测量（Rice et al.，1997；李玄姝等，2014），操作过程受人为影响较大，所得结果只能大体反映地表结皮的稳定性。生物结皮是土壤微生物、藻类、地衣、苔藓植物类群与土壤表层颗粒胶结形成的一层有机复合体（李新荣等，2009；李新荣等，2018），其种类、厚度、硬度、覆盖度等都对土壤风蚀产生影响，其中，结皮种类和发育阶段需要专门调查，其他指标的测量方法与物理结皮类似。

5）土壤抗剪强度

土壤风蚀实质上是风力对土壤表层的剪切破坏。邹学勇等（2014）从侵蚀动力学角度，提出用“土壤抗剪强度”来综合表征土壤抗蚀性的大小。土壤抗剪强度主要通过土体内摩擦角和内聚力两个参数表达。目前，土壤抗剪强度的野外测量研究开展较少，主要使用便携式直剪仪或便携式十字板剪切仪在原位测量土壤的抗剪强度，结果的离散性较大（姚正毅等，2009；Feng et al.，2011；Li et al.，2015）。

测定土壤抗剪强度指标的试验称为剪切试验。剪切试验可以在实验室内进行，也可以在现场条件下进行。按常用的试验仪器可分为直接剪切试验、三轴压缩试验、无侧限抗压强度试验和十字板剪切试验四种。直接剪切试验是测定预定剪切面上抗剪强度的最简便和最常用的方法。直剪仪分应变控制式和应力控制式两种，前者以等应变速率使试样产生剪切位移直至剪破，后者是分级施加水平剪应力并测定相应的剪切位移。目前我国使用较多的是应变控制式直剪仪。考虑到风蚀发生时土壤一般处于非饱和、较为干燥的状态，土体未受到法向应力作用，因此，可以考虑无法向应力状态下的剪切试验。

下面通过一个实例来说明无法向力的剪切试验。使用的试验设备是南京土壤仪器厂有限公司生产的 ZFY-1A 型非饱和土应变控制式直剪仪，试验土体是采集自中国北方风蚀区东部地区（贺兰山以东）8 个土类、10 个土壤亚类表层 0 ~ 4cm 共 11 个采样点的 1683 个样品原状土样，并测定土壤含水量、植物根系密度、颗粒组成、碳酸钙含量、有机质含量等理化性质，分析各指标对土壤抗剪强度的影响。根据试验结果，土壤含水量与抗剪强度的关系可用如下关系式表达：

$$\bar{\tau} = -a \cdot \ln M + b \tag{3-25}$$

式中，$\bar{\tau}$为土壤抗剪强度，kPa；M 为土壤含水量，%；a 和 b 为参数。进一步分析发现，a 和 b 与土壤砾石含量、有机质含量、碳酸钙含量、容重有关。其中，砾石含量与参数 a 显著相关（$r=0.68$，$p<0.05$），有机质含量与参数 a 相关性不显著，碳酸钙含量与参数 a 相关性不显著，容重与参数 a 显著相关（$r=0.66$，$p<0.05$）。砾石含量与参数 b 极显著相关（$r=0.78$，$p<0.01$），有机质含量与参数 b 极显著相关（$r=0.72$，$p<0.05$），碳酸钙含量与参数 b 显著相关（$r=0.6$，$p<0.05$），容重与参数 b 显著相关（$r=0.66$，$p<0.05$）。因此，参数 a 可用砾石含量和容重来表达，参数 b 可用砾石含量、有机质含量、碳酸钙含量和容重来表达。利用 SPSS 进行回归分析，可得

$$a=0.103\text{GC}+7.76\rho_b-8.88\ (R^2=0.42,\ p<0.05) \tag{3-26}$$

$$b=0.131\text{GC}+1.655\text{OM}+2.192\text{Ca}+19.467\rho_b-27.39\ (R^2=0.68,\ p<0.05) \tag{3-27}$$

式中，GC、OM、Ca 分别为土壤砾石含量、有机质含量、碳酸钙含量，%；ρ_b 为土壤容重，g/cm^3。将式（3-26）和式（3-27）代入式（3-25），得到非饱和原状土抗剪强度预测方程：

$$\bar{\tau}=-(0.103\text{GC}+7.76\rho_b-8.88)\ln M+0.131\text{GC}+1.655\text{OM}+2.192\text{Ca}+19.467\rho_b-27.39 \tag{3-28}$$

为了检验非饱和原状土抗剪强度预测方程的精度，选取根系密度在 2 ~ $3kg/m^3$的实测数据进行方程预测精度的检验。结果表明，预测值和测量值均较密集地落在 1∶1 线附近（图 3-8）。说明该预测方程可以在一定范围内预测非饱和原状土抗剪强度。除此之外，还选取了均方根误差（root mean square error，RMSE）、平均绝对误差（mean absolute error，MAE）和皮尔逊线性相关（Pearson liner correlations）作为评价标准，计算得到 RMSE 和 MAE 分别为 1.32 和 0.97，测量值和预测值显著相关（$r=0.83$，$p<0.001$），能够满足抗剪强度预测精度。

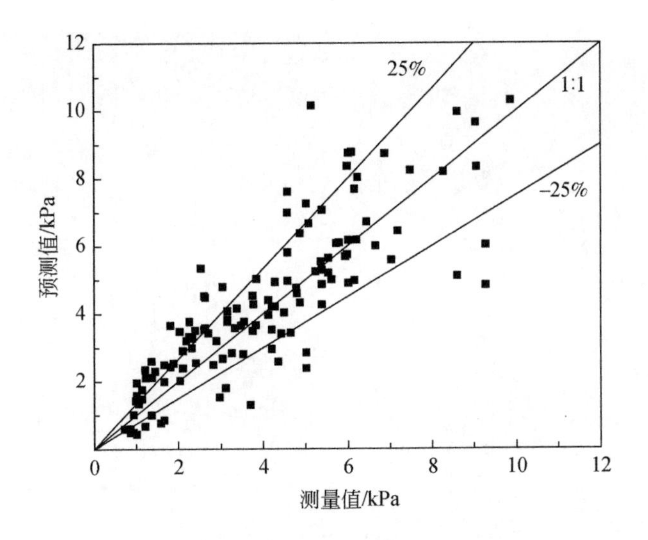

图 3-8　土壤抗剪强度预测值与测量值

资料来源：Zhang et al.，2018b

3.3.2　风蚀测定

1. 风蚀物采集与测量

1）跃移颗粒的采集与测量

跃移颗粒物是风蚀物的主体，其对地表的磨蚀和撞击是风蚀发生的主要驱动力（Shao，2001），是风蚀野外测量的重点。被动式集沙仪是跃移颗粒物采集的主要设备。目前，国际上应用最多的是美国的 BSNE 集沙仪（Fryrear，1986）和欧洲的 MWAC 集沙仪（Wilson and Cooke，1980）（图 3-9）。两种集沙仪均具有集沙量大、操作方便、带有导向装置、进沙口能够始终指向侵蚀风向的特点。对比研究结果表明，MWAC 集沙仪比 BSNE 集沙仪的集沙效率更高（Mendez et al.，2011），MWAC 集沙仪的集沙效率随风蚀物粒径和风速变化比较稳定，而 BSNE 集沙仪的集沙效率则随着风速增大、风蚀物粒径减小而降低。另外，MWAC 集沙仪还具有制作简单、价格便宜、集沙方便等优点。

中国学者根据研究需要，研制了多种型号的被动式集沙仪，如李长治等（1987）研发的平口式集沙仪、臧英和高焕文（2006）研发的“中农”风沙集沙仪、董治宝等（2003）研发的 WITSEG 集沙仪、北京师范大学研发的新型平口式集沙仪（王仁德等，2018）、旋风分离式集沙仪（付丽宏和赵满全，2007）等。这些集沙仪虽然都属于被动式集沙仪，但集沙高度不同、集沙梯度各异，并且普遍缺乏对集沙效率的充分验证，导致我国至今缺少

图 3-9　BSNE 集沙仪和 MWAC 集沙仪

一种被广泛接受的集沙仪。

近年来，随着科学技术的不断发展，出现了不少基于声学、电子传感等原理的传感器用于跃移颗粒物的监测，如 Sensit（Gillette and Stockton，1986）、Saltiphone（Spaan and Van den Abeele，1991）、Safire（Baas，2004）、Wenglor® Particle Counter（Davidson-Arnott and Bauer，2009），这里将其统称为电子式集沙仪。这一类型的仪器不收集风蚀颗粒物，而是当风蚀颗粒物撞击或通过传感器时，通过计数的方式持续记录风蚀的发生和输沙强度。由于采样频率达到 1Hz 以上，其不仅可用于临界起沙风速或临界起沙摩阻风速的确定，与被动式集沙仪配合使用，还可以对风蚀颗粒物输运的相对强弱和风蚀事件发生的过程进行高频测量（Van Donk et al.，2003），对于风蚀动态过程研究和建立基于过程的风蚀模型具有重要价值。Sensit 具有传感器紧贴地面、适应恶劣风沙环境、可 360°无死角监测风蚀发生等优点，在风蚀野外测量中应用得最广泛（图 3-10）。

一些研究者结合被动式集沙仪和电子式集沙仪的优势，发展了一些既能集沙，又能高频率记录输沙强度变化的集沙仪（Lee，1987）。这类集沙仪的主要工作原理是将被动式集沙仪与电子秤集成到一个设备中，利用电子秤称量集沙量的连续变化来反映风蚀过程中输沙强度的变化，称为连续称重式集沙仪。德国 SUSTRA 连续称重集沙仪已被应用于风蚀野外测量（Janssen and Tetzlaff，1991），但由于价格昂贵、操作复杂，未见大规模使用。中国学者基于同样的原理，将旋风分离式集沙仪与电子秤相结合，发展了一种自动连续称重式集沙仪（WTJS-1 型，由进沙口、沉沙盒、微称重仪、数据采集系统组成）（图 3-11）。该集沙仪重量传感器的精度为 0.01g，数据采集器最高采集频率为 1Hz（郭中领等，2016），基本

图3-10　Sensit电子式集沙仪

图3-11　自动连续称重式集沙仪

实现了集沙和实时监测输沙强度变化的双重功能。

使用WTJS-1型自动连续称重式集沙仪，搭配梯度风速廓线仪，在河北坝上农田就一次严重风蚀事件的风蚀起沙过程进行了实时监测。该仪器以1min/次的数据采集频率，完整地记录了整个风蚀事件从发生到发展再到衰减的全过程（图3-12），为风蚀动态变化过程研究提供了成功案例。通过对该次风蚀事件前期与后期的输沙率随摩阻风速变化的研究表明（图3-13），两个阶段输沙率均随摩阻风速呈幂函数规律变化，并且变化趋势基本一致；但同一风速情况下输沙率绝对值差异明显。前期各级摩阻风速条件下的输沙率是后期的5倍左右，说明经过一段时间的高强度风蚀后，土壤可蚀性明显降低。该仪器已被应用于沙漠、戈壁、农田等主要风蚀地类，表现出较好的适用性。相对于其他类型集沙仪，其具有省时省力、时间精度高等优势，但在实际应用中，也出现了数据不够稳定、量程小、恶劣环境中容易损坏等问题。

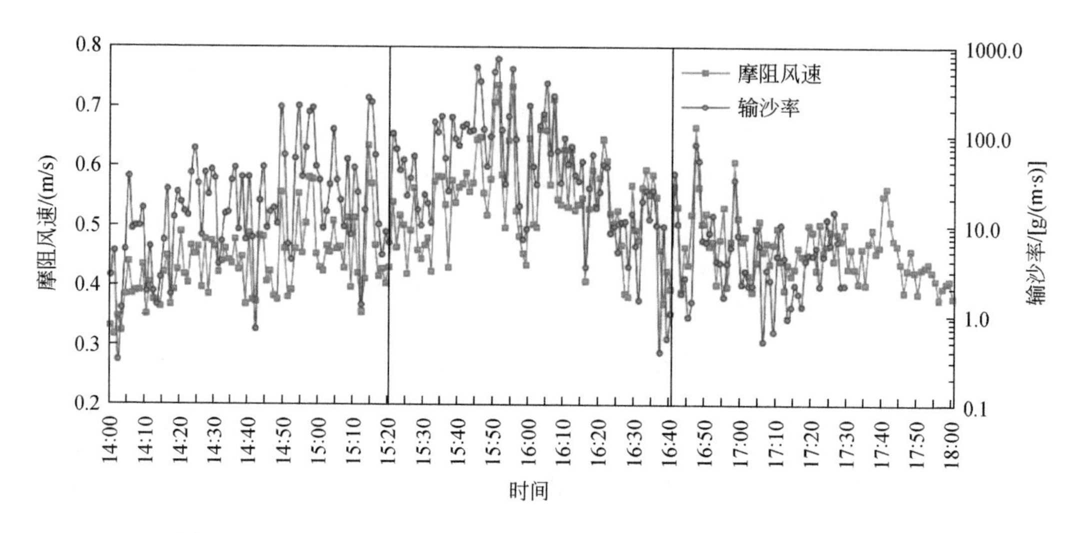

图 3-12 采用 WTJS-1 型自动连续称重式集沙仪测量的输沙率动态变化

资料来源：王仁德等，2021

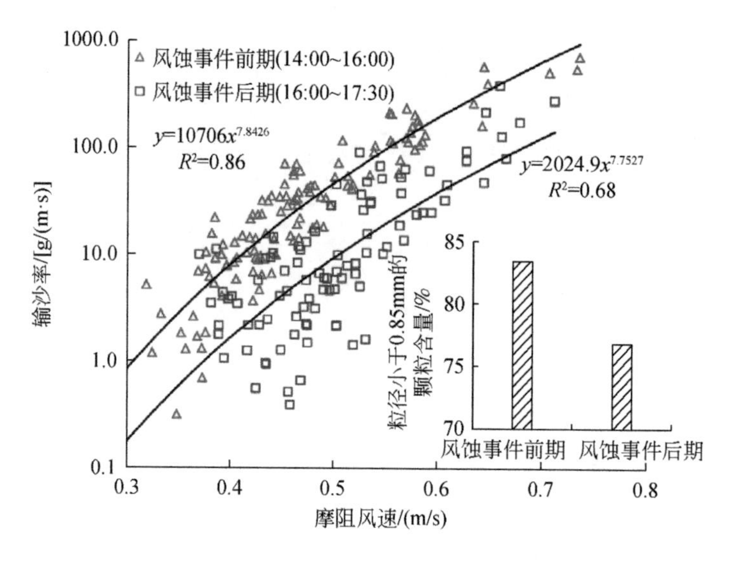

图 3-13 自动连续称重式集沙仪测量的风蚀事件前期与后期的输沙率随摩阻风速变化的差异

资料来源：王仁德等，2021

2）蠕移颗粒的采集与测量

蠕移颗粒物主要由粒径大于 0. 5mm 的粗颗粒组成，在地面以滚动或滑动的方式运移，可以通过在沙床面埋设陷阱的方法进行采集。床面陷阱方法操作简单，采样器取材丰富，不用考虑风向的影响，一直是蠕移颗粒物野外采集的主要手段，但由于无法避免部分跃移颗粒进入采样器，该方法所得结果精度不高。Stout 和 Zobeck（1996）设计了另一种结构更加复杂、面对风向的蠕移采样器。该仪器可收集约 98% 的蠕移颗粒物，但其中也包含了较多的跃移颗粒。WITSEG 集沙仪（董治宝等，2003）和北京师范大学新型平口式集沙仪（王仁德等，2018）等具有类似的特点，其局限性主要在于无法区分蠕移颗粒和跃移颗粒。程宏等（2012a，2012b）、周杰等（2013）和李锦荣等（2017）相继研发了专门测量蠕移颗粒的装置，蠕移颗粒的收集精度有了很大提高。其中，程宏等（2012a，2012b）基于颗粒蠕移运动原理、过程和微观特征研发的装置，不仅可以获取蠕移颗粒质量，还可以通过计算得到沙粒运动速度及其质量分布（Cheng et al.，2013，2015）。

3）悬移颗粒（粉尘）的采集与测量

随着大气颗粒物污染问题日益受到关注，悬移颗粒物尤其是 PM_{10} 和 $PM_{2.5}$ 野外采集技术越来越受到重视。对于 PM_{10} 和 $PM_{2.5}$ 的采集和测量，多使用主动式粉尘采集仪测量粉尘质量或浓度。按照工作原理，主动式粉尘采集仪可分为光学检测、β 射线衰减分析和滤膜称重三类（Sharratt and Auvermann，2014）。其中，基于 β 射线衰减分析和滤膜称重原理的粉尘测量仪被广泛应用于大气环境质量监测中。这两类粉尘测量仪并不是为风蚀野外测量专门设计的，通常只适合在低风速条件下运行。在恶劣的风沙环境中，这两类粉尘测量仪很容易损坏，对粉尘的采集效率也会随着风速增大而大幅降低。目前，针对风蚀过程中产生的粉尘测量，应用较多的是基于光学检测原理的粉尘仪，如 DustTrak（TSI Inc.，USA）、DataRAM（MIE Inc.，USA）和 Grimm 环境粉尘监测仪（GRIMM Technologies Inc.，USA）等（Zobeck and Sterk，2003；Sharratt and Auvermann，2014）。这一类型仪器通过光散射的方式测量粉尘浓度，采样频率达到 1Hz，不仅可连续自动记录粉尘浓度变化，还可根据实际需要调整粉尘粒径的测量范围。该类型仪器能够在高风速条件下正常工作，但需要对其在不同风速下的粉尘采集效率进行率定。

利用 DustTrak 8530 型粉尘仪与超声波风速仪的同步测量，对沙漠、戈壁和农田三种风蚀地类 1.0m 高度处的 PM_{10} 浓度及其随摩阻风速变化进行了野外观测研究。粉尘仪测量范围为 0.001～150.000mg/m^3，测量精度为±1‰，测量频率为 1Hz。背景浓度被定义为风蚀事件发生前空气中 PM_{10} 的浓度。结果表明，三种风蚀地类的 PM_{10} 释放浓度明显不同（图 3-14）。低摩阻风速情形下（u_*<0.23m/s），沙漠地表的 PM_{10} 释放浓度最大，戈壁次之，农田几乎没有粉尘产生。随着摩阻风速增大，三种风蚀地类地表的 PM_{10} 释放浓度均随风速的增大呈指数规律增大，其中农田增加最快，戈壁次之，沙漠最弱。当摩阻风速增加到一定程度后，戈壁和农田地表的 PM_{10} 释放浓度逐渐超过沙漠（Wang et al.，2021）。

粉尘释放量野外观测对粉尘释放模型验证与修订，评估风蚀对土壤和大气环境质量影响等都具有重要作用。粉尘释放量野外观测的主要方法为浓度梯度法，该方法由 Gillette（1977）提出，根据粉尘浓度梯度和湍流强度来计算地表粉尘释放通量：

$$F_v = u_* k(C_1 - C_2)/\ln(z_2/z_1) \tag{3-29}$$

式中，F_v 为地表粉尘释放通量，g/（m^2·s）；u_* 为摩阻风速，m/s；C_1、C_2 分别为观测高

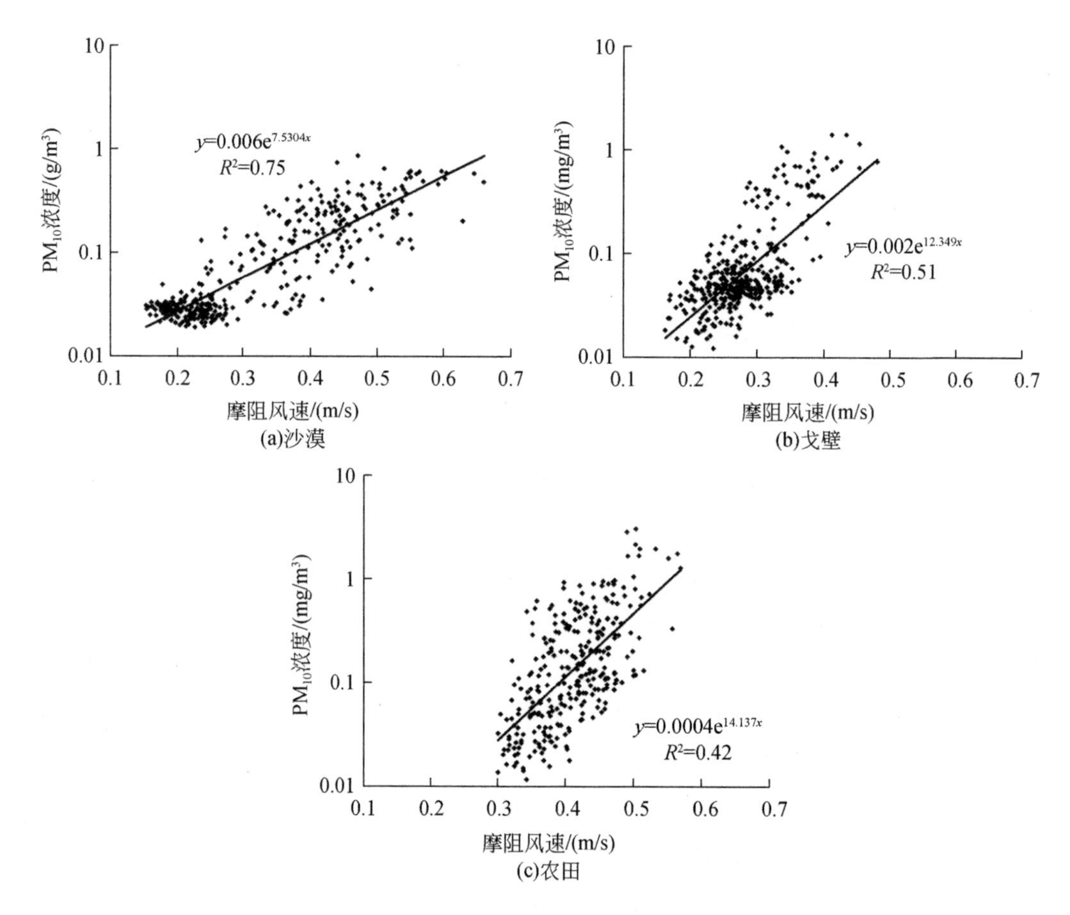

图 3-14 DustTrak 粉尘仪测量的 1.0m 高度处 PM_{10}浓度及其随摩阻风速的变化

资料来源：Wang et al.，2021

度 z_1（m）和 z_2（m）处的粉尘浓度，g/m³。该方法适用于细粉尘（粒径小于 20μm）释放通量的计算，对于粗粉尘的测量效果不佳。具体操作时，要求一台粉尘仪安装在地表跃移层以上的高度（约 1m 高度处），另一台安装在 3～10m 高度处，以保证两台粉尘仪的测量高度差大于 2m。国内外学者采用该方法开展了较多的粉尘释放量野外观测工作，其结果不是很好（Nickling and Gillies，1993；Stetler and Saxton，1996），可能原因是地表粉尘释放受到土壤性质、地表特征和气象条件等一系列因素的影响，现有粉尘仪在大风条件下运行又不够稳定，导致野外观测数据的离散性较大。

风蚀与粉尘释放的关系是当前国内外研究的热点（Shao et al.，1996；Alfaro and Gomes，2001），许多研究要求对风蚀量和粉尘释放量进行同步野外观测（Gillette et al.，1997），但传统的被动式集沙仪对风蚀物的采集频率很低，无法与粉尘仪的测量结果进行时间上的匹配，当前的主要解决办法是将被动式集沙仪与电子式集沙仪配合使用（梅凡民等，2006）。被动式集沙仪得到一段时间内总的风蚀量或输沙通量，电子式集沙仪在相同时段测定相对输沙强度的标准曲线，据此计算较短时间内的风蚀量或输沙通量（Van Donk et al.，2003），并将其与粉尘释放观测结果进行匹配。

确定风蚀与粉尘释放关系的另一种方法是使用集沙仪收集风蚀物，然后采用干筛筛分法确定风蚀物的粒度组成。根据风蚀物中的粉尘含量，建立风蚀与粉尘释放之间的关系。对沙漠、戈壁和农田地表在不同摩阻风速下所收集风蚀物样品的干团聚体粒度组成分析的结果表明（图 3-15），三种地表风蚀与粉尘释放的关系差异显著。农田地表不仅风蚀物中 PM_{10} 含量最高，随摩阻风速的增大增长得也最快；沙漠地表风蚀物中 PM_{10} 含量最低，随摩阻风速增长几乎没有变化；戈壁风蚀物中 PM_{10} 含量及其随摩阻风速变化均处在中间水平。

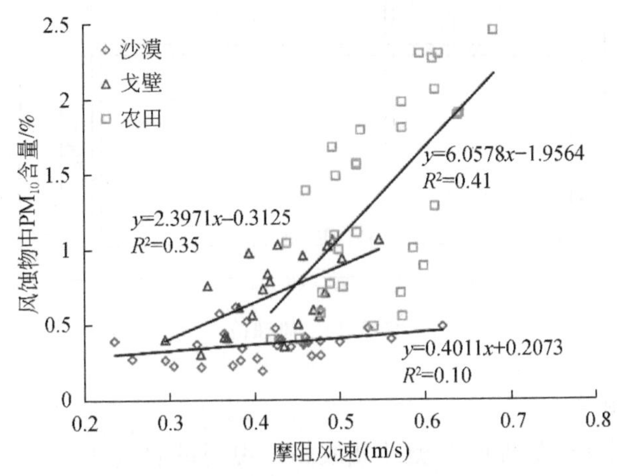

图 3-15　三种地表产生的风蚀物中 PM_{10} 含量及其随摩阻风速的变化

资料来源：Wang et al.，2021

2. 风蚀量野外测量

风蚀量野外测量一般采用插钎法、风蚀桥法、实时动态 GPS 差分定位技术（RTK-GPS）技术、三维扫描测量、集沙仪测量等方法。

1）插钎法

插钎法适用于风蚀与沉积动态变化大的区域，钎子一般由直径为 5mm 的不锈钢做成，钎子上标有刻度。在观测试验开始前布置多个钎子，钎子的数量和布置方法根据观测范围内的地形和计算精度来确定。在观测期内，用前一次钎子在地上部分的余量减去后一次的余量，如果结果为负数，表示地表被吹蚀；反之，则表示地表被堆积，最后换算成单位面积的土壤风蚀量。

2）风蚀桥法

风蚀桥是由断面监测仪改进后用于测定某区域风蚀深度的桥形仪器（图 3-16）。风蚀桥的桥面为宽 2cm、长 100cm、厚 2 ~ 3cm 的金属件，两端的桥腿可为直径 2 ~ 5mm、长

30～40cm 的钢支柱，桥腿长度的一半要打入地面以下。风蚀桥的各部件要求细小光滑，尽可能不扰动气流，保持风沙流平稳掠过桥下，桥面上刻有测量控距刻度（一般间隔 10cm），在风蚀前后分别测量桥面上控距刻度与地面的高度差，计算出平均风蚀深（与插钎法相似）。在观测场内设置多个风蚀桥，确定每个风蚀桥的控制面积和桥面下表土的容重，就能算出风蚀量。

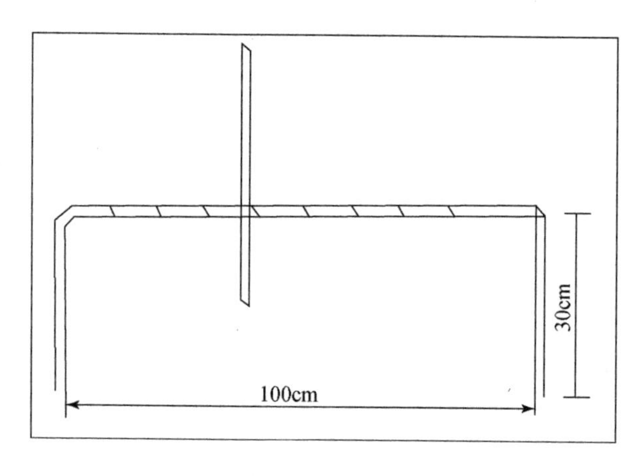

图 3-16　风蚀桥

3）RTK-GPS 测量

RTK-GPS 技术是实时处理两个测站载波相位观测量的差分方法。RTK 测量的基本思想是，将一台 GPS 接收机安置在基准站上，然后让基准站接收机和流动站接收机保持对 5 颗以上卫星的同时跟踪。基准站接收机对所有跟踪卫星进行连续的观测，并将观测数据通过无线电传输设备实时地发送给流动站接收机。流动站接收机则将自己采集的卫星观测数据和接收的来自基准站的数据，根据相对定位原理实时地解算出用户站的三维坐标及精度。RTK 测量分为静态、准动态和动态三种测量模式，风蚀研究中常采用的是准动态测量模式（游智敏等，2004）。

作为典型的研究实例，选择了河北坝上地区康保县农田风蚀严重的两个典型风蚀地块进行了 RTK-GPS 测量研究。根据野外调查，该地块在被开垦为农田之前全部为地形起伏度较小的草地。开垦为农田后，冬、春两季地表失去植被保护，加之同期的干旱大风，表土极易被吹蚀。长期和反复的吹蚀作用导致地面高度不断降低，而用于分割农田的地埂因保留了原来的草原植被，风蚀微弱，农田地表与地埂之间的高差逐渐显现，这种现象在风蚀剧烈的区域最为普遍。测量所采用的 GPS 配置主要包括基准站、移动站、基准站电台和手簿，接收机为两台 Trimble 4700 双频 GPS 接收机，一台安置在基准站，另一台安置在流动站，接收机动态测量水平精度为 10mm+1ppm[①]，垂直精度为 20mm+1ppm。测量时，首先在被测地块外选择一处开阔平坦区域，架设基准站，记录该点的三维坐标，将其作为测区控制点。然后手持移动站在地块内沿风蚀地埂走向以“S”形路线采集地形特征点。由于地埂横剖面近似梯形，通过地埂顶部的两条脊线和底部的两条坡脚线可以很好地反映地埂的三维形态。

基于 RTK-GPS 测量技术和 ArcView GIS 软件空间分析方法，建立了两个地块的 DEM 地貌渲染图（图 3-17）。ArcView GIS 3. 2 表面功能中的 Area and Volume Statistics 命令可以快速计算 DEM 在某一指定高程之上的平面面积（planimetric area）、表面积（surface area）和体积（volume），利用这一功能实现对农田土壤风蚀量的求算。具体地，在面积固定的地块上，将各条地埂顶部横向相连，构成的平面可以被近似地看作原始草原地面，据此计算指定高程以上的体积，记为 V_1；利用农田与地埂的 DEM 数据，计算相同指定高程以上的体积，记为 V_2；V_1和 V_2相减，即该地块自开垦以来被风蚀掉的土壤体积。结合地块面积（S）、开垦年限（T）和土壤容重就可以计算出年均风蚀厚度和风蚀模数：

$$E_{\mathrm{d}}=\frac{V_1-V_2}{ST} \tag{3-30}$$

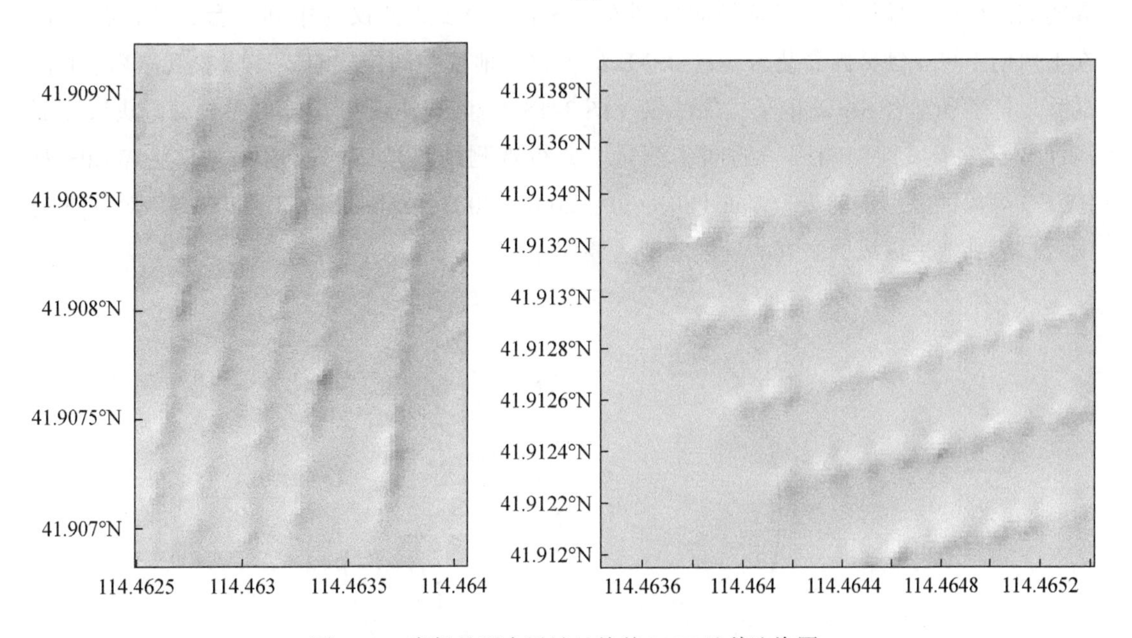

图 3-17　康保县两个风蚀地块的 DEM 地貌渲染图

资料来源：Zhang et al.，2011

① 1ppm=10^{-6}，指距离基准站每超过 1km，误差会增大 10^{-6}km 即 1mm。

式中，E_d为年均风蚀厚度，m；V_1为指定高程以上原始草原的体积，m^3；V_2为相同指定高程以上农田与地埂的体积，m^3；S 为地块面积，m^2；T 为开垦年限，a。计算得两个地块的风蚀速率分别为 60.9t/(hm^2·a) 和 115.8t/(hm^2·a)。根据同期利用^{137}Cs 示踪方法得到的该区农田平均风蚀速率［89.5t/(hm^2·a)］，RTK-GPS 测量得到的个别地块的风蚀速率是非常可靠的。

4）集沙仪测量方法

测量某一地块风蚀量的简单方法是沿风向在地块的上风向边缘和下风向边缘布设两台集沙仪，比较上下风向两台集沙仪输沙量的差异，计算两台集沙仪之间的风蚀量（Bielders et al.，2000）。该方法适用于单一风向下的风蚀量测量。如果风向不稳定，则需要在具有不可风蚀边界的观测场四周分别布设几台集沙仪，通过比较上下风向集沙仪输沙量的差异，计算得到观测场内的总风蚀量（Hupy，2001）。如果需要了解观测场内风蚀量的变化，还需要在场地内增设另外的集沙仪（Sterk and Stein，1997）。

（1）Fryrear 风蚀观测方案。Fryrear 等（1991）在 20 世纪 90 年代提出圆形风蚀观测场，这是风蚀量野外观测的经典方案之一。该方案包括一个直径为 200m 具有不可风蚀边界的圆形地块；地块内沿三条径向分别安装 5 台 BSNE 集沙仪（中间 1 台集沙仪共用）；在上风向不可风蚀区内安装另一台 BSNE 集沙仪；地块中间位置有 1 座气象观测塔、1 台蠕移采样器和 1 台 Sensit 电子式集沙仪（图 3-18）。该野外观测方案实现了对田块尺度下风蚀量及多个风蚀影响因子的同步测量。所得观测结果被广泛应用于 WEQ、WEPS 及 RWEQ 等风蚀模型的验证（Van Pelt et al.，2001，2003；Zobeck et al.，2001），对促进美国及世界其他地区风蚀研究的发展起了重要作用。

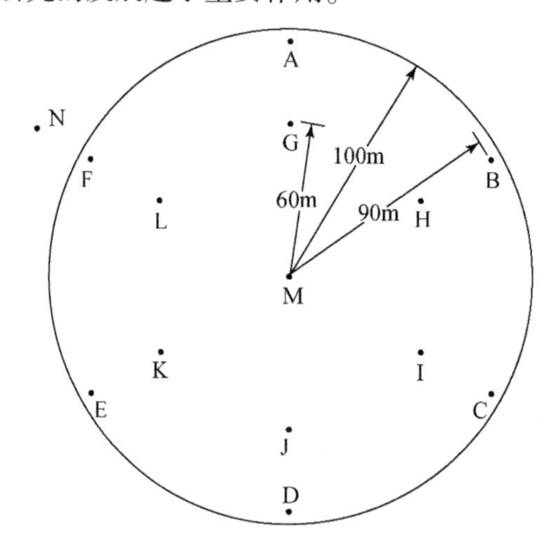

图 3-18　Fryrear 等设计的圆形风蚀野外观测场示意图

资料来源：Fryrear et al.，1991

（2）美国国家风蚀研究网络的风蚀测量方案。圆形地块的优点是任何风向条件下测量的风蚀距离和面积都是一致的，有利于风蚀结果的统计，但是世界上大部分地区的田块都不是圆形的，而是矩形的。很多学者就矩形田块条件下的风蚀量野外观测方案进行了研究，比较了各种集沙仪布设方式的优缺点（Chappell et al.，1996；Chappell et al.，2003）。目前，美国国家风蚀研究网络（the National Wind Erosion Research Network）建立的风蚀野外观测场采用的就是方形田块（Webb et al.，2016）。田块长宽均为 100m，被等分为 9 个约 33m×33m 的小区域。每个区域内随机放置 3 台 MWAC 集沙仪（图 3-19）。每次风蚀测量完成后，通过空间插值方法得到田块内输沙量的空间分布特征，据此不仅能计算田块内的土壤风蚀量，还能详细地了解田块内不同部位的蚀积特征。

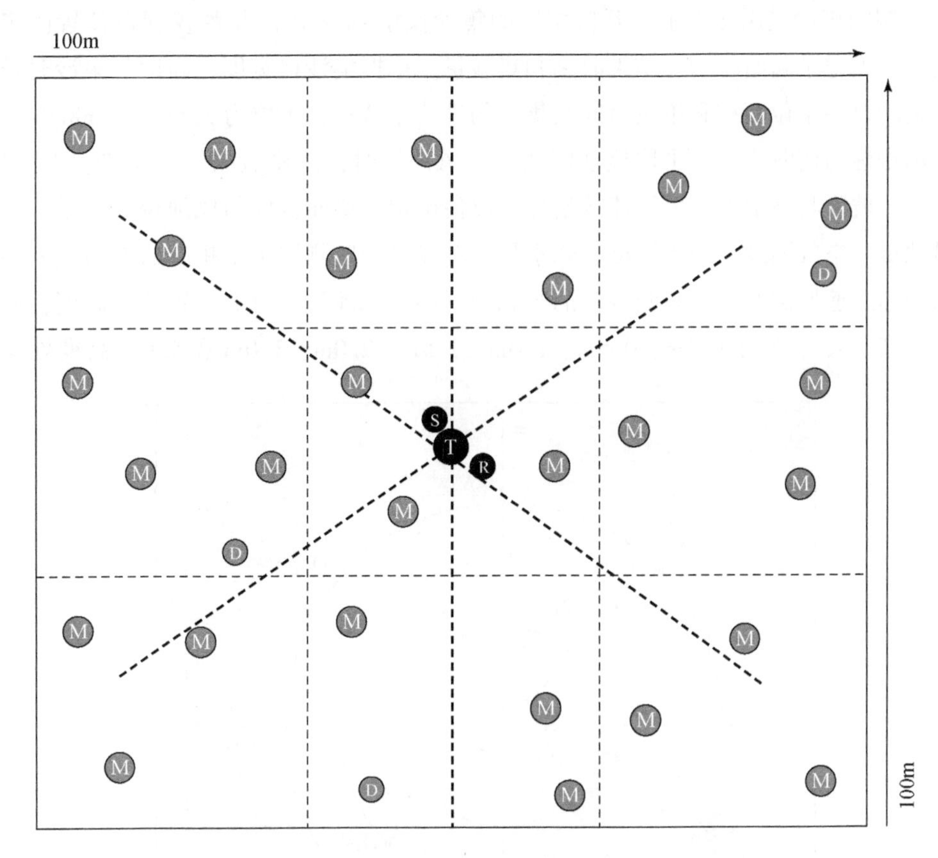

图 3-19　美国国家风蚀研究网络的风蚀野外测量方案

资料来源：Webb et al.，2016

T：10m 高气象观测塔；M：27 台 MWAC 集沙仪；R：雨量器；S：Sensit；D：降尘采集器

（3）风蚀圈方案。风蚀圈监测法由邹学勇等（2017）提出，适用于不同强度土壤风蚀的监测，监测所获风蚀量的理论性强且精度高，但该方法也存有不足，需经过较为复杂的运算才能获得土壤风蚀量数据。

风蚀圈布设。基于不同的观测目的，可于观测场内布置不同数量的风蚀圈，每个观测场风蚀圈的数量最多不超过4个。对于仅设置1个风蚀圈的观测场，需将野外梯度风速仪或自动气象站的测风立杆设于“风蚀圈”中心；对于设置2～4个“风蚀圈”的观测场，需于不同下垫面“风蚀圈”中心布置1个野外梯度风速仪或自动气象站的测风立杆。对于不同面积的观测场，可布设两种规格的“风蚀圈”：第一种规格，每个“风蚀圈”占地尺寸为140m×140m，“风蚀圈”直径为100m；第二种规格，每个“风蚀圈”占地尺寸为100m×100m，“风蚀圈”直径为70m（图3-20）。在“风蚀圈”内沿主风向布设8对野外定位观测集沙仪，“风蚀圈”外围其他6个方位分别设置一对集沙仪。每对集沙仪并列安置，开口方向相反。每对集沙仪编号用（n，$-n$）表示（n=1，2，3，…，14），开口朝向“风蚀圈”外侧的集沙仪用n表示，开口相反的集沙仪用$-n$表示。集沙仪埋设位置固定，风蚀观测时准确记录起始时刻、结束时刻和集沙量，根据集沙口宽度、高度与集沙时长，计算每个集沙口在单位面积和单位时间收集到的平均集沙量，单位为kg/(m^2·min)。

监测指标与监测方法。采取风蚀圈法监测风蚀量时，需要监测气象要素、土壤特性、地表覆被、坡度与微地形、风沙流等指标，以便确定下垫面特性与风蚀量的关系，并准确计算风蚀量。空气温度、地表温度、降水量、蒸发量的监测均满足相应的地面气象观测规范，风向和风速监测在参照观测规范的基础上，结合风蚀监测目的设置监测高度，使用的测风立杆高5m，分别于0.1m、0.5m、1.0m、1.5m、2.0m、3.0m和5.0m高度处安装风

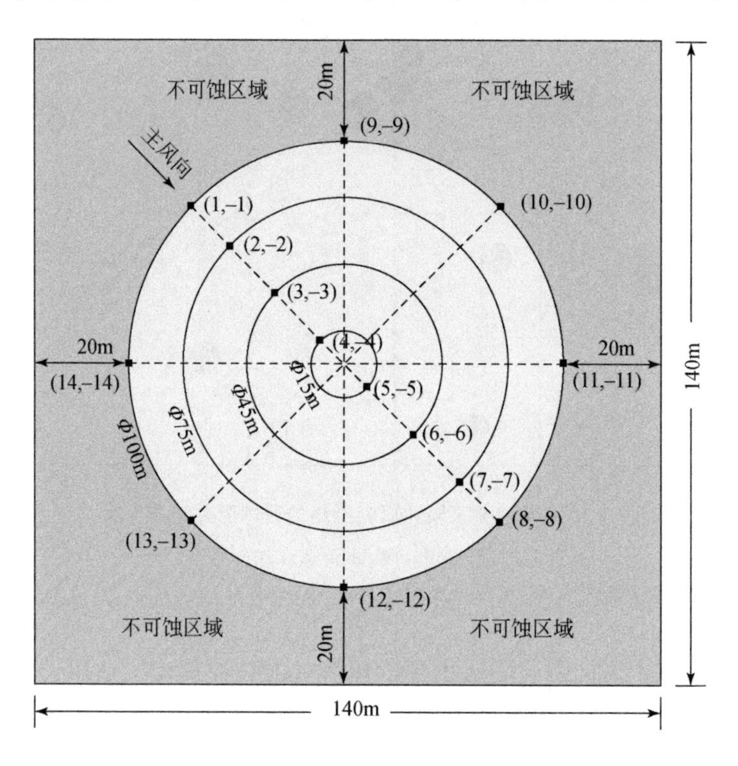

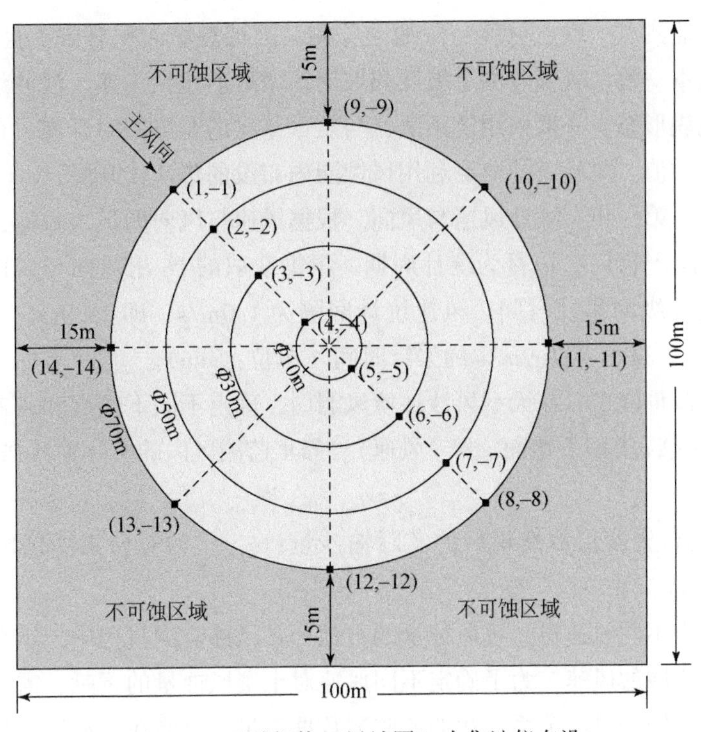

图 3-20 两种规格“风蚀圈”内集沙仪布设

资料来源：邹学勇等，2017

速感应器，并于 5. 2m 高度处安装风向感应器（置于 5. 0m 高度处风杯的立柱顶端），监测结果为 10min 内风速的均值。土壤各理化性质的监测均按照土壤测定的相应规范开展。监测时采集 3 组平行土壤样品，用于测定土壤的机械组成、容重、含水量、有机质含量、碳酸钙含量、水解性氮含量、有效磷含量和速效钾含量等指标，各指标的监测结果取 3 组平行样的算术平均值。机械组成的测定采用振筛-激光衍射法，尽量不破坏团聚体结构。土壤容重和含水量受降水与侵蚀作用的影响明显，每季度监测一次。土壤有机质、碳酸钙、水解性氮、有效磷和速效钾含量每年于风蚀季结束后监测一次，监测的土层深度为 0 ~ 5cm。地表覆被监测包括植被盖度、植株侧影面积、结皮覆盖度及抗剪强度、地表砾石和土块覆盖度。其中，植被盖度监测采用样方随机调查方法，样方点位置与土壤样品采集点位置基本一致，共设 3 个平行样方。植株侧影面积与植被盖度的监测同时开展。结皮覆盖度的监测采取目估法，估算观测场内所有生成结皮的总面积占整个观测场面积的比例（%），监测数据取整数。物理性和生物性土壤结皮厚度的监测工具为游标卡尺，监测地点为观测场的中心及四周顶点，最终结果取 5 个监测点结皮厚度的算术平均值，并记录结皮类型；结皮和无结皮表土的抗剪强度与结皮覆盖度的监测同时进行，监测工具为微型十字板剪切仪。监测时间均为风蚀结束、植被生长最旺盛和风蚀开始的时间。地表砾石和土块覆盖度监测均采用样方法，样方尺寸为 0. 5m×0. 5m，监测时间为每年风蚀季前后，监测位置与土壤结皮监测点一致。坡度与微地形监测，因观测场面积有限，且地面相对平坦，坡向与主风向基本一致，故仅监测总坡度和坡向。微地形包括沟垄、沙波纹、风蚀形成的凹凸不平的微地貌形态，一般采用链条法，与土壤结皮的监测同时开展，最终结果取 5 个监测点的算术平均值。风沙流的监测利用风蚀圈内布设的集沙仪开展。

风蚀量计算。第一步：统计风速与风向。根据风速与风向的记录数据，按照风向共分为 16 组（静风不予统计），以月为统计周期。根据获取的 16 组风向与风速数据，计算每个风向不同风速等级的累计时间。风速统计间隔为 1.0m/s，即<1.0m/s，1.0 ~ 1.9m/s，2.0 ~2.9m/s，…，34.0 ~34.9m/s 的累计时间（单位：min）。

第二步：输沙量修正。在大型风沙环境风洞内，确定不同下垫面和风速条件下的集沙仪集沙效率 Ψ_{ij}（第 i 类型下垫面、第 j 风速）。修正监测区内的实际输沙强度：

$$q_{(n,-n)} = q_{(n,-n)}{}'/\Psi_{ij} \tag{3-31}$$

式中，$q_{(n,-n)}$ 为每台集沙仪被修正后的实际输沙量；$q'_{(n,-n)}$ 为每台集沙仪监测得到的输沙量，kg/(m^2 · min)。

第三步：确定不同风速对土壤风蚀量的贡献。在风蚀监测过程中，半个月或一次强沙尘暴期间会出现不同的风速，为了确定不同风速对土壤风蚀量的贡献，需要确定不同风速与集沙仪监测所得输沙量的关系。初期的监测数据不足，只能在大型风沙环境风洞内测定不同等级风速下集沙仪的集沙量，选择与监测区 5.0m 高度 10m/s 风速为基准的对应风速，确定 $q_{5.5}/q_{10}$，$q_{6.5}/q_{10}$，$q_{7.5}/q_{10}$，…，$q_{9.5}/q_{10}$，…，$q_{34.5}/q_{10}$ 并估算不同等级风速对土壤风蚀量的贡献；待监测数据充足，对此前数据修正后直接使用风蚀圈监测法获得的监测数据计算不同等级风速对土壤风蚀量的贡献。

第四步：输沙率计算。集沙仪监测的是每个集沙腔的集沙量［kg/(m^2 · min)］，且垂直高度不连续。为获得输沙率［kg/(m · min)］，需对监测得到的修正后不同等级风速下集沙腔集沙量进行函数拟合 $q_j = f_j(z)$，而后通过积分获得输沙率 $Q_j = \int_{z=0.01}^{z=2} f_j(z)\,dz$。因为上述拟合函数的曲线两端无限接近横、纵坐标轴，并且该高度范围内风沙流的流量可达总流量的 95% 以上，风沙流的积分高度为［0.01，2］。

第五步：风蚀量计算。根据第四步获得每套集沙仪的输沙通量，计算 8 个方位风蚀量 $Q_{af} = (Q_{-8} - Q_1) + (Q_{-12} - Q_9) + (Q_{-13} - Q_{10}) + (Q_{-14} - Q_{11}) + (Q_{-1} - Q_8) + (Q_{-9} - Q_{12}) + (Q_{-10} - Q_{13}) + (Q_{-11} - Q_{14})$。对于未监测的另外 8 个方位产生的风蚀量，由临近风向的等级风速和持续时间，按比例估算出风蚀量 Q'_{af}，“风蚀圈”内的风蚀总量 $Q = Q_{af} + Q'_{af}$。

3.4 风蚀模拟

能够开展风蚀模拟实验的风洞有室内固定风洞和野外移动风洞两种类型。开展室内固定风洞实验时，从野外采集土样放置到室内固定风洞的实验段内，在风洞内模拟自然界的各种风力，不受气候条件的限制，可在短时间内获得较多的风蚀实验数据。国内拥有风沙环境风洞的单位主要有中国科学院西北生态环境资源研究院、北京师范大学、中国农业大学、兰州大学、内蒙古农业大学、甘肃省治沙研究所等。北京师范大学风洞实验室的综合模拟能力属于国际一流，以此为案例具有代表性。北京师范大学拥有两座直流吹气式风洞实验平台。大型风沙环境工程风洞［图3-21（a）］全长71.55m（包括电机和传动轴），风洞实验段长24m，正常截面为3m（宽）×2m（高），实验风速（2～45m/s）连续可调，在国内同类风洞中所独有的可调顶板，是国内外同类设备试验段截面最大、功能最强的风洞模拟实验平台。中型风洞［图3-21（b）］全长37m（包括电机和传动轴），实验段长16m，横截面为1m（宽）×1m（高），实验风速（2～45m/s）连续可调。

(a)大型风洞（张春来摄）

(b)中型风洞（张峰摄）

图3-21　北京师范大学风沙环境工程风洞

3.4.1　风蚀因子风洞模拟

风蚀影响因子的风洞模拟包括风速、植被、砾石覆盖、农田地表的土块和土垄、土壤质地、土壤含水量等主要因子的模拟。

1. 土壤颗粒特性对输沙率影响的模拟

对于松散干燥土壤，影响风蚀的土壤颗粒特性不仅有输沙模型中常见的颗粒粒径和密度，还有颗粒形状和颗粒分选性等参数。Williams（1964）证明了不同形状的颗粒在风力驱动下跳跃的高度是不同的，并影响到垂向上的风沙传输。在后来的研究中，不仅证实了输沙率受颗粒形状的显著影响，而且发现颗粒密度也是一个不可忽视的因素（Willetts et al.，1982；Willetts，1983）。颗粒分选性由好变差时，输沙率方程的预测能力也逐渐下降（Horikawa et al.，1986），即使在粒径（d）和摩阻风速（u_*）相同的情形下，输沙率差异也非常明显（Sherman et al.，2013）。越来越多的证据表明，土壤颗粒的这些特征参数变化显著影响输沙率，但对此开展的研究还很少（Willetts et al.，1982；Edwards and Namikas，2015），现有的输沙率方程中都没有包括这些参数。因此，有必要建立一个包括土壤颗粒特征参数的输沙率方程，以提高输沙率和风蚀速率的预测精度。

采用两种类型的材料进行风洞吹蚀实验。第一种类型材料是经过筛选的统一粒径的人造球形石英砂颗粒，它们的直径（d）分别为143μm、156μm、239μm、232μm和447μm，颗粒的密度均为2650kg/m^3。第二种类型材料是采自中国北方风蚀区的21个表层土壤，土壤样品的采集深度为0～13cm，自然风干后使用孔径880μm的旋转筛去除不可蚀粗颗粒，使其成为松散的土壤样品。这些松散的土壤样品被划分成6组，每组土壤样品的平均粒径几乎相同，这6组的d分别为（99±4）μm、（149±6）μm、（204±3）μm、（246±3）μm、（271±2）μm和（322±3）μm。

土壤颗粒的尺寸很小，难以直接测量它们的三维形状数据，因此使用S-4800FE型扫描电镜（Hitachi Ltd）对土壤样品颗粒进行图像拍摄（图3-22）。颗粒放大倍率根据颗粒大小而定，拍摄到的土壤颗粒数目大于1200个，以满足最小样本容量。本书使用上海长方（集团）股份有限公司生产的MiVnt显微颗粒分析软件，获得每个颗粒的二维形状参数，包括长轴、短轴、投影面积、粒子的等效圆直径、圆度（投影面积与相同周长圆面积之比）等。假设粒子近似三轴椭球体，即长轴L、中轴I和短轴S（Sneed and Folk，1958），根据物体处于稳定状态的常识，从二维图像获得的颗粒的短轴实际上是颗粒的中轴。参考海岸沙、沙丘沙和河流沙的$L:I:S$数据（Sneed and Folk，1958；Willetts et al.，

图 3-22 供试样品平均粒径和显微扫描电镜（S-4800FE，Hitachi Ltd）下的颗粒形状

1982；Willetts，1983），获得颗粒短轴数据，并按照 Sneed 和 Folk（1958）的定义，计算得到这 21 个土壤样品颗粒的球形度（s_p），这里 $0<s_p\leq1$。

土壤颗粒密度（ρ_p）采用体积置换法测量，该方法测得土壤颗粒的 ρ_p 与国际标准 ISO/TS 17892-3-2004 测得的土壤颗粒的 ρ_p，两者相对误差在±2%以内（Ma et al.，2014）。体积置换法的实验步骤如下：①用 0.001g 精度的电子天平称量一个最大量程 200ml 的量筒的质量（m_1），之后将 150g 土壤样品装入量筒中，再向量筒中缓慢注入蒸馏水，直到量筒中的蒸馏水面达到 200ml 刻度线，目的是将土样中的气体排出，并称量此时量筒、土壤样品和蒸馏水的总质量（m_2）。②将 150g 同种土壤样品装入一个干净的铝盒，并称量其质量。然后，将装有土壤样品的铝盒放入烘箱，经过 105℃烘干 24h 后，再称量质量。这两次称量的质量之差为干土质量（m_3）。③计算土壤颗粒密度：$\rho_p=m_3/[200-(m_2-m_1-m_3)/\rho_w]$，式中，$\rho_w$ 为水的密度，约为 $1g/cm^3$。④按照上面的步骤重复三次实验，取平均值作为土壤颗粒的 ρ_p。21 个土壤样品的密度、颗粒形状参数见表 3-4。

表 3-4 21 个土壤样品的密度、粒径和形状参数

粒径分组	样品编号	平均粒径 (d)/μm	分选系数 (σ)	球形度 (s_p)	密度 (ρ_p)/ (kg/m^3)	$C_{proj}^{3/2}$
1	S1	95	1.06	0.64	2340	1.42
	S2	98	1.17	0.63	2500	1.44
	S3	101	1.60	0.59	2340	1.54
	S4	102	1.44	0.61	2290	1.48

续表

粒径分组	样品编号	平均粒径 $(d)/\mu m$	分选系数 (σ)	球形度 (s_p)	密度 $(\rho_p)/(kg/m^3)$	$C_{proj}^{3/2}$
2	S5	143	2.15	0.62	2280	1.47
	S6	147	1.79	0.60	2390	1.50
	S7	150	1.51	0.65	2380	1.39
	S8	155	1.51	0.62	2460	1.45
3	S9	201	2.22	0.53	2420	1.71
	S10	202	1.26	0.61	2430	1.48
	S11	204	1.60	0.61	2350	1.48
	S12	207	0.57	0.63	2520	1.43
4	S13	243	0.65	0.64	2560	1.42
	S14	244	1.71	0.62	2090	1.47
	S15	247	0.67	0.64	2520	1.42
	S16	248	1.85	0.60	2180	1.51
5	S17	270	1.82	0.63	2400	1.44
	S18	271	1.36	0.53	2390	1.72
	S19	273	1.89	0.58	2310	1.58
6	S20	319	1.39	0.61	2280	1.47
	S21	324	0.92	0.62	2550	1.47

注：C_{proj}为非球体颗粒的阻力系数。

资料来源：Zou et al.，2022。

建立包含土壤颗粒分选性、密度和形状参数的输沙率方程的步骤如下。

第一步，将 Lettau 和 Lettau（1978）方程作为输沙率基本方程：

$$q=C'(d/D)^{0.5}\rho_g u_*^2(u_*-u_{*t})/g \tag{3-32}$$

式中，q 为输沙率，kg/(m·s)；$D=250\mu m$，为参考粒径；d 为平均粒径；ρ_g为空气密度；u_{*t}为临界摩阻风速；g 为重力加速度；C'为经验系数。

第二步，使用5个粒径均一的人造球形石英砂样品（样品的 d、ρ_p和s_p相同），建立粒径均一的输沙率与$\rho_g u_*^2(u_*-u_{*t})/g$ 之间的关系。根据风洞实验结果，式（3-32）中 d/D 的幂指数为0.75，其比0.5 更准确地预测了标准石英砂的输沙率，因此将式（3-32）改写为

$$q=C'(d/D)^{0.75}\rho_g u_*^2(u_*-u_{*t})/g \tag{3-33}$$

第三步，基于土壤颗粒的阻力系数，引入颗粒形状参数——球形度（s_p）。颗粒的平均阻力系数（C_D）是决定特定风力能够携带的颗粒量（q）的关键因素，即 C_D越小，q 越大。颗粒对风的阻力 $F_D \propto C_D$，并且 $F_D \propto u_*^2$，而 $q \propto u_*^3$（Bagnold，1941；Kawamura，1951；Zingg，1953；Owen，1964；Lettau and Lettau，1978；Sørensen，2004；Durán et al.，2011；

Kok et al., 2012)。对于体积相同的颗粒，球体的阻力系数（C_{sphere}）小于任何一种非球体颗粒的阻力系数（C_{proj}）。这意味着，在 d 相同的情况下，颗粒的形状越接近球形，q 越大。因此，可以推断 $q \propto 1/C_{proj}^{3/2}$。根据任珊（2011）对非球形颗粒阻力系数的计算公式 [$C_{proj}=1+0.7\ (A_{surf}^*-1)^{1/2}+2.4\ (A_{surf}^*-1)$]，计算了 21 个土壤样品土壤颗粒的 C_{proj} 和 $C_{proj}^{3/2}$（表 3-4），这里的 A_{surf}^* 是非球体颗粒表面积与其等体积球体表面积之比。统计结果表明，$C_{proj}^{3/2}$ 与 s_p 之间的关系为

$$C_{proj}^{3/2}=a+bs_p^n \tag{3-34}$$

根据 21 个土壤样品得到的 a、b 和 n 分别为 0.6858、0.3135 和 −1.8878。式（3-33）改写为

$$q=C_1\frac{(d/D)^{0.75}\rho_g u_*^2(u_*-u_{*t})}{(a+bs_p^n)g} \tag{3-35}$$

式中，C_1 为仅包含σ和 ρ_p 两个变量的待定参数。由于式（3-35）中的 n 为负数，q 与 s_p 实际上存在正相关关系。

第四步，查明颗粒分选系数σ对输沙率的影响。σ对输沙率的影响是复杂的，至今没有达成共识。因此，挑选了球形度和密度相近的 9 个土壤样品的数据进行尝试性分析，这 9 个样品的 s_p 介于 0.59 ~ 0.62，ρ_p 介于 2180 ~ 2430kg/m^3。结果显示，C_1 随σ增大有增大的趋势。借鉴 $C_1 \propto (d_{60}/d_{10})^m$（$d_{60}$ 和 d_{10} 分别表示累积频率为 60% 和 10% 对应的粒径）(Horikawa et al., 1983)，同时考虑到σ≥0（当颗粒直径完全相同时，σ=0），因此用 $C_1 \propto (1+\sigma)^m$ 的形式。式（3-35）改写为

$$q=C_2\frac{(d/D)^{0.75}(1+\sigma)^m\rho_g u_*^2(u_*-u_{*t})}{(a+b\ s_p^n)g} \tag{3-36}$$

式中，C_2 为仅包含 ρ_p 一个变量的待定参数。

第五步，确定颗粒密度对输沙率的影响。对于相同体积和形状的颗粒，颗粒的密度越大，越难被风起动（Bagnold, 1941; Iversen and White, 1982; Kok et al., 2012; Shao, 2008）。在低风速情况下，较大密度颗粒的输沙率明显小于较小密度颗粒的输沙率，较高风速情况下则相反（王乐，2014；Willetts, 1983）。当风速很大时（$u_*=0.91$m/s），颗粒的密度对输沙率的影响将逐渐消除（Fenton et al., 2017）。选择能够表达颗粒密度对输沙率这种影响规律的简单形式：$q \propto e^{\rho_p/\rho_{max}-1}$，并据此将式（3-36）改写为

$$q=C\frac{(d/D)^{0.75}(1+\sigma)^m e^{\rho_p/\rho_{max}-1}\rho_g u_*^2(u_*-u_{*t})}{(a+b\ s_p^n)g} \tag{3-37}$$

为了确定方程中的参数，使用专门针对非线性复杂模型参数估算求解的综合优化分析软件 1stOpt 1.5（7D-Soft High Technology Inc.），对式（3-37）进行优化拟合。结果显示，式（3-37）中的 $C=6.7093$，$m=1.4159$，RMSE 为 0.0384，残差平方和（SSE）为

0.2473，R^2为0.78，F统计值为581.10。当显著性水平$\alpha=0.01$，自由度（21-2-1）为18时，相关系数检验临界值$R^2_{\alpha=0.01}$（2，18）=0.56，$R^2>R^2_{\alpha=0.01}$（2，18）。显著性水平$\alpha=0.01$时的F检验临界值$F_{\alpha=0.01}$（2，18）=6.01，$F>F_{\alpha=0.01}$（2，18），可见该方程是可靠的。同时发现，式（3-37）中的C与Lettau和Lettau（1978）建议的C几乎一样。因此，确定式（3-37）为综合考虑颗粒密度、球形度、分选性的新输沙率方程，其被重写为

$$q=6.71\frac{(d/D)^{0.75}(1+\sigma)^{1.4159}\mathrm{e}^{\rho_p/2650-1}\rho_g u_*^2(u_*-u_{*t})}{(0.6858+0.3135s_p^{-1.8878})g} \tag{3-38}$$

2. 植被覆盖地表的空气动力学特性模拟

1）空气动力学参数模拟

植被覆盖地表的空气动力学参数主要包括空气动力学粗糙度和零平面位移等（Kang et al.，2019）。植株模型用塑料材料专门加工，具有一定柔韧性，近似真实植株，高度分别为35mm、61mm、90mm、124mm和153mm（图3-23）。实验在北京师范大学房山综合实验基地的中型风沙环境风洞内进行，植被层以上风速廓线采用皮托管测量。在中性稳定条件下，植被地表上植被层以上区域风速廓线可表示为式（3-5），式中，$u(z)$为高度z处的风速，z_0和h分别为地表空气动力学粗糙度和零平面位移，u_*为摩阻风速，k为冯卡门常数（$k=0.4$）。为了获得较准确的地表空气动力学粗糙度z_0和零平面位移h的数值，摩阻风速通过总剪应力的实测数据进行计算，即$u_*=\sqrt{\tau/\rho_g}$，其中τ为植被地表上总剪应力，ρ_g为空气密度（1.2kg/m^3）。由于式（3-5）仅适用于惯性子层，而不适用于粗糙子层（包括植被层顶部及其附近区域），因而，这里的参数z_0和h通过对大于1.2倍植株高度以上区域的风速廓线数据进行拟合得到。

(a)H_0=35mm

(b)H_0=61mm

(c)H_0=90mm

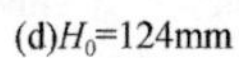

(d)H_0=124mm

(e)H_0=153mm

图 3-23　静止状态下植株模型（H_0为静止状态下植株高度）

资料来源：Kang et al.，2018

空气动力学粗糙度随摩阻风速的变化如图 3-24 所示，图中 n 为植株密度。在不同的植株高度和密度下，空气动力学粗糙度一般随摩阻风速的增大而减小，这是由于风速增大时，柔性植株冠层上表面随风变形，变得更加光滑。在同一植株高度类型下，空气动力学粗糙度随植株密度的增大而增大，而对于同一植株密度下，空气动力学粗糙度也随植株高度的增大而增大，这与植株周围气流场变化有关，植株高度和植株密度的增大使植被地表在物理上更加粗化，导致气流湍流增强，进而空气动力学粗糙度增大。

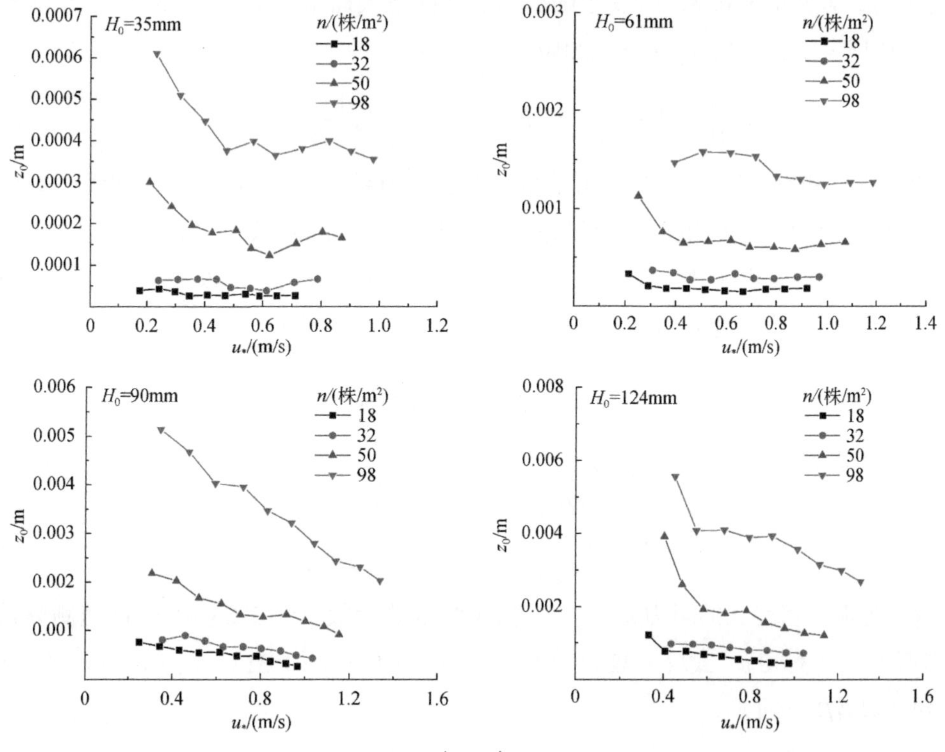

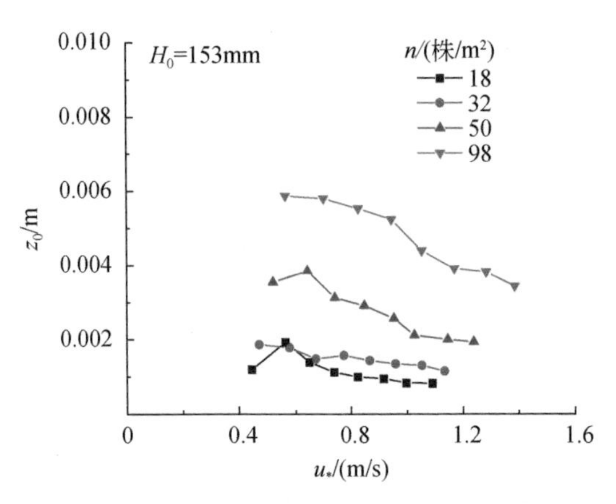

图 3-24　空气动力学粗糙度随摩阻风速的变化

资料来源：Kang et al.，2019

零平面位移与植株高度 H 之比（h/H）和空气动力学粗糙度与植株高度 H 之比（z_0/H）随侧影盖度的变化如图 3-25 所示。由于摩阻风速的影响，h/H 的数据比较分散，但总体上，h/H 随侧影盖度的增大而增大，h/H 与侧影盖度的对数基本呈线性关系，如式（3-39）所示：

$$\frac{h}{H}=0.99+0.10\ln\lambda \quad (0.003<\lambda<0.18) \tag{3-39}$$

由于侧影盖度小于 0.2，z_0/H 也随侧影盖度的增大而增大。图 3-25 中 z_0/H 随侧影盖度的变化模型表示为（Kang et al.，2019）

$$\frac{z_0}{H}=\left(1-\frac{h}{H}\right)\exp(\Psi_H)\exp\left[-k\left(C_{\mathrm{dR}}\frac{1+\beta\lambda}{\beta}\right)^{-0.5}\right] \tag{3-40}$$

式中，β 为孤立粗糙元阻力系数与无粗糙元地表阻力系数的比值；Ψ_H 为廓线影响函数或粗糙子层影响函数，表征粗糙子层风速廓线对惯性子层的对数律风速廓线［式（3-5）］的偏离，它的出现是由于式（3-5）在粗糙子层（包括植被层顶部及其附近区域）内不再适用，因而，在植株高度 H 处风速 u_H 被表示为（Raupach，1992）

$$u_H=\frac{u_*}{k}\left[\ln\left(\frac{H-h}{z_0}\right)+\Psi_H\right] \tag{3-41}$$

C_{dR} 为粗糙元阻力系数，表示为

$$C_{\mathrm{dR}}=\begin{cases}C_{\mathrm{R0}} & (\lambda\leqslant\lambda_{\mathrm{c}})\\ C_{\mathrm{R0}}(\lambda/\lambda_{\mathrm{c}})^{-\alpha} & (\lambda>\lambda_{\mathrm{c}})\end{cases} \tag{3-42}$$

式中，C_{R0} 为孤立粗糙元的阻力系数；λ_{c} 和 α 为常数参数。图 3-25 中 z_0/H 随侧影盖度的变化模型［式（3-40）~式（3-42）］中各参数取值为 $\Psi_H=0.318$，$C_{\mathrm{R0}}=0.45$，$\lambda_{\mathrm{c}}=0.01$，$\alpha=0.29$，以及 $\beta=194$。

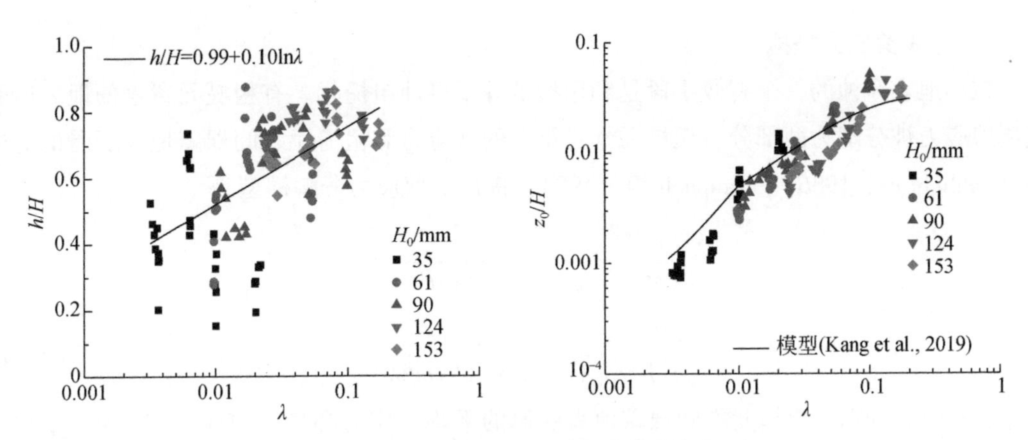

图 3-25　h/H 和 z_0/H 随侧影盖度的变化

资料来源：Kang et al.，2019

植被地表 h/H 和 z_0/H 数据与已有文献的比较如图 3-26 所示。在相同的侧影盖度下，柔性植被地表的空气动力学粗糙度与植株高度之比小于刚性粗糙元地表（如圆柱、方柱、立方体）。在较小的侧影盖度（小于 0.04）下，柔性植被地表的零平面位移与植株高度之比大于刚性粗糙元地表，而在较大的侧影盖度下，二者零平面位移比较接近。与刚性粗糙元相比，在相同的侧影盖度下，植株模型的柔韧性及多孔不规则的结构，会吸收更多气流动量，导致其对数律风速廓线会向上移动到较高位置，从而具有较高的 h/H 数值。但在较高的侧影盖度下（大于 0.04），近地表气流可能变为充分尾涡干扰状态下的流动，此时，柔性植株和刚性粗糙元地表上的 h/H 数值会比较接近。由式（3-40）可知，如果 h/H 数值较大，那么 z_0/H 数值会减小。

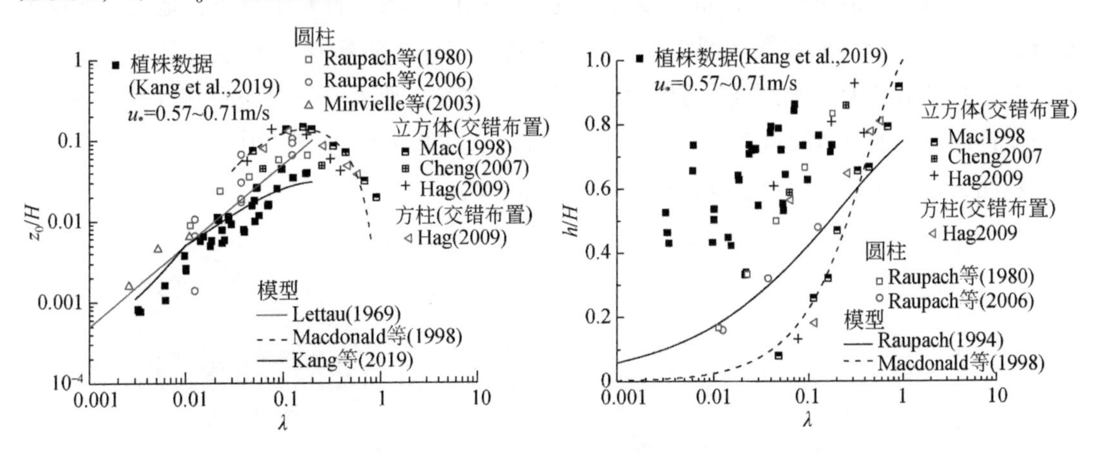

图 3-26　植被地表 h/H 和 z_0/H 数据与已有文献的比较

资料来源：Kang et al.，2019

Mac1998、Cheng2007 和 Hag2009 分别表示文献 Macdonald 等（1998）、Cheng 等（2007）和 Hagishima 等（2009）

2）地表剪应力模拟

减小地表风蚀的一个有效手段是利用植被等不可蚀粗糙元。有粗糙元覆盖的地表所受气流剪应力被分解为两部分：粗糙元本身承受的剪应力和粗糙元之间裸露地表所受的剪应力（Schlichting，1936）。Raupach 等（1993）提出的剪应力分解模型为

$$\left(\frac{\tau_s'}{\tau}\right)^{\frac{1}{2}}=\left[\frac{1}{(1-\sigma\lambda)(1+\beta\lambda)}\right]^{\frac{1}{2}} \tag{3-43}$$

$$\left(\frac{\tau_s''}{\tau}\right)^{\frac{1}{2}}=\left[\frac{1}{(1-m\sigma\lambda)(1+m\beta\lambda)}\right]^{\frac{1}{2}} \tag{3-44}$$

式中，τ_s'和τ_s''分别为粗糙元之间裸露地表受风的平均剪应力和最大剪应力；τ 为整个粗糙地表所受的总剪应力；σ 为粗糙元底面积和迎风面积之比；β 为孤立粗糙元阻力系数与无粗糙元地表阻力系数的比值；λ 为植被侧影盖度；m 定义为 $\tau_s''(\lambda)=\tau_s'(m\lambda)$，其值小于等于 1。

在以前的许多研究中，植株被简化为圆柱、长方体等刚性粗糙元，不能很好地体现多孔和不规则的柔性植株的材料力学特征，导致剪应力分解模型中的参数不适用于植株粗糙元。为了使植株模型与真实植株在材料力学特性和形状等方面相似，可以使用由塑料材料专门制成的植株模型（张军杰，2017；Kang et al.，2018）。塑料植株模型具有一定柔韧性，近似真实植株，高度分别为 3.5cm、6.1cm、9.0cm、12.4cm 和 15.3cm（图 3-23）。实验在北京师范大学房山综合实验基地的中型风沙环境风洞内进行。在距风洞实验段入口 5m 处开始设置长 8m、宽 1m 的模拟植被区，植被区内植株呈交错布置。在模拟植被区下风向约 6m 处布置皮托管风速仪。植株密度设为 18 株/m^2、32 株/m^2、50 株/m^{2}和 98 株/m^{2}共四个等级。来流风速（0.3m 高度处）为 3.7～16.5m/s。针对植被覆盖地表的剪应力测量，设计了两套实验方案（图 3-27）：一是测量植株之间暴露地表剪应力分布实验方案，二是测量植被覆盖地表的总剪应力实验方案。在暴露地表剪应力分布测量中，使用了专门设计的地表剪应力测量系统（张军杰，2017）。在总剪应力测量中，设计了浮动单元系统和测力系统相结合的测量设备与相应的测量方法。

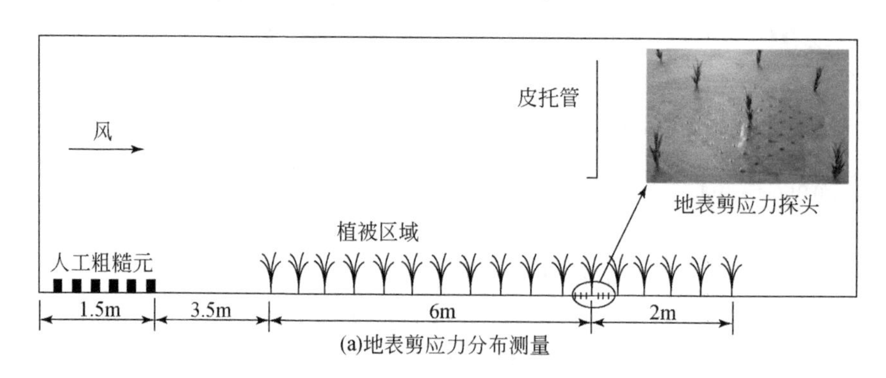

(a)地表剪应力分布测量

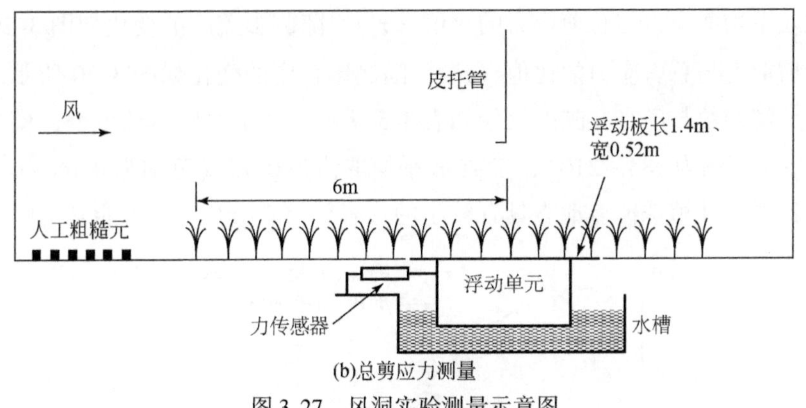

图 3-27　风洞实验测量示意图

资料来源：Kang et al.，2018

植株周围暴露地表的剪应力空间分布测量结果显示（图 3-28），沿来流方向，植株前后方一般出现剪应力低值区，植株两侧出现剪应力高值区，这是由于植株侧向气流加速、而植株前方气流滞止、后方气流分离。随着植株密度的增加，地表剪应力减小。

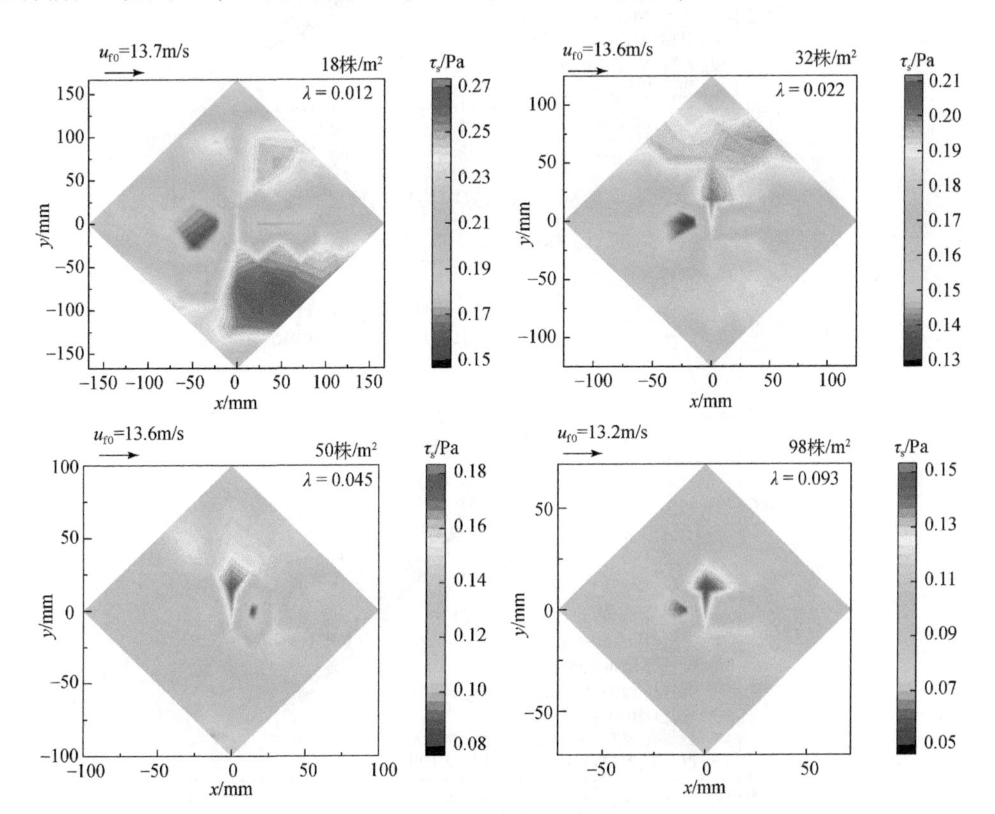

图 3-28　地表剪应力空间分布

资料来源：Kang et al.，2018

植株高度 9.0cm，位于（0，0）位置；u_{f0}为 0.3m 高度处风速；τ_s为地表剪应力暴露地表平均剪应力与总剪应力的比值 $(\tau_s')^{1/2}$ 随侧影盖度的变化如图 3-29 所示。暴露地表最大剪应力与总剪应力的比值 $(\tau_s'')^{1/2}$ 随侧影盖度的变化如图 3-30 所示。植株模型所得剪应力分解参数与已有文献的比较如表 3-5 所示。对于柔性植株模型，模型参数 β 平均取值为 195（范围为 184 ~ 210），参数 m 平均取值为 0.75（范围为 0.68 ~ 0.79）。与其他粗糙元相比，柔性植株覆盖地表具有较小的 $(\tau_s')^{1/2}$ 和 $(\tau_s'')^{1/2}$，可能是与刚性无孔粗糙

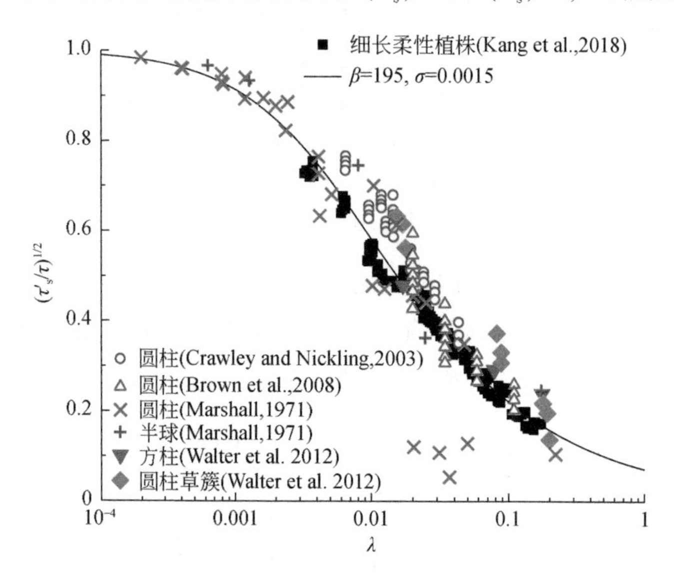

图 3-29　暴露地表平均剪应力与总剪应力的比值随侧影盖度的变化

资料来源：Kang et al.，2018

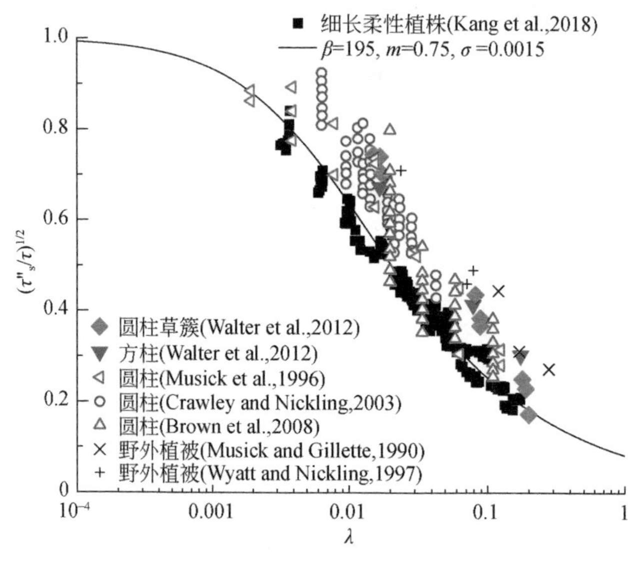

图 3-30　暴露地表最大剪应力与总剪应力的比值随侧影盖度的变化

资料来源：Kang et al.，2018

元相比，在相同侧影盖度条件下，柔性植株在风中的摆动及其不规则的结构使植株能够吸收更多的气流动量，导致较小的（τ'_s）$^{1/2}$值。另外，与植株模型的冠幅相比，底面积相对很小，即σ很小，导致气流在植株两侧绕流的加速作用较弱，因而在暴露地表上产生较小的最大剪应力。这些现象均暗示植株模型具有较大的阻力系数、较大的β及较大的m（表3-5）。底面积和迎风面积之比（σ）在一定程度上能反映粗糙元形状的影响，如σ一般与纵横比（粗糙元的高度与宽度之比）成反比。根据 Crawley 和 Nickling（2003）的研究，圆柱体粗糙元的σ越大，β越小。从表3-5还可看出，剪应力分解模型中的参数β和m受到不同类型粗糙元的影响。为了利于实际应用，未来需要建立包含尽可能多的不同类型粗糙元的剪应力分解模型参数数据库。

表 3-5　植株模型所得剪应力分解参数与已有文献的比较

粗糙元类型	β	m	σ	λ
圆柱状草簇（Walter et al.，2012）	93	0.71±0.08	0.125	0.017～0.200
方柱（Walter et al.，2012）	137	0.48±0.07	0.5	0.017～0.176
圆柱（Crawley and Nickling，2003）	127～149	0.48～0.62	0.52～1.57	0.0064～0.0434
圆柱（Brown et al.，2008）	158～248	0.37～0.58	0.5	0.02～0.11
石炭酸灌木（Wyatt and Nickling，1997）	202	0.16	1.421～1.474	0.024～0.079
野生豆科灌木占优势的群落（King et al.，2006）	82～171	0.19～0.28	2.5～5.33	0.0476～0.0628
柔性植株（Kang et al.，2018）	184～210	0.68～0.79	0.001～0.007	0.0032～0.176

资料来源：Kang et al.，2018。

参数m在描述地表剪应力最大值与平均值之间的关系时，需要精确测量地表剪应力的空间分布，这不便于实际应用。一个替代方法是直接将地表最大剪应力和地表平均剪应力的关系表示为如下线性关系（Walter et al.，2012）：

$$\tau''_s = a\tau'_s \tag{3-45}$$

式中，a为比例系数。由地表最大剪应力与平均剪应力的关系曲线（图3-31）可知，对于柔性植株模型，地表最大剪应力与平均剪应力的比值为1.07～1.54（适用植被侧影盖度范围为0.0032～0.176）。然而，Walter 等（2012）对圆柱状草簇和刚性方柱的研究表明，该比值与侧影盖度无关，仅与粗糙元类型有关。上述五种植株模型的a值的平均值分别为1.24、1.23、1.29、1.27和1.26，小于圆柱状草簇的a值（1.36～1.39）及刚性方柱的a值（1.57～2.00）（Walter et al.，2012），也小于刚性圆柱的a值（1.345）（Crawley and Nickling，2003）。与刚性圆柱和方柱相比，植株模型的不规则结构和摆动可能导致其周围产生较弱的气流分离，而且较小的σ值使植株两侧气流加速作用也较弱，因而具有较小的a值。

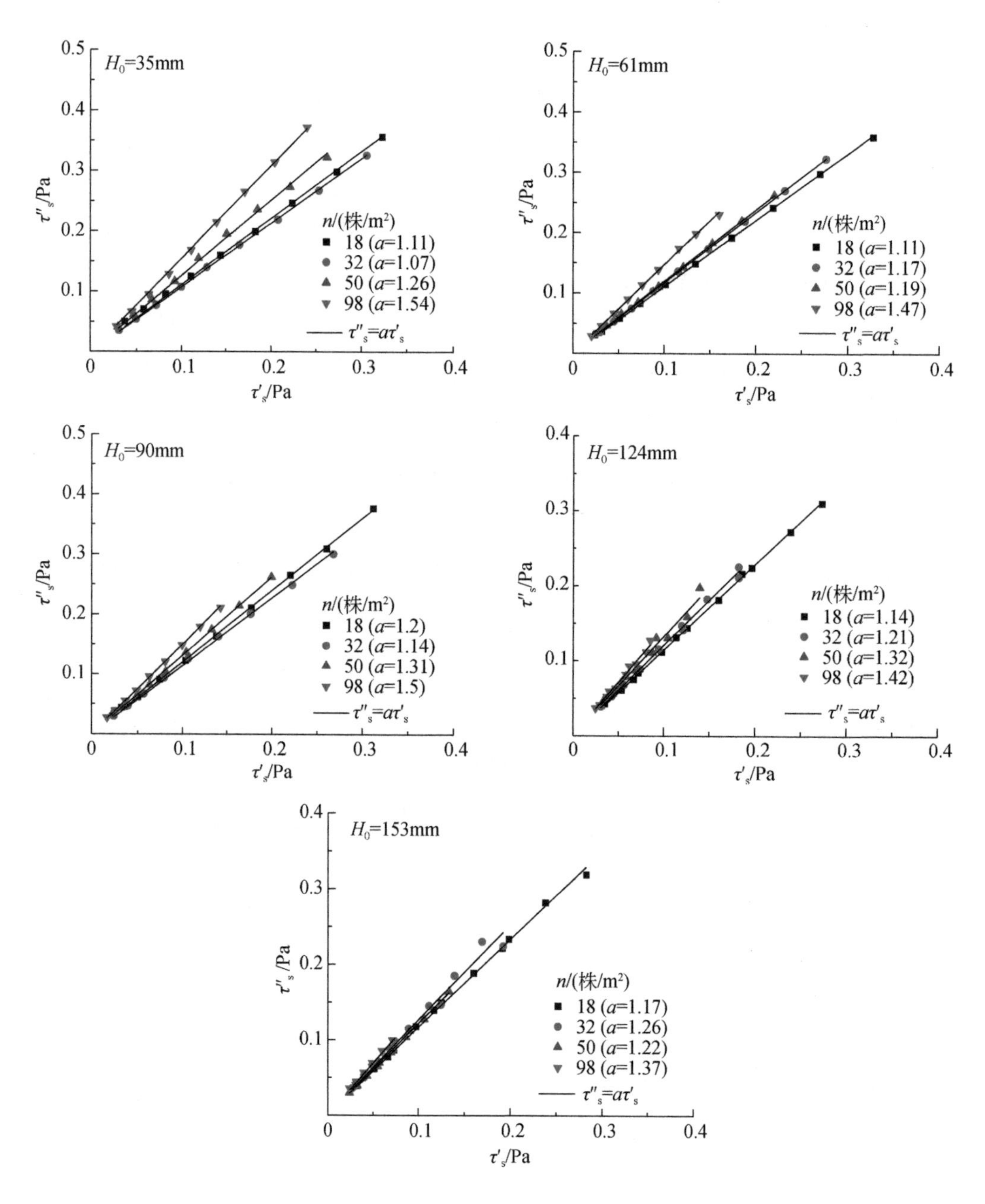

图 3-31　地表最大剪应力与平均剪应力的关系曲线

资料来源：Kang et al.，2018

3. 砾石覆盖对贴地层气流场和风蚀影响的模拟

砾石模型使用外径分别为 1.6cm、2.0cm、3.15cm、4.0cm、5.0cm 的 PVC 管，均匀切割为 1.0cm 高的圆环，内部填充水泥砂浆，制作成直径（D_G）分别为 1.6cm、2.0cm、

3.15cm、4.0cm 和 5.0cm，高度（H）均为 1.0cm 的圆柱状砾石模型。利用这五种直径的砾石模型，设置 5.0%、10.0%、20.0%、30.0% 和 40.0% 共五个覆盖度（GC），以“品”形进行铺设（图 3-32）。

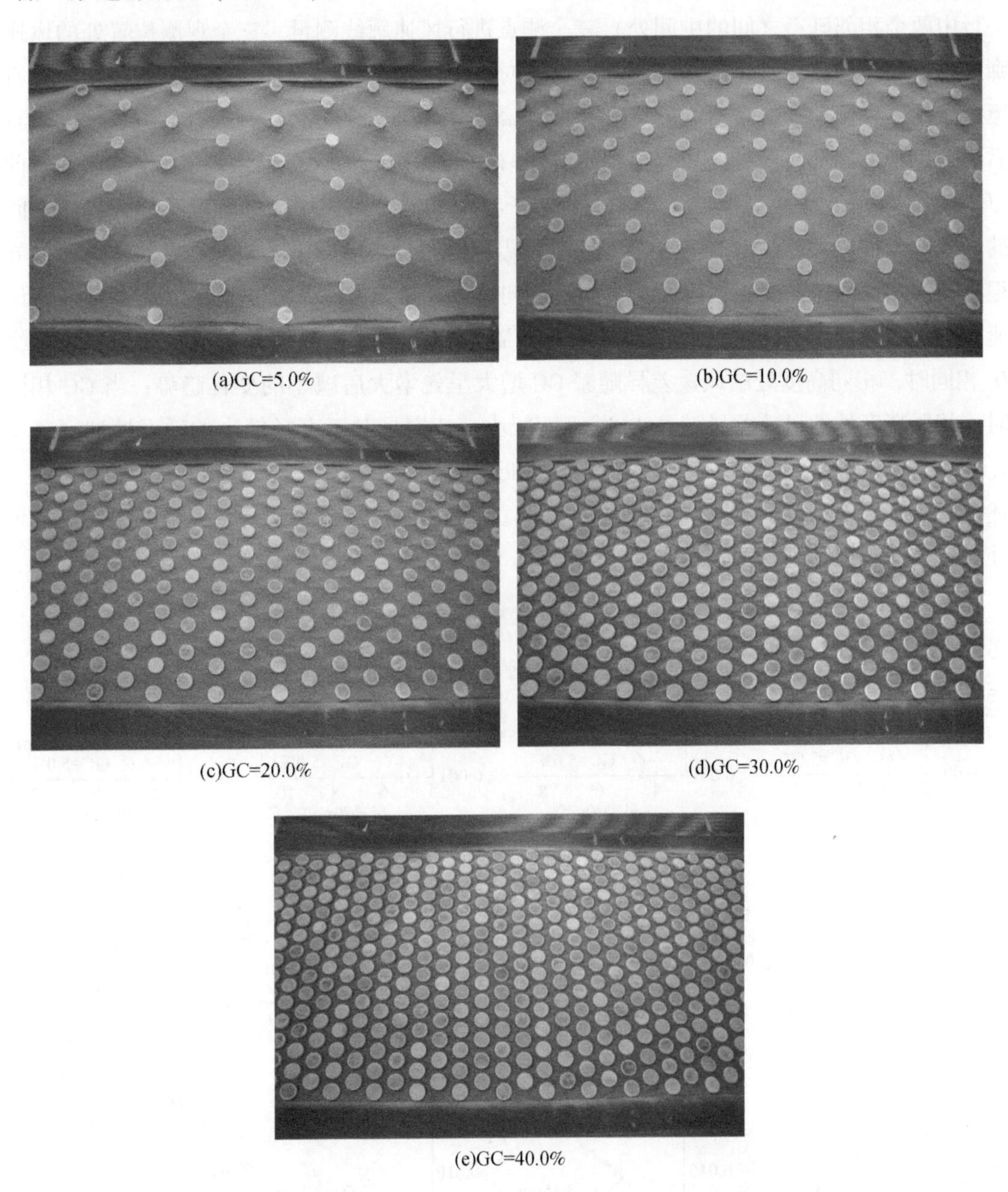

(a)GC=5.0%　(b)GC=10.0%　(c)GC=20.0%　(d)GC=30.0%　(e)GC=40.0%

图 3-32　砾石覆盖（以 D_G=5.0cm 砾石为例）风洞模拟实验中的床面布置（邹学勇供图）

1）砾石覆盖地表贴地层气流场特征

在砾石模型周围设定“砾石前”（测点位于砾石上风向正前方、两行砾石间中点处）、“砾石后”（测点位于砾石下风向正后侧、两行砾石间中点处）和“砾石间”（测点位于同一行中两个相邻砾石之间的中间处）三个测点进行风速廓线测量。三个观测位置处的风速廓线均由一个偏离对数律的部分和一个符合对数律的部分构成（图 3-33）。在相同的砾石覆盖条件下，风速廓线转折高度（z_*）以下部分的弯曲程度表现为砾石间<砾石前<砾石后，z_*以下的同一高度处的风速呈现砾石间>砾石前>砾石后，z_*值表现出砾石间<砾石前<砾石后。当来流摩阻风速 $u_{*\infty}$增大时，由于各个高度的风速增大的程度不同，各测点间的风速差异被放大。当 GC=5% 时，多数情况下，在 z_*高度以下的相同高度处的风速差异很小，各测点的风速在 1 倍砾石高度附近趋向一致。随着 GC 增大，z_*值和 z_*高度以下风速廓线的弯曲程度也随之增大，这意味着 z_*高度以下的相同高度处的风速差异变大。当 D_G相同时，相同高度处的风速差异随着 GC 增大呈先增大后减小的变化趋势；当 GC 相同时，相同高度处的风速差异随着 D_G减小而减小。特别是对于直径较小的砾石模型（D_G = 1.6cm 和 2.0cm），当 GC=40% 时，砾石后和砾石间两个位置处的风速廓线几乎重合。上述现象意味着砾石周围不同位置处的 z_*值受 GC 和 D_G 的影响十分复杂，难以用某一位置处的风速廓线表示砾石覆盖地表的平均状况。

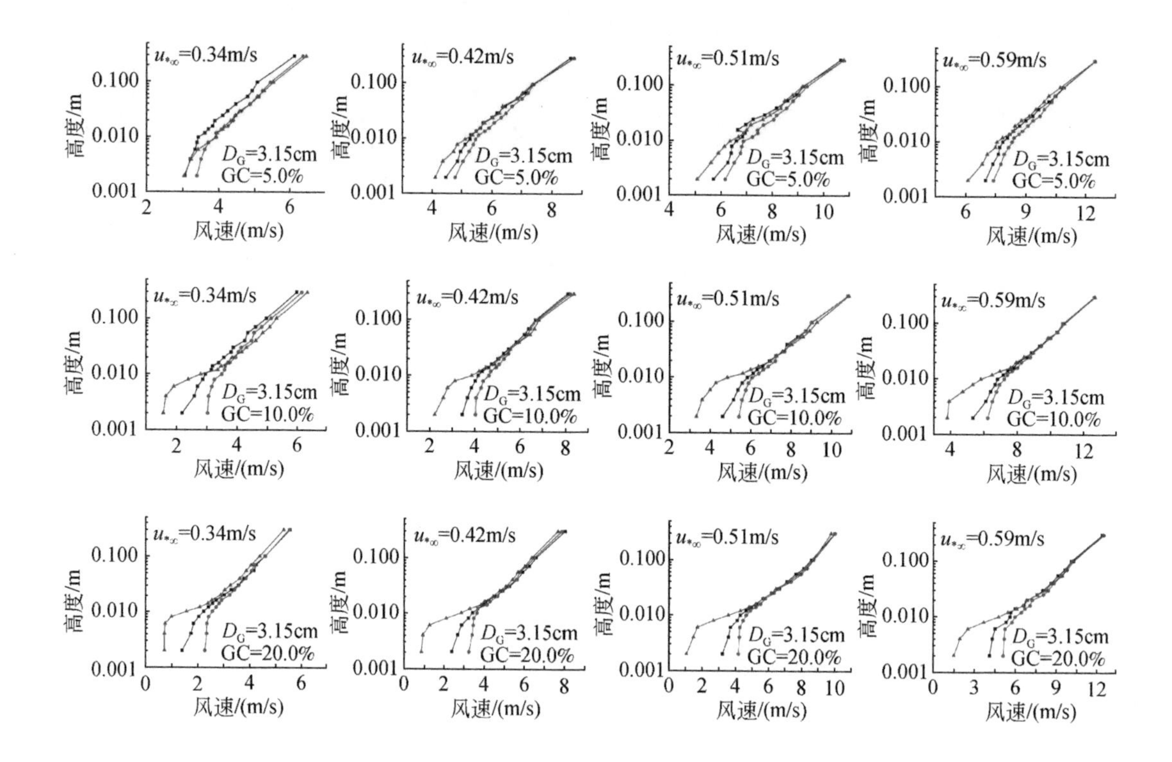

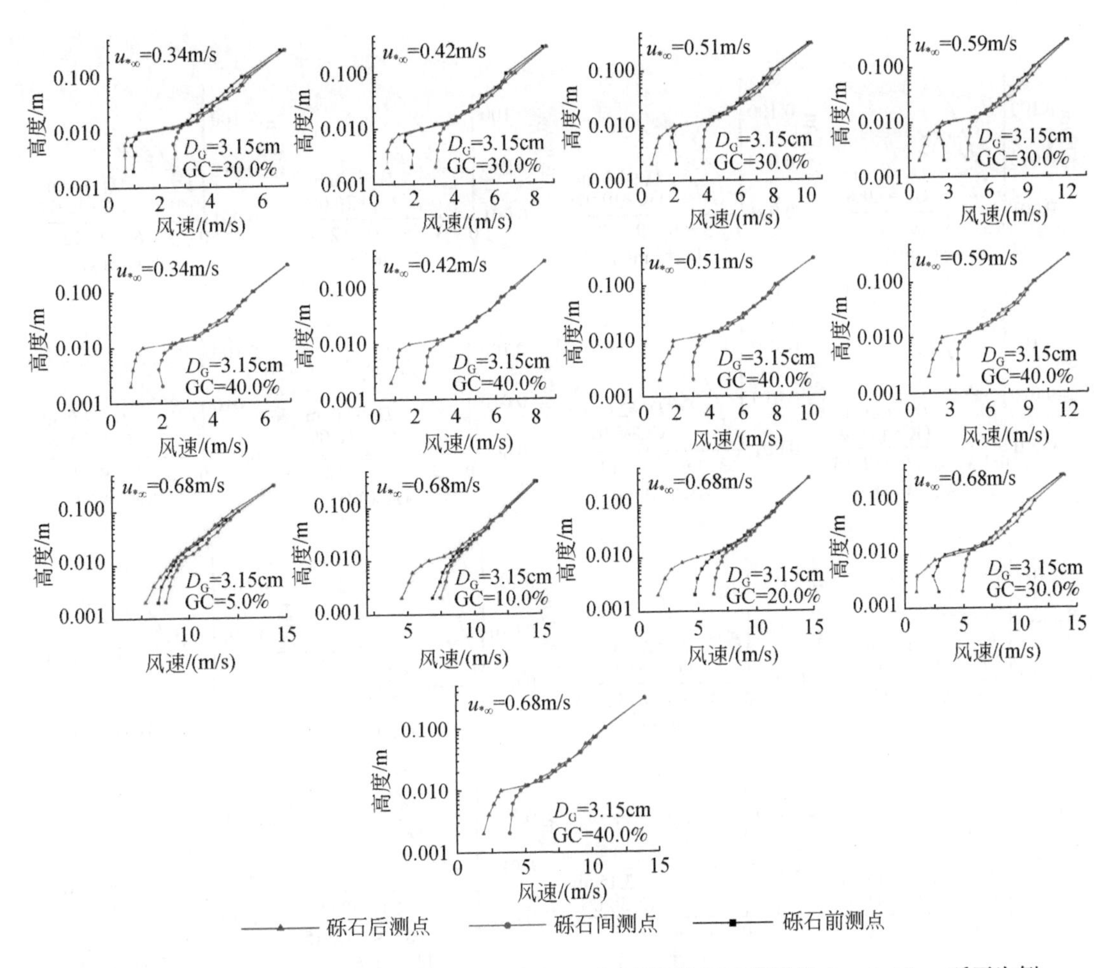

图 3-33　不同砾石覆盖度和来流摩阻风速条件下砾石周围的风速廓线以 D_G=3. 15cm 砾石为例

资料来源：李慧茹，2021

根据砾石前、砾石后、砾石间三个测点处的风速廓线可以计算得到砾石模型周围的空气动力学参数。三个测点处的摩阻风速（u_*）均随 $u_{*\infty}$ 增大而增大，随 GC 增大先增大后趋向平稳，随 D_G 增大而减小。三个测点处的空气动力学粗糙度（z_0）均随 $u_{*\infty}$ 增大略有减小，随 GC 增大先增大后趋向平稳，随 D_G 增大而减小。然而，在 $u_{*\infty}$、GC 和 D_G 条件相同的情形下，砾石模型周围三个测点处的空气动力学参数仍存在明显差异。因此，利用某一位置的风速廓线来确定砾石覆盖地表的 u_* 和 z_0 平均状态都具有不确定性。使砾石覆盖地表上的 z_0 和 u_* 具有确定性的一个可能的方法是利用砾石前、砾石后、砾石间三个位置的风速廓线进行平均来计算它们。结果表明，在不同的 $u_{*\infty}$、GC 和 D_G 条件下，这些平均风速廓线的形状是有规律性的（图 3-34）。随 GC 的增大，z_* 值也增大，并且 z_* 值为 0. 8H ~ 1. 4H。

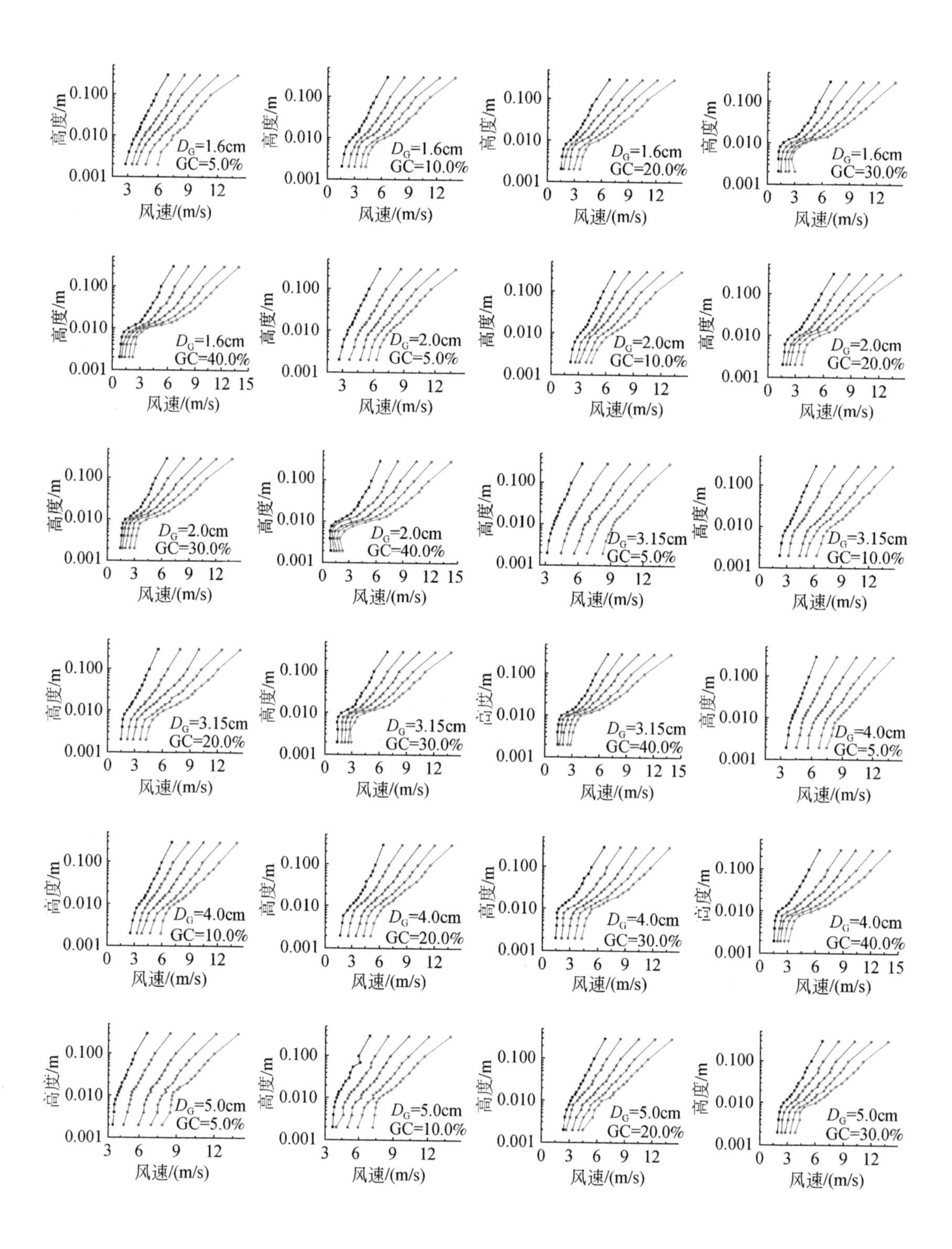

高度/m
0.100
0.010
0.001
风速/(m/s)
D_G=1.6cm
GC=5.0%
D_G=1.6cm
GC=10.0%
D_G=1.6cm
GC=20.0%
D_G=1.6cm
GC=30.0%
D_G=1.6cm
GC=40.0%
D_G=2.0cm
GC=5.0%
D_G=2.0cm
GC=10.0%
D_G=2.0cm
GC=20.0%
D_G=2.0cm
GC=30.0%
D_G=2.0cm
GC=40.0%
D_G=3.15cm
GC=5.0%
D_G=3.15cm
GC=10.0%
D_G=3.15cm
GC=20.0%
D_G=3.15cm
GC=30.0%
D_G=3.15cm
GC=40.0%
D_G=4.0cm
GC=5.0%
D_G=4.0cm
GC=10.0%
D_G=4.0cm
GC=20.0%
D_G=4.0cm
GC=30.0%
D_G=4.0cm
GC=40.0%
D_G=5.0cm
GC=5.0%
D_G=5.0cm
GC=10.0%
D_G=5.0cm
GC=20.0%
D_G=5.0cm
GC=30.0%

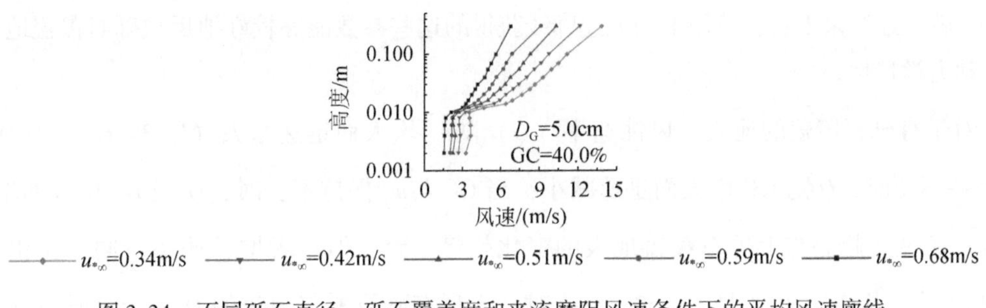

图 3-34 不同砾石直径、砾石覆盖度和来流摩阻风速条件下的平均风速廓线

资料来源：李慧茹，2021

根据平均风速廓线确定的空气动力学参数也具有规律性（图 3-35）。在不同的 $u_{*\infty}$、GC 和 D_G 条件下，平均摩阻风速（$\overline{u_*}$）的变化范围为 0.27 ~ 1.00m/s，平均空气动力学粗糙度（$\overline{z_0}$）的变化范围为 0.002 ~ 0.160cm（R^2>0.96，p<0.01）。多数情况下，砾石覆盖地表的$\overline{u_*}$和$\overline{z_0}$显著大于无砾石覆盖地表的 u_* 和 z_0；但在 D_G 较大且 GC 较低的情形下，砾石覆盖地表的$\overline{u_*}$和$\overline{z_0}$略小于无砾石覆盖地表的 u_* 和 z_0。$\overline{u_*}$随 $u_{*\infty}$ 增大呈增大趋势，随 GC 增大总体上呈增大的趋势，但当 GC 达到 40%，且 D_G = 1.6cm 和 2.0cm 时，$\overline{u_*}$随 GC 增大有减小趋势。$\overline{z_0}$随 $u_{*\infty}$ 增大呈现出复杂的变化；$\overline{z_0}$随 GC 增大总体上呈增大的趋势，但当 GC 达到 30% 且 D_G = 1.6cm，以及 GC 达到 40% 且 D_G = 2.0cm 和 4.0cm 时，$\overline{z_0}$出现减小的

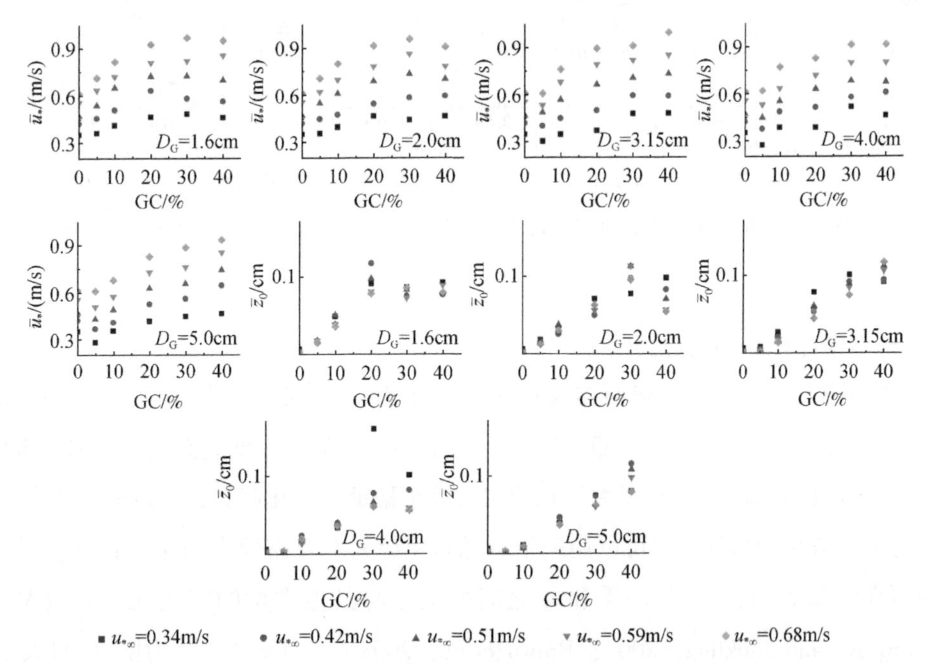

图 3-35 不同来流摩阻风速、砾石直径和砾石覆盖度的情形下地表的平均摩阻风速和平均空气动力学粗糙度

资料来源：李慧茹，2021

趋势。就上述结果来看，使用平均风速廓线获得的这些参数能够较好地反映砾石覆盖地表的空气动力学特性。

对于有砾石覆盖的地表，风蚀速率（Q）随$\overline{u_*}$增大而迅速增大（图3-36）。当D_G与$\overline{u_*}$保持不变时，Q随GC增大而迅速减小；当GC与$\overline{u_*}$保持不变时，Q随D_G增大而增大。Q随$\overline{u_*}$的变化趋势与无砾石覆盖地表的变化趋势一致，但二者增长速率不同。在相同的$\overline{u_*}$情况下，当GC≤10%且D_G≥3.15cm时，出现有砾石覆盖地表的Q高于无砾石覆盖地表的Q的现象，即砾石覆盖加剧了土壤风蚀，这一现象也出现在以前的报道中（Logie，1982；Sterk，2000；Burri et al.，2011）。

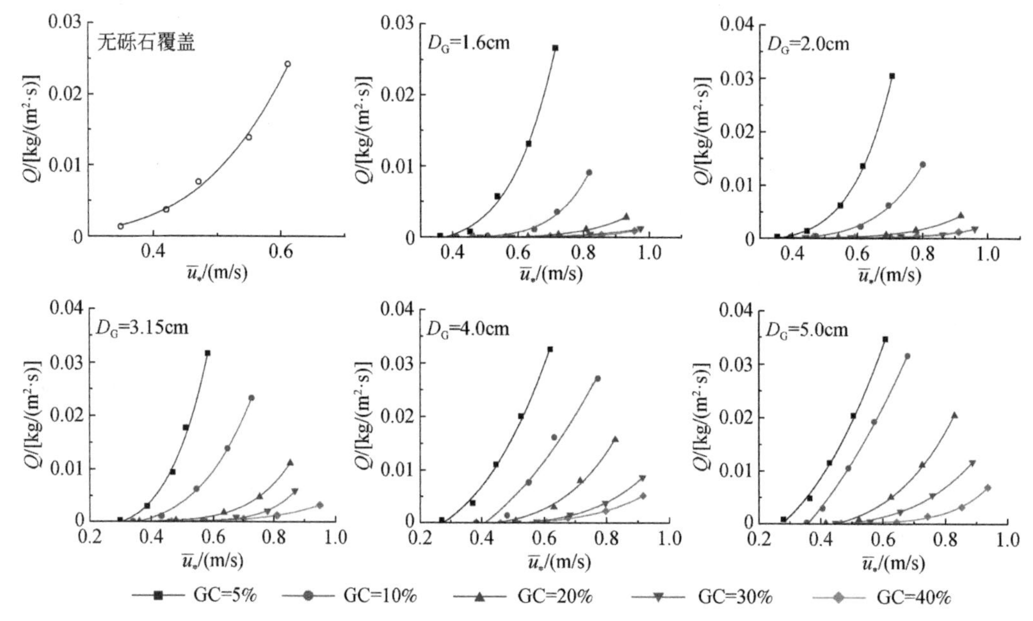

图3-36　不同来流摩阻风速、砾石直径和砾石覆盖度的情形下土壤风蚀速率随平均摩阻风速的变化

资料来源：李慧茹，2021

2）砾石覆盖地表的剪应力特征

来流摩阻风速（$u_{*\infty}$）和砾石覆盖状况对砾石之间暴露地表平均剪应力（τ_s'）、最大剪应力（τ_s''）和总剪应力（τ）均有重要影响。τ、τ_s'和τ_s''均随$u_{*\infty}$增大而增大，但三者增大的速率不同。τ随侧影盖度（λ）增大呈先增大后趋于稳定的变化趋势，τ_s'和τ_s''随λ增大以指数函数的形式减小。$(\tau_s'/\tau)^{1/2}$可以用来指示砾石粗糙元对暴露地表的保护程度。对砾石粗糙元的研究结果表明，$(\tau_s'/\tau)^{1/2}$和λ之间的关系与其他类型的粗糙元一样（Marshall，1971；Crawley and Nickling，2003；Brown et al.，2008），$(\tau_s'/\tau)^{1/2}$均随λ增大而减小[图3-37（a）]，即使在λ>0.10的情况下，$(\tau_s'/\tau)^{1/2}$随λ变化的趋势也保持不变。$(\tau_s''/\tau)^{1/2}$

随 λ 增大而减小［图3-37（b）］，变化的趋势与（τ_s'/τ）$^{1/2}$随 λ 变化的趋势相似。

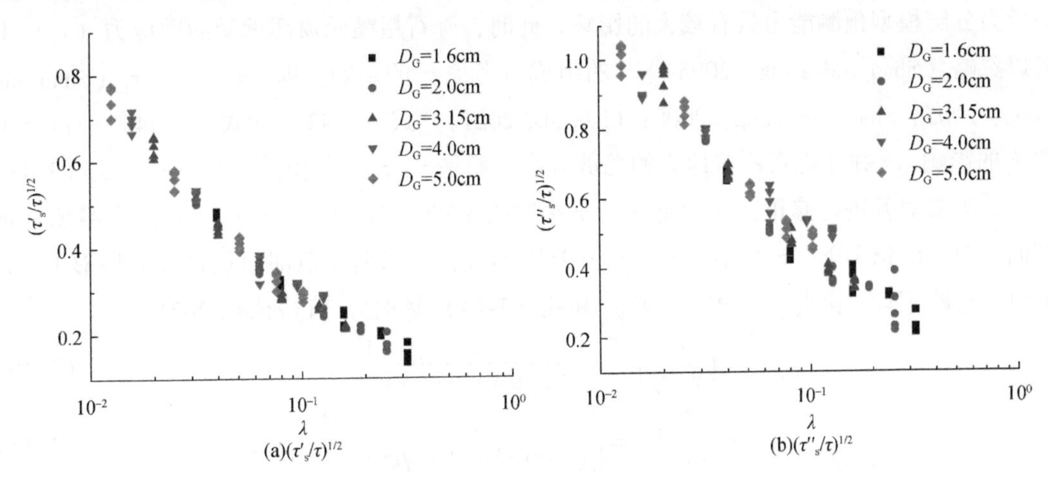

图3-37　砾石覆盖地表（τ_s'/τ）$^{1/2}$、（τ_s''/τ）$^{1/2}$与侧影盖度（λ）的关系
资料来源：李慧茹，2021

式（3-43）和式（3-44）是经典的剪应力分解模型（Raupach，1992；Raupach et al.，1993）。该模型的有效性在后续的研究中得到了证实，但该模型的适用条件是 λ<0.10，当 λ>0.10 增大时，该模型的预测能力变差。将砾石覆盖地表（τ_s'/τ）$^{1/2}$的实测数据与该模型的预测结果比较（图3-38），该模型的计算结果高估了（τ_s'/τ）$^{1/2}$，二者之间的差异随 λ 增大而增大。对于砾石这种粗矮型粗糙元，即使在 λ<0.10 的情形下，剪应力分解模型的预测效果也不理想。此时，β 对剪应力分解的控制作用变差，表明 σ 的影响更大。

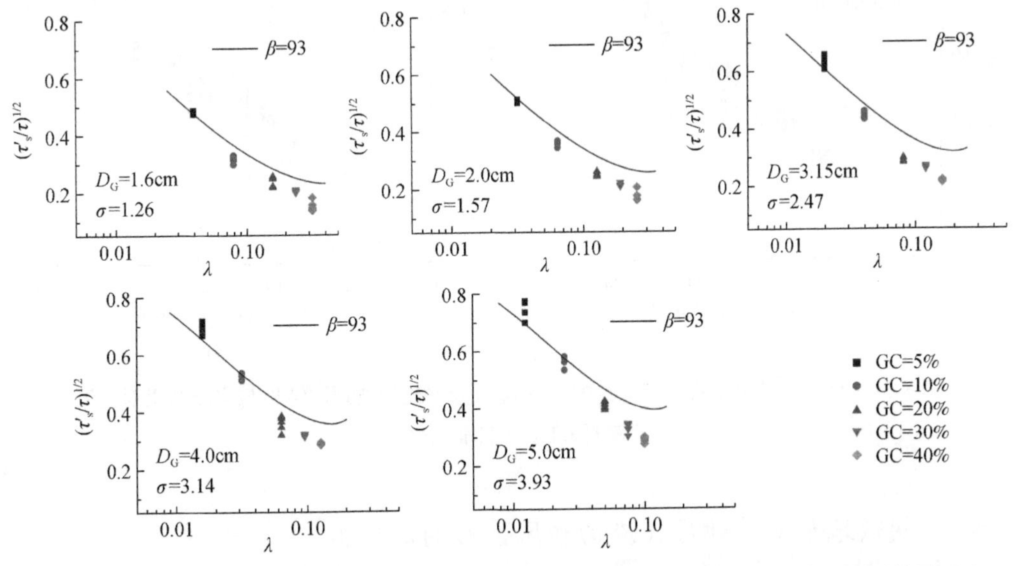

图3-38　不同砾石覆盖条件下（τ_s'/τ）$^{1/2}$与 Raupach 等（1993）剪应力分解模型预测结果对比
资料来源：李慧茹，2021

σ 增大对剪应力分解结果的影响增大，说明粗糙元在垂向上的投影覆盖度指标 GC 对剪应力分解模型预测能力具有较大的影响。此时，砾石粗糙元顶部承受的剪应力（τ_c）不可以忽略（Shao and Yang，2005）。τ 的组成应考虑 τ_c 的影响，即 $\tau=\tau_s+\tau_R+\tau_c$（Shao and Yang，2005；Shao and Yang，2008；Li et al.，2021）。式（3-43）和式（3-44）中没有考虑 τ_c 的影响，τ 并非砾石覆盖地表的总剪应力，而是 $\tau_s+\tau_R$。若使式（3-43）和式（3-44）成立，需要对其进行修正，在原定义的 τ 中减去 τ_c 的影响，即 $\tau-\tau_c=\tau_s+\tau_R$。在粗糙元顶部面积较小的情形下，$\tau_c$ 很小，$\tau-\tau_c$ 与 τ 差别不大；在粗糙元顶部面积较大的情形下，τ_c 不可以忽略不计。因此，将式（3-43）和式（3-44）修正为（Li et al.，2021）

$$\left(\frac{\tau_s'}{\tau-\tau_c}\right)^{1/2}=\left[\frac{1}{(1-\sigma\lambda)(1+\beta\lambda)}\right]^{1/2} \tag{3-46}$$

$$\left(\frac{\tau_s''}{\tau-\tau_c}\right)^{1/2}=\left[\frac{1}{(1-m\sigma\lambda)(1-m\beta\lambda)}\right]^{1/2} \tag{3-47}$$

砾石粗糙元顶部承担的剪应力 τ_c 的表达函数可以通过回归计算的方法构建，τ_c 表达式为

$$\tau_c=[-0.499+0.266\ln(GC)]\rho_g\overline{u_*^2} \tag{3-48}$$

式中，ρ_g 为空气密度，kg/m^3；$\overline{u_*}$ 为砾石覆盖地表的平均摩阻风速。经过修正的剪应力分割模型能够较好地反映砾石覆盖地表的剪应力分割情况，以及其他研究中的结果（Marshall，1971；Crawley and Nickling，2003；Brown et al.，2008）（图 3-39）。经过修正的剪应力分割模型适用于 $\lambda \geq 0.10$ 更广泛的取值范围，提高了预测精度。

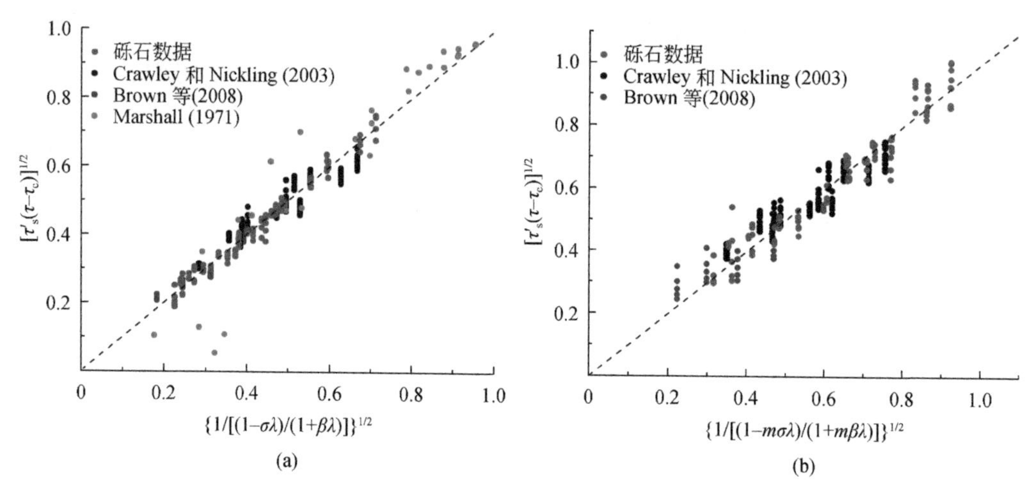

图 3-39　修正后的 Raupach 等（1993）剪应力分解模型的预测结果与实测结果对比系

资料来源：李慧茹，2021

4. 垄状微地形对贴地层气流场和风蚀影响的模拟

垄状微地形风洞模拟实验在北京师范大学地表过程与资源生态国家重点实验室的风沙

环境与工程风洞实验室进行。采用风速廓线测量系统和地表剪应力测量系统分别测量近地表风速和地表剪应力，研究贴地层气流场特征和地表剪应力分布特征。使用电子秤（型号：KCC150，量程：0.001～150kg）分别称量风蚀前后土壤样品的质量，据此计算风蚀量。

垄模型用木板制作，顶角为90°，边坡倾角为45°，截面为等腰三角形。模型高度（H）依次为5.0cm、7.5cm、10.0cm、12.5cm、15.0cm，垄间距依次为$5H$、$10H$、$15H$、$20H$、$25H$，模型走向与风向垂直。测点位于风洞中轴线，自最前端的垄模型上风向$10H$处，至下风向实验段末端，分别测量5个不同来流风速下的气流场、地表剪应力分布和风蚀速率。

1）垄状微地形对贴地层气流场的影响

观测表明，当气流经过有垄地表时，出现能量的重新分配。在较大垄间距条件下，垄周围气流场可划分为迎风坡脚风速减弱低速区、迎风坡遇阻抬升区、顶部集流加速区、背风坡分离减速区和气流恢复区5个气流速度区；当垄间距较小时，则不存在恢复区（图3-40）。与植被覆盖地表时的气流场相比，垄覆盖与其具有相似的气流特征（Wolfe and Nickling，1993）。当垄间距为$5H$时，垄之间气流被阻滞强烈，这时垄周围的风速很低；当垄间距为$10H$～$20H$时，垄之间气流在下风向有一定程度的恢复；当垄间距为$25H$时，垄之间气流恢复程度很大，类似于单个垄周围的气流场。

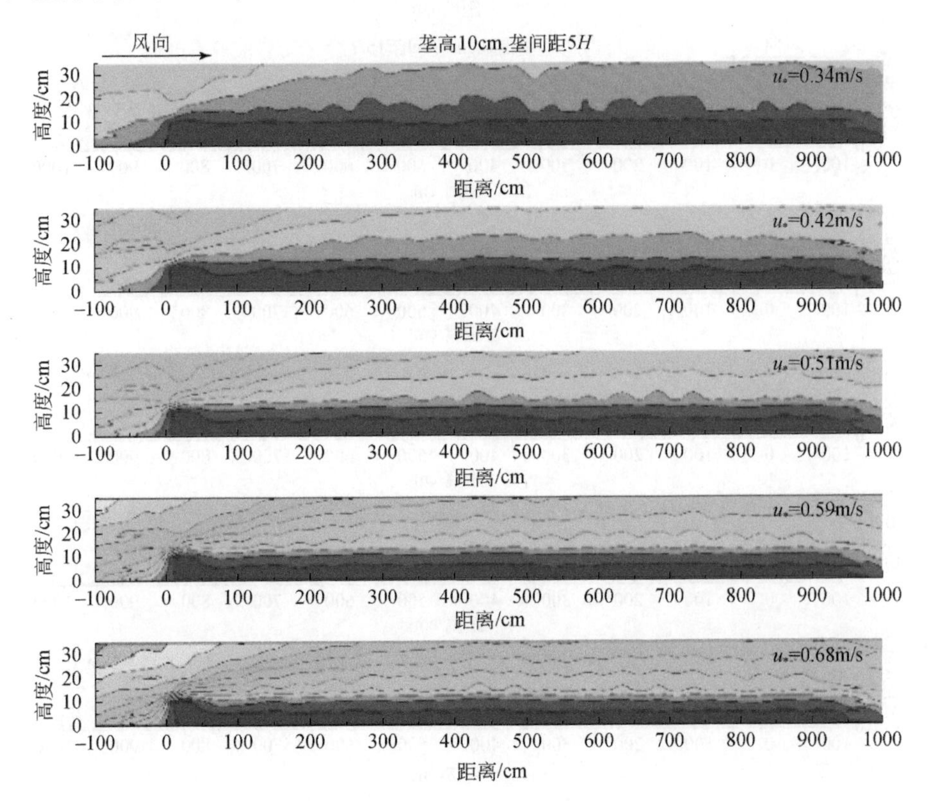

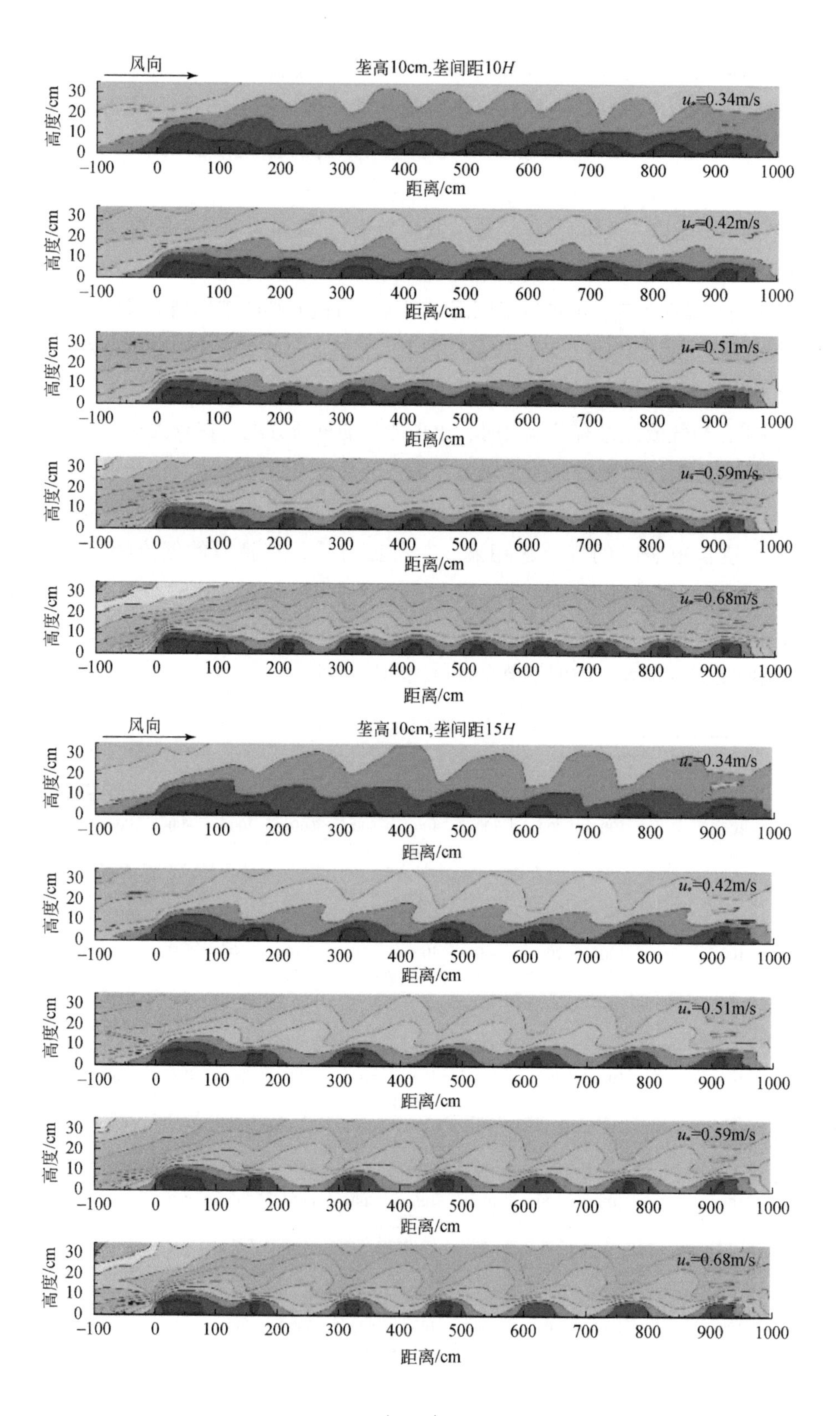
风向
垄高10cm,垄间距10H
u_*=0.34m/s
u_*=0.42m/s
u_*=0.51m/s
u_*=0.59m/s
u_*=0.68m/s
高度/cm
距离/cm
风向
垄高10cm,垄间距15H
u_*=0.34m/s
u_*=0.42m/s
u_*=0.51m/s
u_*=0.59m/s
u_*=0.68m/s
高度/cm
距离/cm

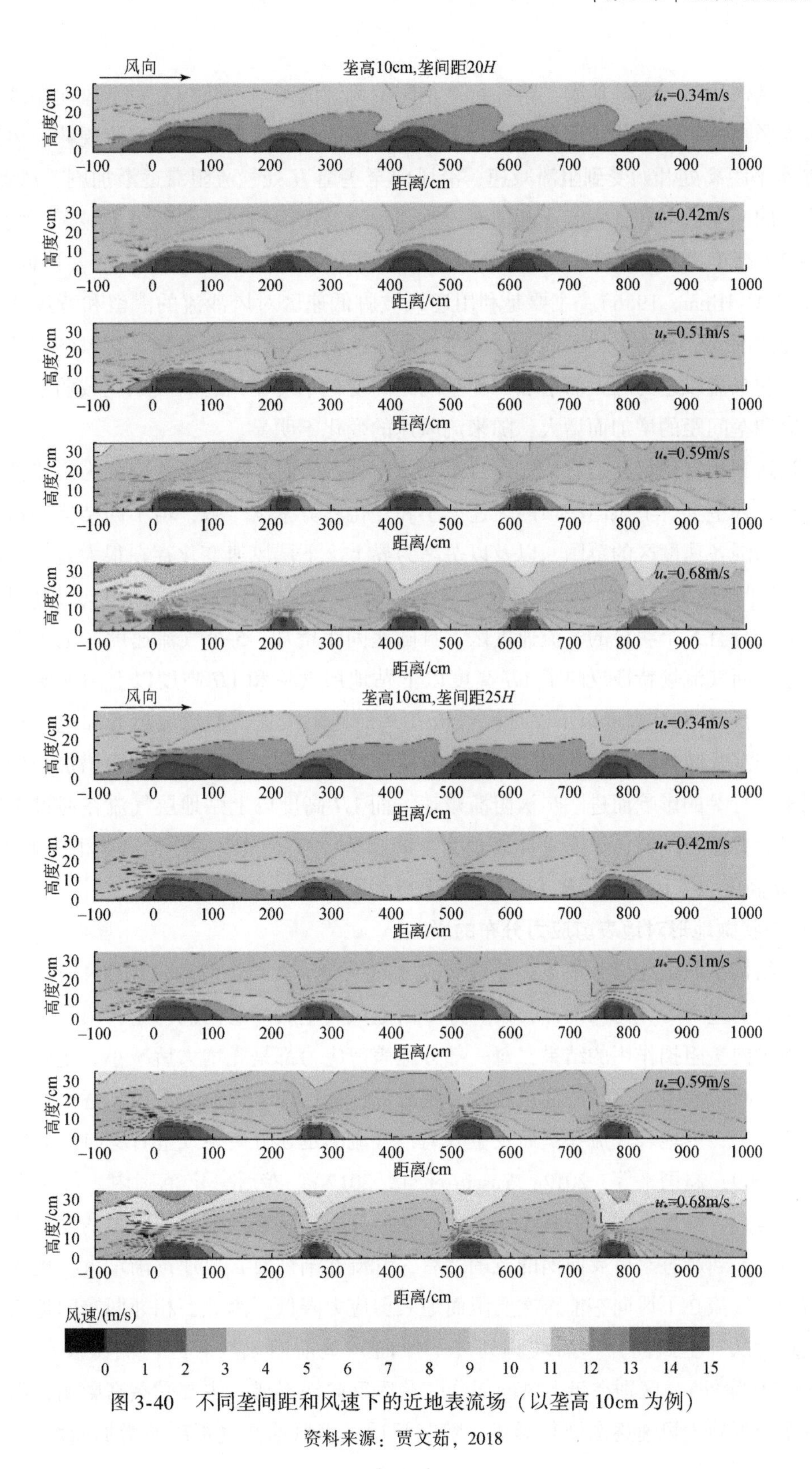

图 3-40 不同垄间距和风速下的近地表流场（以垄高 10cm 为例）

资料来源：贾文茹，2018

对于结构均匀的有垄地表，第一行垄是防治风蚀的第一道防线，对下风向贴地层气流场有较大影响。不同垄状结构条件下，第一行垄前的风速具有相似的变化规律。风速在垄前 10H 水平距离处开始受到阻滞减速，沿风向至垄前 H 处气流阻滞逐渐加剧，风速减弱；随后沿垄的迎风坡爬升，气流逐渐加速；垄顶垂直高度内的风速梯度最为显著，气流主要在 1H～2H 高度范围汇聚加速。垄的阻沙作用与阻沙栅栏和挡风墙类似（Plate，1971；Bofah and Al-Hinai，1986），主要是利用迎风坡脚低速区对风沙流的滞留和背风侧气流分离对风速的削弱。垄的结构不同，这两个速度区的范围存在一定差异。背风侧减速区的范围随垄高和来流风速的增大而增加，随垄间距的变化不明显；迎风坡风速减弱低速区的范围随垄高和垄间距的增加而增大，随来流风速的变化不明显。

气流达到相对稳定状态后，在运行至下风向各行垄时，气流场均表现为规律性的波动变化特征，各垄上、下风向垄顶的风速大小和变化趋势基本一致，但不同结构垄状微地形条件下垄周围各速度区的范围，以及以垄高为界上、下层风速变化存在很大差异。间距为 5H 时，垄间贴地层均处于气流减速区，无恢复区，气流相对稳定。间距大于 5H 时，垄周围流场开始具有 5 个明显的气流速度区，且随垄间距增加，5 个气流速度区范围有增大的趋势。垄表面气流场特征反映了 1H 高度以下贴地层气流和 1H 高度以上贴地层气流截然不同的影响机制。1H 高度以下贴地层气流在垄前遇阻减速，迎风坡抬升加速，背风坡由于垄的阻挡沉降减速，之后垄之间的风速有所恢复，其恢复程度随垄间距增加而增大，但又受到下一行垄的影响而进一步被阻滞减速。而 1H 高度以上贴地层气流在通过垄覆盖区域时，风能普遍被削弱，风速总体表现为下降趋势，且垄间距越小，风速下降幅度越大。因此，1H 高度以下风速变化较 1H 高度以上更为剧烈。

2）垄状微地形对地表剪应力分布的影响

不同结构垄状微地形条件下，地表剪应力沿风向呈规律性波动（图 3-41）。相邻两垄之间的地表剪应力可分为两部分，第一部分由上风向垄后的反向涡产生，第二部分是气流恢复和下风向垄阻挡作用的结果，每一部分地表剪应力都是先增大后减小。垄前地表剪应力均呈逐渐减小趋势，至垄的迎风坡底降到最低，垄后地表剪应力沿风向逐渐增大。由于垄的阻挡作用，近地表气流在垄后发生分离，气流的迅速分离导致垄后反向涡的形成（罗万银等，2009；赵国平等，2012；Yassin et al.，2012）。垄后一定范围内，气流沿垄的背风坡反向爬升，强度先增大后减小。因此，垄后反向涡区域内地表剪应力的变化表现为先增大后减小。当越过垄后反向涡的范围之后，气流逐渐恢复，风速逐渐增大，地表剪应力随之增加，气流在下风向垄前再次受阻而地表剪应力降低。因此，相邻两垄间地表剪应力最终表现为从（上风向）垄后坡脚到（下风向）垄前迎风坡底经历两次波动变化过程（垄间距 5H 除外）。区别在于上风向部分由垄后反向涡形成，主要受垄高影响；而下风向部分由垄间近地表风速逐渐恢复形成，随垄间近地表风速恢复距离的增加而增大。因此，垄间距较小时，上风向部分地表剪应力大于下风向部分，垄间距较大时（20*H* 和 25*H*），下风向部分地表剪应力明显高于上风向部分。

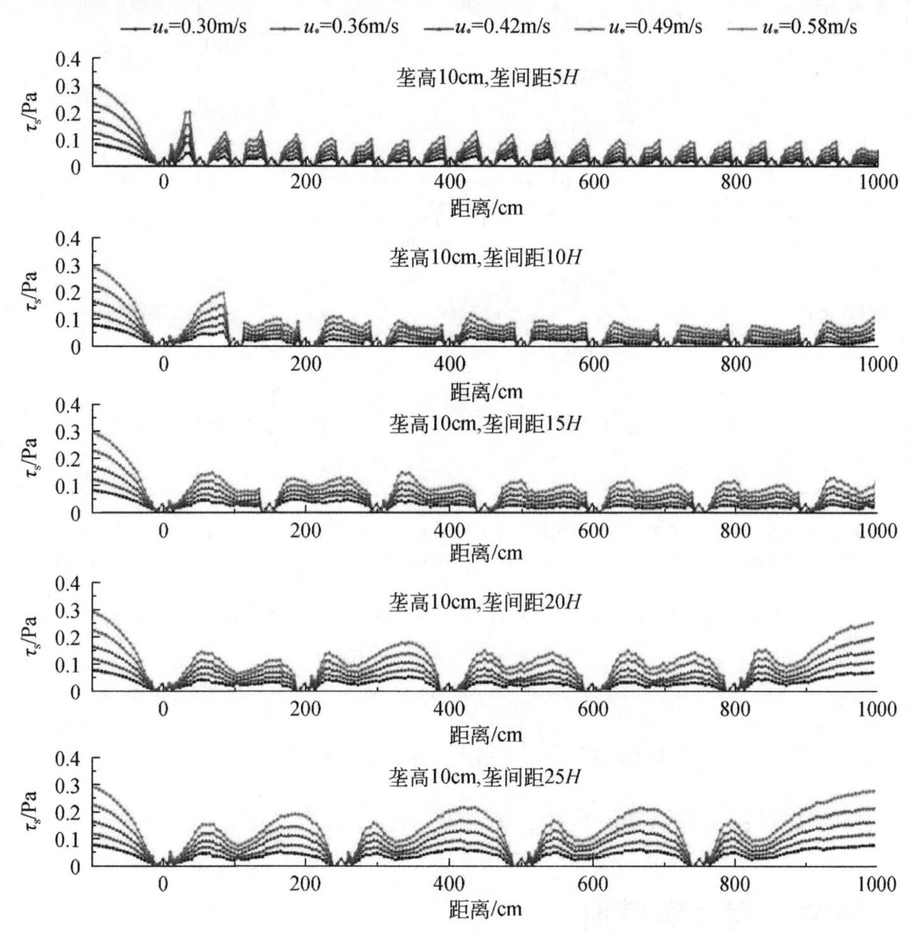

图 3-41　不同垄间距条件下垄间地表剪应力分布（以垄高 10cm 为例）

资料来源：贾文茹，2018

3）垄状微地形对风蚀速率和输沙率的影响

垄状微地形条件下的风蚀速率均低于无垄时的风蚀速率（图 3-42），垄高、垄间距和来流摩阻风速均对风蚀速率有显著的影响。风蚀速率随垄间距和来流摩阻风速的增加而增大，随垄高的变化则比较复杂。

垄对风蚀速率影响的定量表达，可借鉴风蚀方程 WEQ 和修正风蚀方程 RWEQ 的建模思想（Woodruff and Siddoway，1965；Fryrear et al.，1998），将有垄情况下的输沙率表示为无垄时的输沙率与垄因子的乘积。其中，垄因子与垄高、垄密度（*n*）和摩阻风速有关。基于风洞模拟实验和现有输沙方程，获得不同结构的垄状微地形条件下的输沙率［kg/(m·s)］方程：

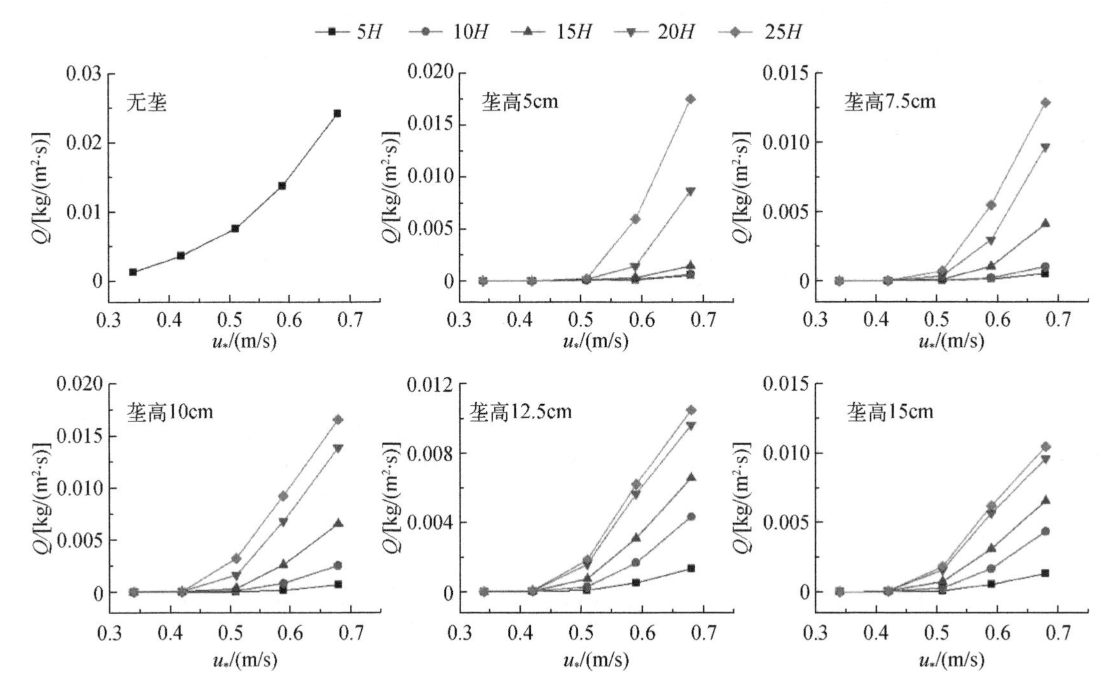

图 3-42　不同结构垄状微地形条件下床面风蚀速率随摩阻风速的变化

资料来源：贾文茹，2018

$$q = 1.6\times10^{-4}\sqrt{\frac{d}{D}}\frac{\rho}{g}u^2_*(u_* - u_{*t})e^{-an\sqrt{H}/u^3_*} \tag{3-49}$$

式中，d 为沙粒粒径；D 为标准沙粒径，取 250μm；a 值为 2.059。

3.4.2　风蚀过程风洞模拟

受测量技术的制约，目前对风蚀影响因子的测量和计算大多采用风蚀影响因子的平均值。严格来说，这种方法成立的条件是风蚀过程中各个因子均是不变的。事实上，风蚀影响因子在风蚀过程中几乎不存在不变的情况。换言之，在风蚀过程中，必然会有一些影响因子随着风蚀时间的持续而发生变化，并对风蚀产生一系列影响，导致其他因子也发生变化（Shao，2008；Wang et al.，2018；张春来等，2018；邹学勇等，2019）。因此，只有清楚地认识风蚀过程中这些影响因子的动态变化规律，才能更加准确地预测预报土壤风蚀，制定更加合理的土壤风蚀防治措施。对五种粒径组成不同的风沙土（依次命名为风沙土-1、风沙土-2、风沙土-3、风沙土-4、风沙土-5），利用北京师范大学的大型风洞模拟研究了它们在不同风速条件下的风蚀动态过程。五种风沙土在不同风速条件下可蚀性颗粒累积百分含量分布如图 3-43 所示。风蚀过程模拟研究使用了连续称重集沙仪、风速廓线测量系统、三维激光扫描仪等设备，重点开展地表粗糙度、风速、输沙率及风蚀速率在风蚀过程中的动态变化规律研究。

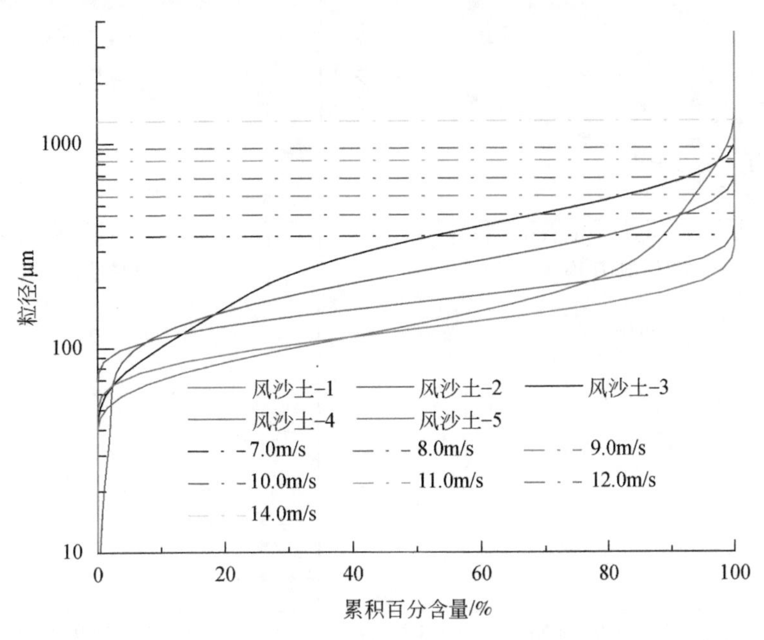

图 3-43　五种风沙土在不同风速条件下可蚀性颗粒累积百分含量分布

资料来源：王雪松，2020

1. 风蚀过程中床面粗糙度的动态变化

选取地表高度均方根（RMSH）作为描述土壤表面粗糙度的参数。随着侵蚀过程的持续，土壤表面逐渐变得粗糙（图 3-44），原因主要有两个：第一，在风蚀开始前，土壤表面被尽量刮平，而在风蚀开始后，由于风的分选作用，土壤表面开始出现沙波纹，且随着吹蚀时间的延长，沙波纹逐渐发育，其波高和波长逐渐增大，这导致土壤表面粗糙度整体处于增大的趋势（Andreotti et al.，2006；McKenna Neuman and Bédard，2017；Lämmel et al.，2018）。第二，由于风程效应（Andreotti et al.，2010）及洞壁效应（Cheng et al.，2018）等因素的影响，风蚀强度在土壤表面的不同区域有所区别，这导致土壤表面地形的高低起伏，而随着吹蚀时间的延长，不同部位的差异会更加明显，因而 RMSH 逐渐增大。在相同的吹蚀时间内，风速越大，土壤表面粗糙度也就越大，这是由于在较大风速条件下，沙波纹的发育更加迅速和明显（Mckenna Neuman and Bédard，2017）。

2. 风蚀过程中不同高度风速的动态变化

在风洞实验中，由于实验条件可控，风机转速可以人为调节，因此在风机设定参数

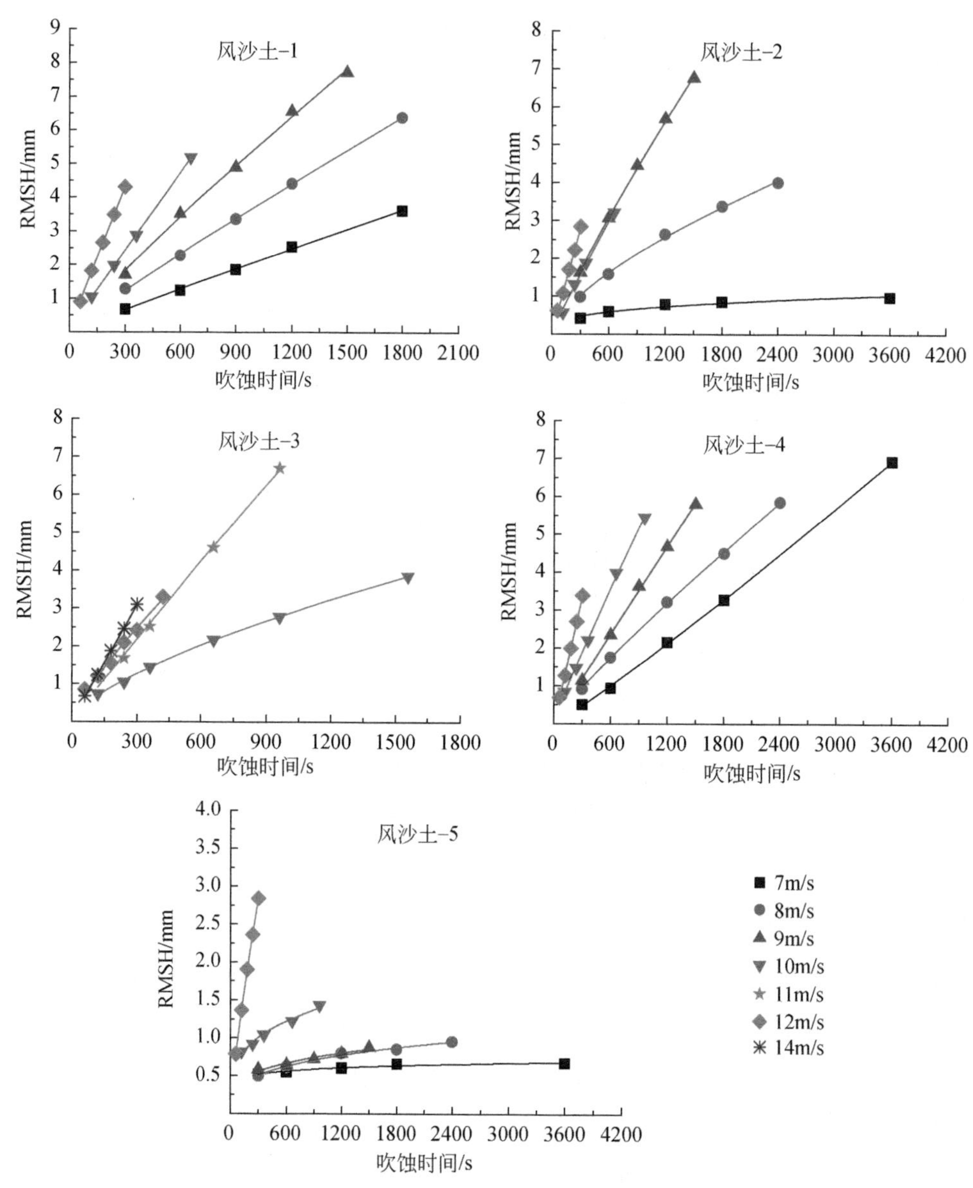

图 3-44 均方根高度（RMSH）与吹蚀时间的关系

资料来源：王雪松，2020

不变的情况下，风机所提供的风速可以认为是稳定的。但是当风与土壤表面沙粒接触时，二者之间便会发生能量的传递，即来流风的部分能量会传递给床面沙粒，使其开始发生运动，此时沙床面上的风便会较来流的风有所差异（Owen，1964；Anderson and Haff，1991；McKenna Neuman and Nickling，1994）。同时，下垫面性质的改变也会影响贴地层风速（吴正等，2003）。利用高频率的风速廓线测量系统连续观测整个风蚀过程中的风速变化，结果如图3-45 所示。总体来说，最贴近地面的风速比相对高处的风速更易受到微地形的影响。在大于等于 0.1m 高度，风速在整个风蚀过程中未表现出明显的变化趋势，始终处于相对稳定的波动状态。但小于 0.1m 高度的贴地层风速随着吹蚀时间的延长表现出逐渐增大的趋势。风沙流中风速的这种变化规律与风沙流浓度和地表高程变化有关。

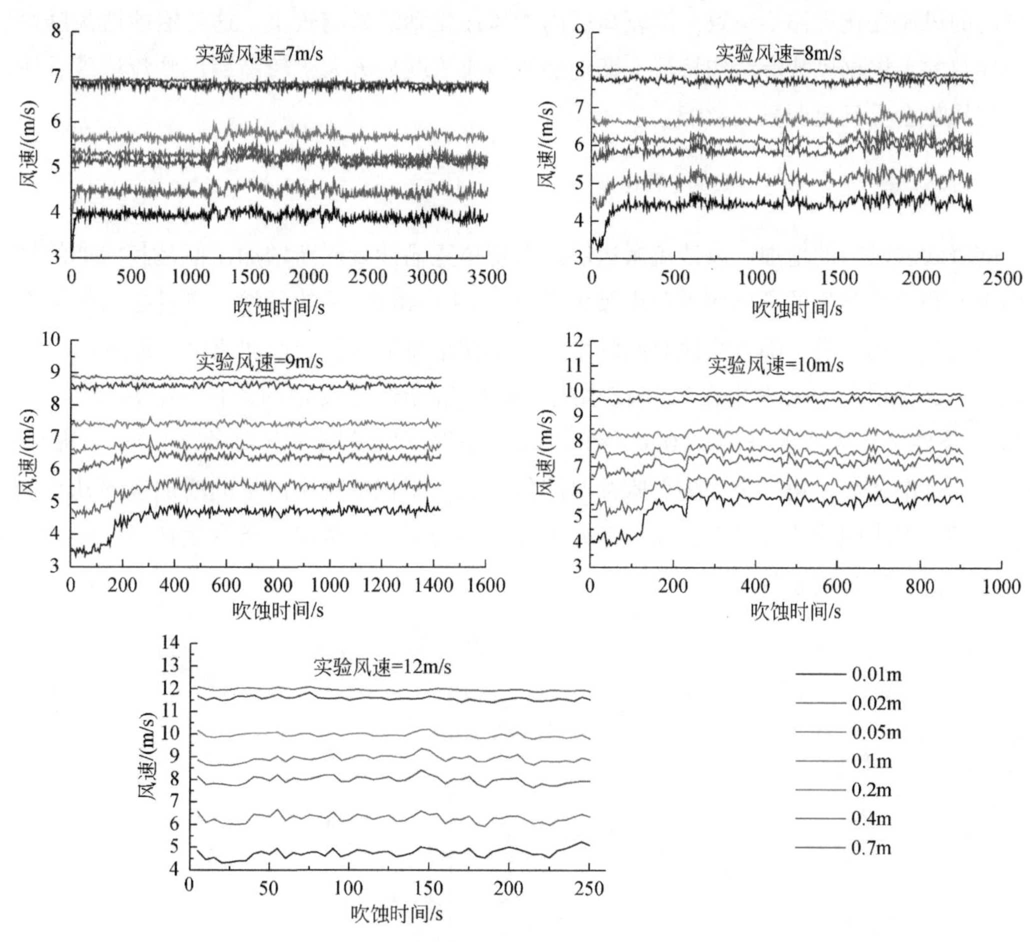

图 3-45　风沙土-5 风蚀过程中不同高度处风速随吹蚀时间的变化

资料来源：王雪松，2020

气流中的颗粒能够吸取气流的部分能量而改变风速（McKenna Neuman and Nickling，1994；Dong et al.，2003a）。此现象可以利用“欧文效应”（Oweneffect）来解释（Bagnold，1941；Owen，1964；McEwan and Willetts，1993；Gillette et al.，1998）。Owen（1964）指出，在风沙流系统中存在一种自平衡机制，当风吹过地表时，地表受到风的剪应力作用，促使土壤颗粒离开地表。然而，当气流开始挟带更多的土壤颗粒时，风力由于气流向沙粒传递更多的动量而减弱，风对土壤颗粒的夹带能力降低，直到风与输运颗粒之间达到平衡。Shao（2008）对此现象也做出过类似的解释，认为部分气流动量传递给跃移层中的颗粒，从而导致风沙流中的风速要低于干净（无颗粒）空气中的风速。

在风蚀过程最初阶段，易蚀土壤颗粒含量丰富，此时会有大量颗粒被风挟带运输，所以气流损失的能量较多，风速较小，但是随着风蚀过程的继续，地表上剩余的可侵蚀性颗粒（大部分为跃移颗粒）减少，气流损失的能量也就会变小，风速因此变大。而在不同高度层内的风速变化规律不一致，即较高层内的风速受到的影响较小，这是输沙通量随高度减小导致的。根据风沙流结构特征，贴地层风沙流浓度显著大于较高层风沙流浓度，所以贴地层风速会受到更明显的影响。

3. 风蚀过程中输沙率的动态变化

随着吹蚀时间的增加，风沙流搬运层内累积单宽输沙量逐渐增加，但是其增加的规律却因风速和样品类型的不同而表现出极大差异（图 3-46）。总的来说，二者之间的关系可以分为两类：第一类，随着吹蚀时间的增加，累积单宽输沙量的增加速率（即输沙率）逐渐减小。这种情况主要发生在风速较小或实验样品分选性较差的条件下。风沙土-2 在 7.0m/s 条件下、风沙土-5 在 7.0m/s 和 8.0m/s 条件下以及风沙土-3 在 10.0m/s 条件下，输沙率均逐渐减小。第二类，随着吹蚀时间的增加，累积单宽输沙量的增加速率几乎固定不变，即二者之间为线性关系，输沙率几乎保持不变。这种情况主要发生在风速较大或实验样品分选性较好的条件下。

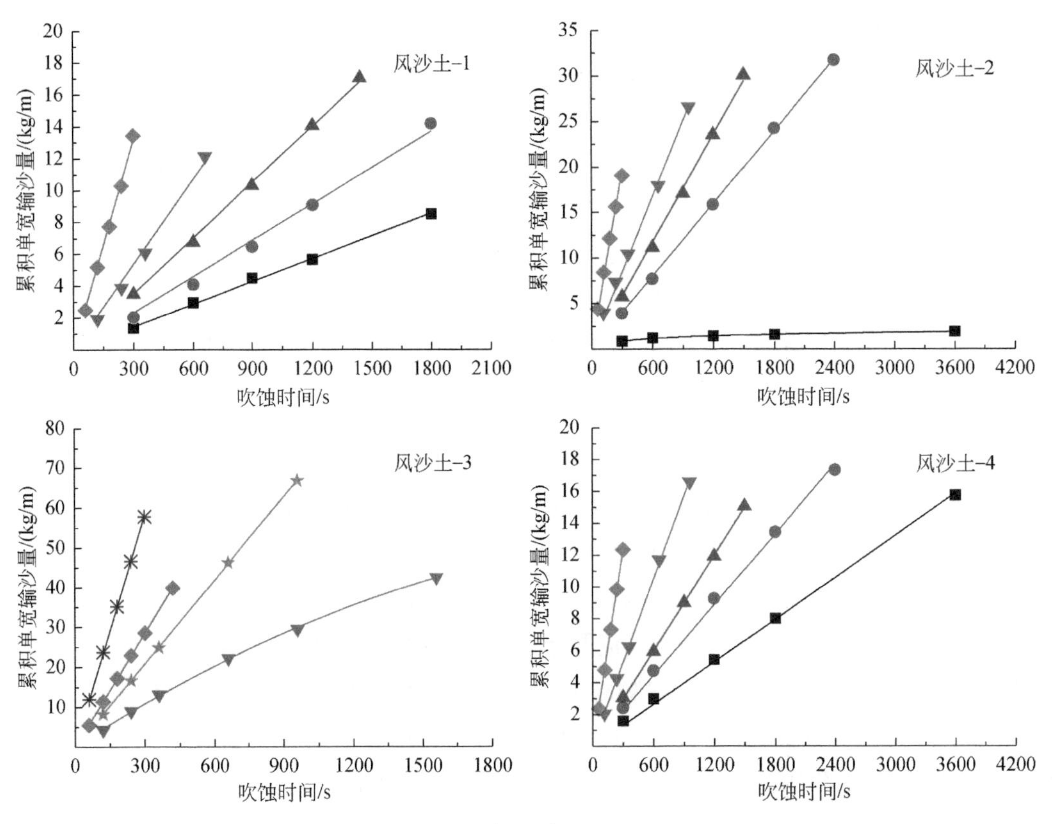

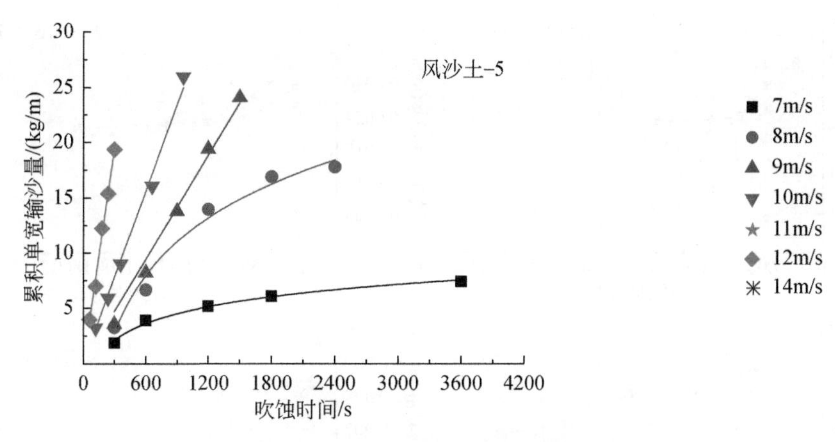

图 3-46　累积单宽输沙量与吹蚀时间的关系

资料来源：王雪松，2020

理论上，在来流风速稳定的条件下，土壤粒度组成和地表粗糙状况是影响风沙层内颗粒浓度的两个主要因素。对于由不同粒径组成的样品，在给定来流风速条件下，如果只有部分颗粒的临界起沙风速小于此给定风速，而其他部分颗粒的临界起沙风速大于此给定风速，在风蚀过程中随着吹蚀时间的延长，较细颗粒逐渐被吹蚀，不易被吹蚀的较粗颗粒逐渐裸露于地表，这些粗颗粒便会在风蚀过程中起到类似于“铠甲”的作用，防止风蚀进一步发生（Chepil，1946）。在风蚀过程中，随着吹蚀时间的延长，地表粗化会导致输沙率逐渐减小。然而，如果风速足够大（大于样品内所有颗粒的临界起沙风速时），表土粗化现象变得极其微弱，甚至消失，输沙率几乎保持不变。一般来说，地表越粗糙，风的输沙能力就越弱，这是因为风的部分动能会被粗糙地表消耗（Lettau，1969；MacKinnon et al.，2004；Lancaster，2004；Lancaster et al.，2010）。

4. 风蚀过程中风蚀速率的动态变化

通过测量风蚀前后土壤样品质量的差值可以获得风蚀量，然后利用风蚀量除以吹蚀时间和观测地表的面积即可获得风蚀速率。风蚀速率随着吹蚀时间的延长而减小（图 3-47），这主要是土壤表面抗蚀性增强的结果。通过比较不同土壤样品在相同风速情况下风蚀速率的大小，发现风蚀速率与土壤颗粒的粒径及其在相应风速下的可蚀性颗粒含量有关，可蚀性颗粒含量高的样品要比可蚀性颗粒含量低的样品风蚀速率大。然而，当土壤样品之间可蚀性颗粒含量无差异或者差异较小时，可蚀性颗粒含量便不能成为影响各个样品间风蚀速率差异的因素。此时，应该考虑可蚀性颗粒中粒径相对较大的颗粒含量对风蚀速率的影响。因为相比于小颗粒，大颗粒具有更大的动能（Greeley，1982），在运动过程中更容易对地表造成冲击和击溅，导致更多的颗粒被侵蚀。

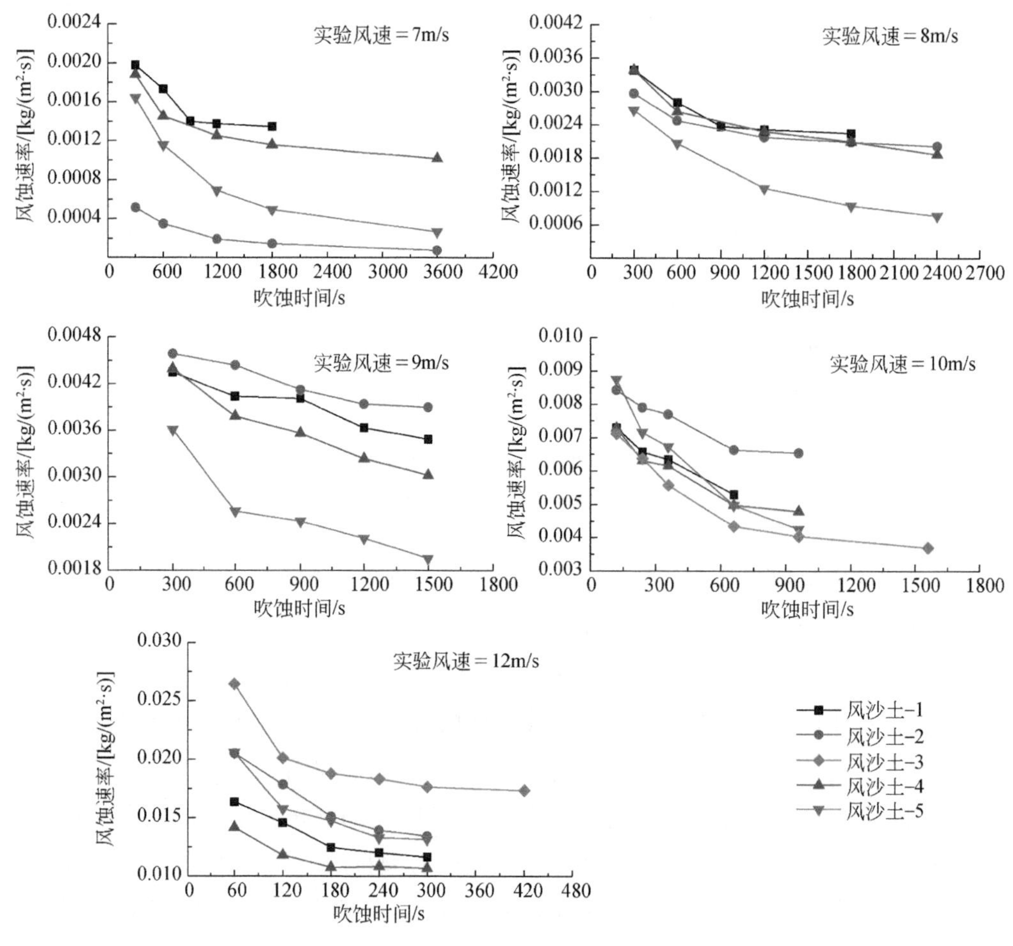

图 3-47 不同风速下风蚀速率随吹蚀时间的变化

资料来源：王雪松，2020

3.5 ^{137}Cs 示踪

20 世纪 90 年代以来，放射性同位素铯-137（^{137}Cs）示踪法开始应用于风蚀速率估算，至今仍因其在数十年尺度上风蚀速率估算的可靠表现而备受青睐。

3.5.1 ^{137}Cs 示踪原理

1. ^{137}Cs 来源

稳定放射性同位素^{137}Cs 在自然界中本不存在，它是自 20 世纪 40 年代以来核武器试验的核裂变反应的产物。^{137}Cs 进入地球环境的最初时间估计是 1949 ~ 1954 年，土壤中可以测试到^{137}Cs 存在的最早年份是 1954 年，全球^{137}Cs 沉降的两个高峰时期分别是 1958 ~ 1959 年和 1962 ~ 1964 年（Walling and Quine，1993）。1963 年美、苏、英《部分禁止核试验条约》的签订，使得 1970 年后全球^{137}Cs 释放和沉积量急剧减小。到 1983 ~ 1984 年，^{137}Cs 沉积量已低于当时可探测的极限水平。1986 年 4 月 26 日发生于苏联基辅北部的切尔诺贝利核泄漏事故释放出来的^{137}Cs 主要分布在欧洲部分地区和苏联（Joshi，1987；Pourchet et al.，1988），对全球^{137}Cs 分布格局总体上影响不大（Loughran，1989）。挟带^{137}Cs 的尘埃一般主要随降雨沉降地表，并迅速被土壤中细颗粒的黏土矿物强烈吸附。因此，^{137}Cs 的沉积在空间分布上主要与核武器试验和核事故地点的距离（Ritchie and McHenry，1990）及降水量有关（Davis，1963）。

2. ^{137}Cs 的地表循环

^{137}Cs 化学性质稳定，通过土壤中的化学反应过程或生物过程而发生的迁移或淋溶吸收可以忽略不计（Ritchie and McHenry，1990）。只有当黏附^{137}Cs 的土壤颗粒在外力作用下参与地表物质再分配时才发生相应的物理性迁移（图 3-48），这正是^{137}Cs 能够示踪土壤侵蚀所具备的条件。^{137}Cs 尘埃散落于地表的总量与降水量密切相关，而深受区域性气候和纬度的影响。在较小区域内，可以假定^{137}Cs 散落总量和沉降初期在空间上的分布是均匀的，当前表土层中^{137}Cs 含量的空间分布是大气散落与土壤侵蚀的共同结果。如果某些地点自^{137}Cs 沉降以来地表没有遭受任何破坏，土壤剖面完整，没有发生土壤物质的迁移即土壤侵蚀或堆积，那么该点^{137}Cs 含量代表了所在区域的^{137}Cs 背景值。其他研究地点的^{137}Cs 含量与该区域内^{137}Cs 背景值之间的差异反映了研究地点自^{137}Cs 沉降以来土壤颗粒的再分配状况。通过建立^{137}Cs 损失率与土壤侵蚀率之间的定量关系，就可以估算出研究地点的土壤蚀积速率。1958 ~ 1959 年是全球^{137}Cs 沉降高峰期，因距今时间较长，沉降强度不大，而 1962 ~ 1964 年高峰期的^{137}Cs 沉降明显高于前一高峰期（Ritchie and Mchenry，1990；Walling and Quine，1993），因此，^{137}Cs 的再分配被认为是自 1963 年以来土壤侵蚀或堆积的结果。

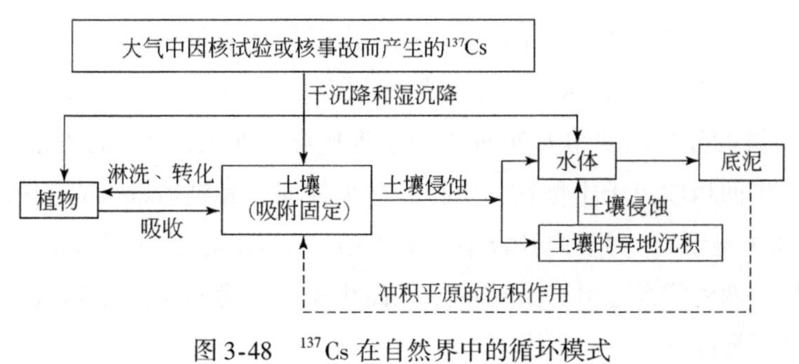

图 3-48　^{137}Cs 在自然界中的循环模式

3.5.2 ^{137}Cs 样品采集和测试方法

1. 背景值样点的选取

确定研究区^{137}Cs背景值的理想的标准参考剖面应具备以下条件（Walling and Quine, 1993）：①尽量靠近研究区。②与研究区处于相同海拔。③自 1963 年以来未经任何扰动。④自 1963年以来没有侵蚀或堆积痕迹。⑤地形起伏很小或平坦地表。⑥终年植被覆盖，并且主要是草本或类似草本植物。

由于^{137}Cs背景值在^{137}Cs损失率和土壤侵蚀速率计算中的特殊重要性，准确的背景值显得非常关键，但在自然界中很难找到绝对满足上述条件的标准剖面，野外工作中只能尽量选择最接近上述条件的土壤剖面作为标准参考剖面，即^{137}Cs背景值采样点。为减小随机性带来的误差，一般至少选择三个以上的地点作为备选背景值样点，并对每个样点进行重复采样。

2. 样品采集

^{137}Cs样品分为全样和层样。全样是在指特定面积（取决于采样器的截面积）和^{137}Cs分布深度范围内采集的完整土壤样品，用于计算采样点的^{137}Cs总量（单位：Bq/m^2）及其与背景值相比的损失率或富集率；层样即分层采集的样品，用于分析土壤剖面中^{137}Cs活度（单位：Bq/kg）垂直分布特征。采样点的^{137}Cs总量、与背景值相比的损失率或富集率、^{137}Cs活度剖面分布模式三者结合起来，才能满足测点土壤侵蚀或堆积速率计算，以及土壤侵蚀/堆积过程分析。通常情况下，为减轻工作量和样品测试量，并非每个采样点都需要采集层样。但在土地利用类型或植被类型明显不同的采样区，至少需要采集两个以上采样点的层样，获取^{137}Cs剖面分布曲线，并将其作为采样区所属土地利用类型或植被覆盖条件下的^{137}Cs剖面分布代表曲线。

全样采集方法：一般利用不同内径的土钻直接钻取。理论上讲，采样深度为^{137}Cs剖面分布的最大深度。根据现有文献，中国北方风蚀区草原地区土壤剖面中^{137}Cs最大分布深度约为 30cm，农田土壤中的分布深度一般与耕作层深度相当，青藏高原高寒草原区目前所能探测到的^{137}Cs最大分布深度约为 20cm。对于现代堆积地表，^{137}Cs剖面分布深度与堆积厚度相关。全样采集面积取决于土壤钻的内径。在采样面积和钻取深度范围内采集的样品量不少于 500g（风干土重）。对于内径较小的土壤钻，如果样品量不足 500g，则需再取一件相同深度的样品，两件样品合并，此时的采样面积需记录为两倍的土钻截面积。每个采样点一般取 3 件平行样品。

层样采集方法：利用固定面积的采样框，自土壤表面至^{137}Cs最大分布深度逐层采样。每层样品的采集厚度可根据研究需要确定，一般按照1cm或2cm厚度逐层采集。采样框的面积取决于层样厚度，基本要求是每层采集的样品量不少于500g。

背景值样品采集方法：在背景值采样点，须同时采集^{137}Cs全样和层样。其中，利用层样测试结果建立的^{137}Cs剖面分布曲线形式是判断该采样点是否满足背景值要求的重要依据。在所有^{137}Cs样品采集点，都需要采集相应的土壤容重样品。

3. ^{137}Cs活度测试

样品测试前需进行预处理。^{137}Cs主要以吸附形式附着在细颗粒的黏土矿物表面，粗颗粒对^{137}Cs的吸附能力极低甚至可以忽略不计，故测试时一般仅取较细的成分（≤1.0mm）。样品自然风干后，轻微研磨后过筛（孔径为1.0mm），既破坏土壤团聚体结构但又不损伤土壤物质的原始粒级。将样品剔除草根，称重，取研磨后的样品（≤1.0mm）装在特制容器中待测。供试所需的样品量与测试仪器探测效率等因素有关，一般要求其为300～500g。测试仪器为γ谱仪和高纯锗（HPGe）探头。高纯锗探测器可同时测定包含Cs-137、Pb-210、Be-7、Cs-134、K-40等核素的含量。该方法的基本原理是土壤或沉积物中的核素释放已知能量的γ光子，与探测器中的锗相互作用释放与该光子能量对应的信号，该信号经过放大器后传达到多通道分析系统（multi channel analyser system，MCA），显示为光谱信号。该光谱信号被绘制成与核素能量对应的发射计数图，通过软件将峰值计数信息转换为核素活度。对于不同的放射性同位素，为获得可信的测试结果，在进行样品测试之前，需要先对探测器进行刻度，包括能量刻度和探测效率刻度。能量刻度的目的是确认待测核素的特征能量峰。依据标准源，通过确认一系列已知能量峰的核素的特征能量峰信道位置完成。探测效率是在特定的能量下探测器对γ射线的捕捉能力，表示核素活度真值与测定值之间的偏差，与探测器的种类和尺寸，标准源的构成，仪器设置，样品的形状、大小和体积，以及土壤样品与探测器的距离、背景活度等有关。

3.5.3 ^{137}Cs损失率与土壤侵蚀速率之间的定量关系（^{137}Cs模型）

^{137}Cs示踪技术应用于土壤侵蚀率计算的另外一个关键是^{137}Cs损失率与土壤侵蚀速率之间的定量关系的标定，即^{137}Cs模型。

1. 耕作土壤

继Ritchie等（1974）建立起第一个耕作土壤的^{137}Cs侵蚀估算模型以来，先后出现了多种模型，大致可分为以下几种类型。

1）经验模型

基本形式为

$$E_{\mathrm{R}}=\alpha X^{\beta} \tag{3-50}$$

式中，E_{R}为土壤侵蚀速率，kg/(hm^2·a)；X 为土壤^{137}Cs 的损失率,%；α、β 为待定系数。此类模型形式简单，易于应用，因此被许多研究者采用（Walling and Quine，1990；Wilkin and Hebel，1982；Campbell et al.，1986；Loughran et al.，1986）。

2）比例模型

是一种较为简单的理论模型，可表示为

$$E_{\mathrm{R}}=100Bd_{\mathrm{t}}X/T \tag{3-51}$$

式中，B 为土壤容重，kg/m^3；d_{t} 为耕作层深度，m；T 为^{137}Cs 沉降以来经历的时间，a。该模型假设前提：土壤中接受的全部^{137}Cs 沉降经耕作混合后在耕作层中均匀分布；自^{137}Cs 沉降以来土壤的侵蚀量与^{137}Cs 损失率成比例。由于使用上的方便，该模型应用较多（Mitchell et al.，1980；De Jong et al.，1983；Martz and De Jong，1987），但唐翔宇等（2000）认为，两次耕作间隙的^{137}Cs 沉降，以及耕作层以下土壤中的^{137}Cs 混入等因素，使得剖面中的^{137}Cs 分布并非均一，因此在实际应用时存在缺陷。

3）物质平衡模型

由 Kachanoski 和 De Jong（1984）首先提出，其他学者在此基础上做了进一步研究和应用（Quine，1989；杨浩等，1999），其基本形式为

$$S_t=(S_{t-1}+F_t-E_t)k_{\mathrm{a}} \tag{3-52}$$

式中，S_t和 S_{t-1}分别为 t 年和 t-1 年末土壤剖面的^{137}Cs 总量，Bq/m^2；F_t为 t 年的^{137}Cs 沉降量，Bq/m^2，E_t为 t 年由土壤侵蚀而损失的^{137}Cs 量，Bq/m^2；k_{a} 为^{137}Cs 的年放射性衰减常数（0.977）。这一模型在理论上没有问题，但实用性值得商榷，如 E_t的确定及其与土壤侵蚀的关系本身就是要解决的问题。

此外，还有质量模型（Brown et al.，1981；Lowrance et al.，1988），以及考虑耕作活动对^{137}Cs 稀释作用的幂函数模型（Kachanoski，1993）等。

2. 非耕作土壤

非耕作土壤剖面中^{137}Cs 的分布形式更为复杂，对非耕作土壤^{137}Cs 剖面分布的认识，以及对地表过程中^{137}Cs 沉降与扩散规律的不同考虑，形成不同形式的模型。

1）经验模型

以 Elliott 模型（Elliott et al.，1990）为代表，其表达式为

$$E_{\mathrm{R}}=\alpha\beta^{X} \tag{3-53}$$

这类模型最大的不足是没有充分考虑非耕作土壤剖面中的^{137}Cs 分布特征，因此应用

较少。

2）剖面分布模型

以 Zhang 等（1990）和 Chappell（1996）等为代表。Zhang 等（1990）将^{137}Cs 剖面分布表达为

$$A_d = A_{ref}(1-e^{-100\delta ds}) \tag{3-54}$$

式中，A_d 为深度 d_s(m) 以上土壤中的^{137}Cs 总量，Bq/m^2；δ 为描述^{137}Cs 剖面特征的系数，由研究区标准参考剖面分析获得。研究区任意一点的土壤侵蚀速率由式（3-55）计算：

$$E_R = 100\ln[(1-X)/100]/\delta T \tag{3-55}$$

式中，T 为自 1963 年以来的时间，a。该模型适用于剖面中^{137}Cs 活度呈指数递减型分布的情形，而许多研究发现，非耕作土壤剖面中^{137}Cs 活度更多地呈尖峰型分布（Loughran et al.，1987；Lowrance et al.，1988；Walling and Quine，1990；Wallbrink and Murry，1996；Chappell et al.，1996），此种情况下该模型已不适用。

3）质量平衡模型

采用一维运移模型、有效扩散系数和迁移速率等描述^{137}Cs 沉降地表后在土壤剖面中的迁移过程，并建立相应的模型（Walling and He，1999；Owens and Walling，1998）。这些模型最大的不足是其形式较复杂，各参数难以确定，可操作性较差。相比之下，Yang 等（1998）建立的质量平衡模型形式较为简单，而且既充分考虑了^{137}Cs 剖面分布形式，又考虑了^{137}Cs 沉降的年变化等影响因素。他们根据非耕作土壤^{137}Cs 剖面分布形式的大量报道，将其归为三类，即指数型（exponential type）、尖峰型（peak type）和递减型（decreasing type）（图 3-49），对应的模型分别为

$$C_s = ae^{-bds} \quad (a>0, b>0) \tag{3-56}$$

$$C_s = a[1-(c-d_s/d_{max})^b](c-d_s/d_{max})^{b-1} \quad (a>0, b>0, c\leq 1) \tag{3-57}$$

$$C_s = a(1-d_s/d_{max})^b \quad (a>0, b>0) \tag{3-58}$$

式中，C_s 为土壤剖面中 d_s(m) 深度处的^{137}Cs 活度，Bq/kg；d_{max}为土壤剖面中^{137}Cs 的最大分布深度，m；a、b、c 均为常数。

对于上述三种剖面分布形式，土壤侵蚀速率分别由式（3-59）~式（3-61）计算：

$$E_R = -10\,000\ B\ \ln(1-\kappa)/b \tag{3-59}$$

$$E_R = 10\,000\mathrm{Bd}_{max}\{c-[1-\sqrt{\kappa[1-(1-c)^b]^2+(1-\kappa)(1-c^b)^2}]^{1/b}\} \tag{3-60}$$

$$E_R = 10000B\ d_{max}[1-(1-\kappa)^{1/(b+1)}] \tag{3-61}$$

式中，E_R为土壤侵蚀速率，kg/(hm^2 · a)；κ 为侵蚀常数，即土壤剖面^{137}Cs 的年损失比例；Yang 等（1998）将其定义为

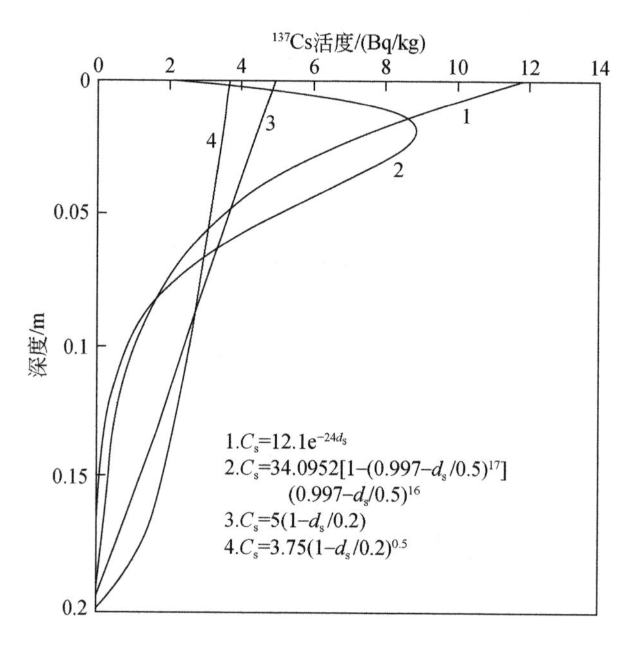

图 3-49　非耕作土壤^{137}Cs 剖面分布典型形式

资料来源：Yang et al.，1998

$$\kappa=\frac{\int_0^{E_d} B f(d_s)\,\mathrm{d}\,d_s}{C_{ref}}\quad 0\leqslant\kappa\leqslant 1 \tag{3-62}$$

式中，C_{ref}为^{137}Cs 背景值，Bq/m^2；B 为土壤容重，kg/m^3；d_s为深度，m；f（d_s）为^{137}Cs 活度（Bq/kg）随深度 d_s 变化的回归函数；E_d 为年侵蚀深度，m。在实际计算中，κ 由式（3-63）求得

$$X=100-[R_1(1-\kappa)^{28}+R_2(1-\kappa)^{27}+\cdots+R_{29}](1-\kappa)^{M-1982} \tag{3-63}$$

式中，X 为采样年份的土壤剖面中^{137}Cs 损失比例，由实际测定得出；R 值可由文献查得；给定采样年份 M（$M\geqslant$1983），即由式（3-63）求得 κ。

3.6　土壤风蚀模型

建立风蚀模型是为了定量地揭示风蚀的程度、预测可能的发展趋势和制定有效的控制方案。最简单的风蚀模型是拜格诺的输沙率方程，其中只包含了风速和沙粒粒径两个变量。20 世纪 40 年代以后，不少学者致力于风蚀模型的研究，提出了不同形式的风蚀模型，并用于估算土壤风蚀量与评价各种防风措施（表 3-6）。建立土壤风蚀预报模型的基本思想是用函数表达风蚀过程中各影响因子的作用及其关系，现有的风蚀模型可分为三类——

物理模型、经验模型和理论模型。

表 3-6 主要风蚀模型

模型	表达式	基本原理	研究者
风蚀方程（WEQ）	$E=f(I, K, C, L, V)$	第一个用于估算田间年风蚀量的模型；基于堪萨斯州 Garden City 气候条件的经验模型，各种风蚀影响因子的风洞实验结果；5 组 11 个变量；逐步图解法	Woodruff 和 Siddoway（1965）
德克萨斯侵蚀分析模型（TEAM）	$X = C(s\ u_*^2 - u_{*t}^2)\ u_*(1 - e^{-0.00169AIL})$	理论模型与经验模型相结合的思路；变量有限，简化的过程模型；利用计算机程序来模拟风速廓线发育，以及各种长度田块上的土壤运动	Gregory 等（1988）
风蚀评价模型（WEAM）	欧文跃移通量方程；跃移质与悬移质之比例；不可蚀因子对风蚀削弱作用；土壤水分对风蚀影响	基于物理过程的风蚀预报模型；综合有关风沙流及大气尘输移的实验与理论研究成果；借助 GIS 信息数据库实现；用于估算农田风沙流及大气尘输移量	Shao 等（1996）
修正风蚀方程（RWEQ）	$Q_x=109.8(\mathrm{WF} \cdot \mathrm{EF} \cdot \mathrm{SCF} \cdot K' \cdot \mathrm{COG})[1-e^{-(x/s)2}]$	经验型模型，普适性有待验证；考虑了气象、土壤、植被、田块、耕作及灌溉方式等因子；借助 FORTRAN 语言求解	Fryrear 等（1994）
风蚀预报系统（WEPS）	包括风蚀模型（WEM）、输入输出模型和数据库模型	引入子模型的概念，以模块的形式组成；全面采用计算机和数据库技术。风蚀模型由 7 个子模型组成：侵蚀、气象、作物生长、分解、土壤、水文、耕作子模型	Hagen（1991）
京津风沙源风蚀评价模型	耕地：$Q_{\mathrm{fa}} = 10\hat{C}\sum_{j=1} T_j \cdot e^{a_1+\frac{b_1}{z_0}+c_1[(Au_j)^{0.5}]}$ 草(灌)地：$Q_{\mathrm{fg/ff}} = 10\hat{C}\sum_{j=1} T_j \cdot e^{a_2+b_2\mathrm{VC}^2+c_2/(Au_j)}$ 沙地：$Q_{\mathrm{fs}} = 10\hat{C}\sum_{j=1} T_j \cdot e^{a_3+b_3\mathrm{VC}+c_3\ln(Au_j)/(Au_j)}$	经验模型，将可蚀性地表划分为 3 类：耕地、草（灌）地和沙地。借助 3S（GIS、GPS、RS）技术，可在具备基本风蚀因子资料（包括土地利用、土壤类型数据、整点风速资料、植被盖度数据等）的区域，进行任意时段内、任意像元和范围内的土壤风蚀量计算。成功应用于京津风沙源治理工程区土壤风蚀监测和评价	高尚玉等（2008）
第一次全国水利普查模型	耕地：$Q_{\mathrm{fa}} = 0.018(1-W)\sum_{j=1} T_j \cdot e^{a_1+\frac{b_1}{z_0}+c_1[(Au_j)^{0.5}]}$ 草(灌)地：$Q_{\mathrm{fg/ff}} = 0.018(1-W)\sum_{j=1} T_j \cdot e^{a_2+b_2\mathrm{VC}^2+c_2/(Au_j)}$ 沙地：$Q_{\mathrm{fs}} = 0.018(1-W)\sum_{j=1} T_j \cdot e^{a_3+b_3\mathrm{VC}+c_3\ln(Au_j)/(Au_j)}$	该模型由京津风沙源模型改进而来，在后者的基础上增加了表土湿度因子（W），被应用于全国风蚀调查和监测	《第一次全国水利普查成果丛书》编委会（2017）

3.6.1 风蚀方程

WEQ 由美国农业部提出（Woodruff and Siddoway，1965）。该方程为第一个用于估算田间风蚀量的模型，被广泛应用和修订。WEQ 包括 5 个分量：

$$E=f(I,K,C,L,V) \tag{3-64}$$

式中，E 为单位面积的年风蚀量；I 为土壤可蚀性因子；K 为土壤垄糙度因子；C 为气候因子；L 为田块长度因子；V 为植被因子。每个分量是若干自变量的函数，分量之间表示为乘积关系。为了方便方程的求解，美国农业部已将方程中有关变量值按地区进行了求算，并绘制了相应的图表。方程用图表法求解时分为五个步骤，每一步引入一个变量。前三个步骤是将 I、K、C 逐个相乘，第四步和第五步分别引入 L 和 V 时，要用图表法进行求解。

WEQ 是建立在大量的野外观测基础上的风蚀方程，它首次引入综合性思想预报风蚀，为后来进一步发展风蚀模型提供了思路，因而曾被广泛应用。但是 WEQ 也有较大的局限，主要表现在：①WEQ 建立在特定区域（美国堪萨斯州加登城）的气候条件基础上，当应用于气候条件差异较大的地区时，有很大的误差。②在 WEQ 中，各种风蚀因子之间的复杂关系并没有被考虑，将各因子的总体效应均用乘积的方式表达，可能会夸大某些因子的作用。③WEQ 是一个经验模型，注重宏观上应用的方便，与微观的风蚀机制研究脱节，得不到风蚀基础理论的支持。

3.6.2 修正风蚀方程

由于 WEQ 不能预测高降水和极端干旱地区的土壤风蚀，随着风蚀观测仪器和基础理论的发展，WEQ 的局限性越来越明显。美国农业部于 20 世纪 80 年代后期对 WEQ 进行了修正，提出了 RWEQ（Fryrear et al.，1994），其目的是应用简单的模型变量输入方式来计算农田风蚀量。修正风蚀方程充分考虑了气象、土壤、植被、田块、耕作和灌溉方式等因子，RWEQ 的形式为

$$Q_x=\frac{2x}{s^2}\cdot Q_{\max}\cdot \mathrm{e}^{-(x/s)^2} \tag{3-65}$$

$$Q_{\max}=109.8(\mathrm{WF}\cdot \mathrm{EF}\cdot \mathrm{SCF}\cdot K'\cdot \mathrm{COG}) \tag{3-66}$$

$$s=150.7(\mathrm{WF}\cdot \mathrm{EF}\cdot \mathrm{SCF}\cdot K'\cdot \mathrm{COG})^{-0.3711} \tag{3-67}$$

式中，Q_x 为距上风向不可蚀边界 x(m) 处的风蚀量，kg/m^2；$Q_{\max}$ 为最大输沙量，kg/m；s 为关键地块长度，m，定义为达到最大输沙量的 63.2% 时的田块长度；WF 为气象因子；

EF 为土壤可蚀性因子；SCF 为土壤结皮因子；K'为土壤粗糙度；COG 为植被因子，包括平铺作物残留物、直立作物残留物和植被冠层。

RWEQ 主要借助计算机求解，40 多个地区的预测结果表明，只要有理想的气象、土壤、作物和农田管理数据输入，应用 RWEQ 是可以取得比较精确的预报结果的。但是 RWEQ 并未摆脱 WEQ 的思想束缚，各变量的综合作用效果仍用乘积的形式表达。此外，RWEQ 仍是根据美国大平原地区的实际条件建立起来的，缺乏理论和物理过程基础，大多数参数仍是经验数据，其普适性有待进一步验证和修正。

3.6.3 风蚀预报系统

20 世纪 80 年代以后，针对风蚀方程的局限性，美国农业部在构建修正风蚀方程（RWEQ）的同时，还综合风蚀、数据库及计算机技术来推进土壤风蚀预测技术，形成了风蚀预报系统，以取代风蚀方程（Hagen，1991）。风蚀预报系统的目标不仅主要针对农田，还兼顾草原，并适用于不同的时间尺度。

风蚀预报系统引入子模型的概念，以模块形式组成，包括主程序、用户界面输入部分、七个子模型与有关数据库，以及输出控制部分。七个子模型分别为侵蚀、气象、作物生长、分解、土壤、水文和耕作。作物生长、分解、土壤、水文及耕作子模型的功能在于预测、决定暂时性的土壤可蚀性、土壤与植被特征及其对气象子模型输入的响应。当风速大于临界风速时，用侵蚀子模型来计算土壤流失或堆积。气象子模型产生驱动作物生长、分解、水文、土壤以及侵蚀子模型所必需的变量，主要包括降水强度、降水量、降水持续时间、最低和最高气温、太阳辐射、露点及日最大风速等，作物生长与分解子模型包括有关各种作物的生长、叶-茎关系、分解和收获等方面的信息。土壤子模型预测暂时性土壤特性和固有土壤性质及其变化。水文子模型的功能是模拟土壤能量和水分平衡、冻融循环和冻结深度。耕作子模型评价耕作对暂时性土壤特性及地表形态的影响，进而评价其对水文、土壤、作物及分解子模型的影响。侵蚀子模型的作用是计算预报区域的临界摩阻风速和土壤风蚀量并进行风蚀过程模拟。

3.6.4 京津风沙源风蚀评价模型

北京师范大学高尚玉等（2008）在其所著的《京津风沙源治理工程效益评价》中，提出基于风洞模拟实验和^{137}Cs 示踪技术构建的耕地、草（灌）地和沙地土壤风蚀模型：

$$\text{耕地}:Q_{\text{fa}} = 10\,\widehat{C}\sum_{j=1} T_j \cdot \mathrm{e}^{a_1+\frac{b_1}{z_0}+c_1[(Au_j)^{0.5}]} \tag{3-68}$$

$$草(灌)地:Q_{fg/ff} = 10\widehat{C}\sum_{j=1} T_j \cdot e^{a_2+b_2VC^2+c_2/(Au_j)} \tag{3-69}$$

$$沙地:Q_{fs} = 10\widehat{C}\sum_{j=1} T_j \cdot e^{a_3+b_3VC+c_3\ln(Au_j)/(Au_j)} \tag{3-70}$$

式中，Q_{fa}、$Q_{fg/ff}$、Q_{fs}分别为大田条件下的耕地、草（灌）地和沙地土壤风蚀模数，t/(hm^2 · a)；z_0为地表空气动力学粗糙度，cm，对于我国北方传统耕作方式，翻耕后裸露耕地表面的空气动力学粗糙度约为 0.55cm；VC 为植被盖度,%；$\widehat{C}$为风洞实验结果推广到大田风蚀模数时的修订系数，约为 0.0018；A 为与下垫面有关的风速修订系数；u_j为气象站逐时风速统计中高于临界侵蚀风速的第j级风速，我国北方旱作耕地的临界侵蚀风速一般略大于流沙地表（5.0m/s），气象站逐时风速统计中高于临界侵蚀风速的第一个风速等级范围为6.0~7.0m/s，取平均值为6.5m/s，因此$u_{j=1}$=6.5m/s，$u_{j=2}$=7.5m/s，依此类推，u_j最高为当地逐时风速记录中最大风速等级范围的平均值。对于草（灌）地，土壤临界侵蚀风速随植被盖度的改变而不同，各级植被盖度对应的临界侵蚀风速见表 3-7。对于平均粒径小于 0.24mm 的干燥裸露沙地，$u_{j=1}$=5.5m/s，各级植被盖度对应的临界侵蚀风速见表 3-8。T_j为风蚀活动期风速为u_j的累积时间，min；a_1、b_1、c_1为与土壤类型有关的常数项，分别取值为 -9.208、0.018、1.955；a_2、b_2、c_2分别取值为 2.4869、-0.0014、-54.9472；a_3、b_3、c_3分别取值为 6.1689、-0.0743、-27.9613。

表 3-7　非风沙土草地不同植被盖度下的临界侵蚀风速

植被盖度等级范围/%	平均盖度/%	气象站临界侵蚀风速/(m/s)	$u_{j=1}$/(m/s)	
			范围	实际取值
0~5	2.5	8.20	8~9	8.5
5~10	7.5	8.47	8~9	8.5
10~20	15	8.95	8~9	8.5
20~30	25	9.75	9~10	9.5
30~40	35	10.78	10~11	10.5
40~50	45	12.12	12~13	12.5
50~60	55	13.85	13~14	13.5
60~70	65	15.76	15~16	15.5

注：$u_{j=1}$为气象站逐时风速统计数据中，高于临界侵蚀风速的第一个等级的风速；植被盖度大于 70% 时无论多大风速都不会产生风蚀。

资料来源：高尚玉等，2008。

表 3-8　沙地不同植被盖度下的临界侵蚀风速

植被盖度等级范围/%	平均盖度/%	气象站临界侵蚀风速/(m/s)	$u_{j=1}$/(m/s)	
			范围	实际取值
0 ~ 5	2.5	5.05	5 ~ 6	5.5
5 ~ 10	7.5	6.12	6 ~ 7	6.5
10 ~ 20	15	7.12	7 ~ 8	7.5
20 ~ 30	25	8.53	8 ~ 9	8.5
30 ~ 40	35	10.04	10 ~ 11	10.5
40 ~ 50	45	11.66	11 ~ 12	11.5
50 ~ 60	55	13.48	13 ~ 14	13.5
60 ~ 70	65	14.90	14 ~ 15	14.5
70 ~ 80	75	16.88	16 ~ 17	16.5

注：表中 $u_{j=1}$ 数据仅针对平均粒径小于 0.24mm 的沙地。对于平均粒径介于 0.24 ~ 0.30mm 的沙地，$u_{j=1}$ 数据提高一个等级；对于平均粒径大于 0.30mm 的沙地，$u_{j=1}$ 数据提高两个等级。

资料来源：高尚玉等，2008。

3.6.5　第一次全国水利普查风蚀模型

京津风沙源风蚀评价模型在实际应用中表现出较好的便捷性、实用性和计算结果的合理性，但该模型适用于干燥地表，对于表土水分含量较大的地表，计算结果尚未得到充分检验。尽管土壤风蚀发生于地表最为干燥的冬季、春季，表土水分含量普遍很低，直接利用该模型进行计算并不会产生不可接受的误差，但对跨气候区大尺度土壤风蚀评估的影响不容忽视。鉴于此，在 2010 年启动开展的第一次全国水利普查风力侵蚀调查研究中，京津风沙源风蚀评价模型引入了表土水分因子并成功应用于全国土壤风蚀情况普查（《第一次全国水利普查丛书》编委会，2017），改进后的模型也被称为“第一次全国水利普查风蚀模型”。模型形式如下：

$$\text{耕地：}Q_{\mathrm{fa}} = 0.018(1 - W)\sum_{j=1} T_j \cdot \mathrm{e}^{a_1+\frac{b_1}{z_0}+c_1[(Au_j)^{0.5}]} \tag{3-71}$$

$$\text{草(灌)地：}Q_{\mathrm{fg/ff}} = 0.018(1 - W)\sum_{j=1} T_j \cdot \mathrm{e}^{a_2+b_2\mathrm{VC}^2+c_2/(Au_j)} \tag{3-72}$$

$$\text{沙地：}Q_{\mathrm{fs}} = 0.018(1 - W)\sum_{j=1} T_j \cdot \mathrm{e}^{a_3+b_3\mathrm{VC}+c_3\ln(Au_j)/(Au_j)} \tag{3-73}$$

式中，W 为表土水分因子，其余各变量和常数项均与京津风沙源风蚀评价模型［式(3-68) ~ 式 (3-70)］中的相应变量和常数项相同。

第一次全国水利普查风蚀模型现已作为全国风蚀监测唯一使用的模型被广泛推广应用。

3.6.6 土壤风蚀动力模型

该模型全称为基于土壤风蚀动力过程的土壤风蚀动力模型（dynamic model of soil wind erosion，DMSWE），由邹学勇等（2014）提出，目前仍属于概念模型。DMSWE 自上而下分为四个层次（图 3-50）：第一层为具有风蚀动力学理论基础的风蚀模型。第二层为风蚀影响因子参数化层次，各影响因子及其之间关系物理意义明确，且以风蚀力或抗风蚀力的方式表达。第三层为风蚀影响因子中各具体要素的描述层次，该层次中的各要素基于统计学描述，其基本参数来自野外实际调查和实验。第四层为各要素算法层次，该层次根据实际情况确定每个要素的算法。

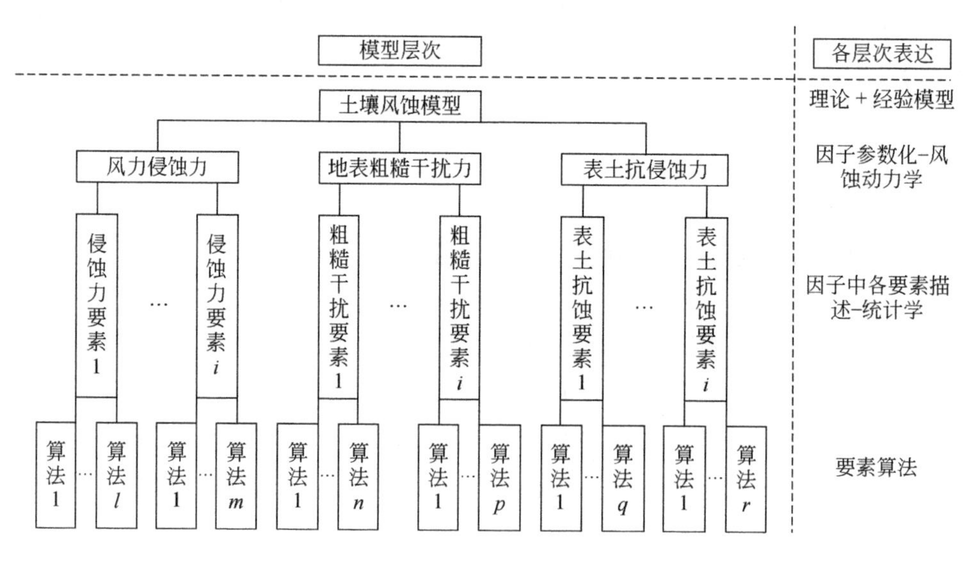

图 3-50　DMSWE 模型层次

资料来源：邹学勇等，2014

DMSWE 包括主模型、风蚀影响因子参数化子模型和基础数据库三部分，以及相应的模型运算主程序（图 3-51）。DMSWE 引入“土壤风蚀标准小区”的概念，从风蚀动力学角度计算不同情形下的土壤风蚀模数，并对土壤风蚀量进行空间尺度转换。根据土壤风蚀的动力学过程，将影响土壤风蚀的要素归纳为风力侵蚀力、地表粗糙干扰力、土壤抗侵蚀力三大影响因子，并在此基础上建立这三大影响因子的力学表达式。基础数据库包括风力因子数据库、地表粗糙因子数据库、土壤抗蚀因子数据库、气候因子数据库，每个数据库由多个影响土壤风蚀的要素组成。为了更好地耦合各风蚀因子和 GIS 技术，基础数据库中的数据都赋有空间属性，在模型运算主程序的支持下生成不同类型的空间数据。

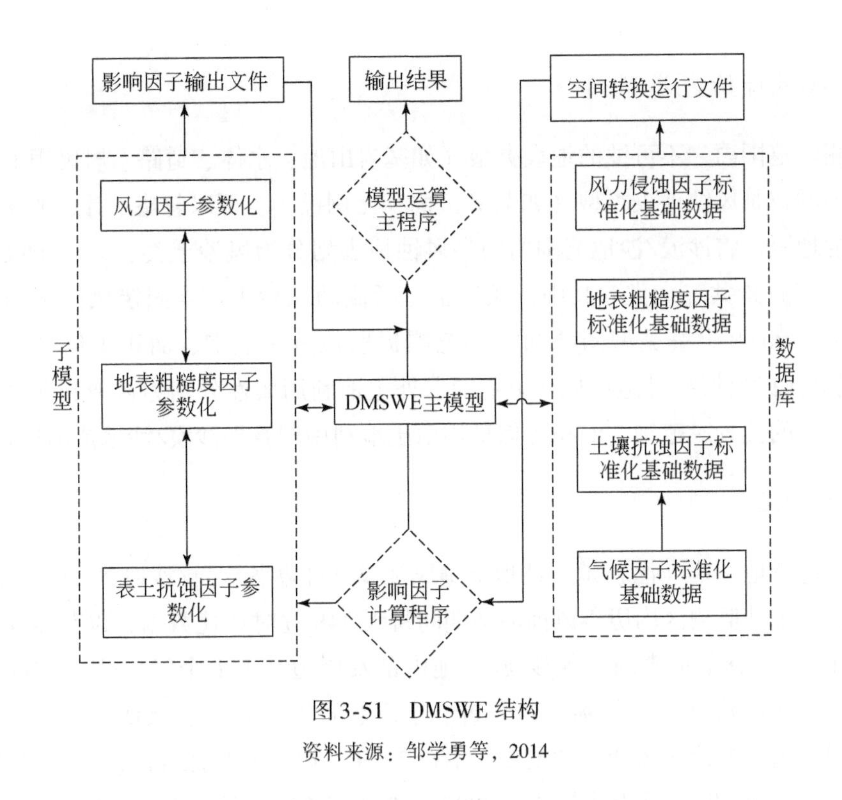

图 3-51　DMSWE 结构

资料来源：邹学勇等，2014

DMSWE 模型从风蚀动力学角度，将影响土壤风蚀各要素统一到风蚀动力学的框架下，突破现有的以统计量为基础的经验模型建模思路和方法，其应用不受地表类型和空间尺度的限制，代表了土壤风蚀模型的发展方向，但迄今为止仍处于模型的研制阶段。

3.7　风蚀监测与评价

3.7.1　风蚀监测

风蚀监测可分为长期定位监测和区域性监测两类。定位监测是直接获取风蚀观测资料最有效的手段，但限于观测手段、观测标准不一，风蚀过程难以跟踪等问题，目前国内外大规模长期定位监测体系还很不完善。中国只有零星的定位观测场，这些观测场数量、范围、代表性还无法满足北方风蚀区的风蚀监测需要。当前区域性风蚀监测仍主要依赖于风蚀模型，京津风沙源区土壤风蚀监测与评价就是利用风蚀模型进行区域性风蚀监测的成功案例。本书以中国北方沙区 12 个主要沙漠/沙地 2000 ~ 2019 年的土壤风蚀监测为例，阐述区域性风蚀监测的步骤。

1. 沙区风蚀地表类型划分

在监测区范围内，不可蚀的地表类型（如基岩山地、水体、道路、居民用地等）和砾石覆盖较多的较难风蚀地表类型（如戈壁）面积比例极小，可以忽略不计，99%以上的区域为易风蚀地表。将沙漠/沙地范围内的易风蚀地表划分为风沙土类、风沙土以外土类的耕地、草（灌）地共三大类。其中，风沙土包括流动风沙土、半固定风沙土和固定风沙土，利用1：100 万土壤类型图叠加沙漠范围提取位置、范围、面积等信息；耕地和草（灌）地特指12个沙漠/沙地中风沙土范围以外土地利用属性分别为耕地和各类草地的地表类型，它们的位置、范围、面积等信息均由土地利用图叠加沙漠/沙地范围进行提取。

2. 统计风速

利用上述耕地、草（灌）地、沙地土壤风蚀模型计算各沙漠/沙地2000～2019年历年风蚀量时，需统计监测区内历年风蚀活动期间每天24h逐时风速数据，以获得模型所需的u_j累积时间T_j。风速数据来源于各沙漠/沙地内部及周边共171个气象站的10m高度的风速观测资料，气象站分布于新疆、内蒙古、宁夏、青海、甘肃、陕西、山西、河北、吉林。考虑到我国北方沙区风沙活动主要发生在7～9月以外的其他月份，即1～6月和10～12月（定义为风蚀期）。将上述气象站2000～2019年逐年统计的1～6月、10～12月各等级风速的累积时间，利用空间插值的方法，得到沙区历年各等级风速的累积时间分布图。监测区内任意一点2019年产生的土壤风蚀量，等于该点在各等级起沙风速下风蚀量的累加，而任意一个等级风速下的风蚀量，取决于该风速的累积时间。尽管通过空间插值方法获取了各等级风速的累积时间分布图，但利用风蚀模型计算任意一点（实际计算过程中，每个“点”实际上是指250m×250m的计算单元）的风蚀量时，第一等级的侵蚀风速（$u_{j=1}$）并不都是相同的，而是取决于该点的地表类型、植被盖度、沙粒平均粒径（表3-7和表3-8）。例如，对于库姆塔格沙漠植被盖度小于5%的流动沙地，其年风蚀量由大于8m/s的各等级风速产生的风蚀量累加而成。

3. 计算植被盖度

监测区风蚀发生的季节，植被枝叶大多枯黄，遥感影像难以反映地表植被覆盖的真实情况。为准确反映冬、春两季风蚀期植被覆盖的真实状况，选取4月中旬至5月中旬（植被返青期）的植被NDVI，利用像元分解法计算植被盖度。将4月中旬至5月中旬的植被盖度作为模型中植被盖度因子。

利用各类地表的风蚀模数计算方法和植被盖度、起沙风速累积时间计算了各沙漠/沙地2000～2019年逐年土壤风蚀模数及风蚀量。按照各沙漠/沙地历年平均风蚀模数，以及各沙漠/沙地面积比例，计算了北方沙区12个沙漠/沙地历年平均（空间上的加权平均）

风蚀模数（图 3-52）。结果显示 2000 ~ 2019 年北方沙区风蚀模数波动较大。若以 5 年为一个阶段，第一阶段即 2000 ~ 2004 年平均风蚀模数为 89.0t/(hm^2 · a)，第二阶段（2005 ~ 2009 年）、第三阶段（2010 ~ 2014 年）和第四阶段（2015 ~ 2019 年）平均风蚀模数依次为 59.1t/(hm^2 · a)、53.0t/(hm^2 · a）和 61.9t/(hm^2 · a)。可见，第一阶段风蚀模数远高于此后三个阶段，第二阶段风蚀模数降低最为明显，比第一阶段减小了 33.6%；第三阶段风蚀模数比第二阶段降低速度变缓，减小幅度仅为 10.3%；第四阶段风蚀模数不仅没有继续降低，反而比第三阶段增大了 16.8%。总体来说，自 2000 年以来北方沙区土壤风蚀呈快速减弱→缓慢减弱→略有反弹增强的变化特点。尽管最近 5 年（2015 ~ 2019 年）风蚀出现反弹，但仍处于 20 年来的较低水平，与第一阶段相比风蚀强度明显减弱。

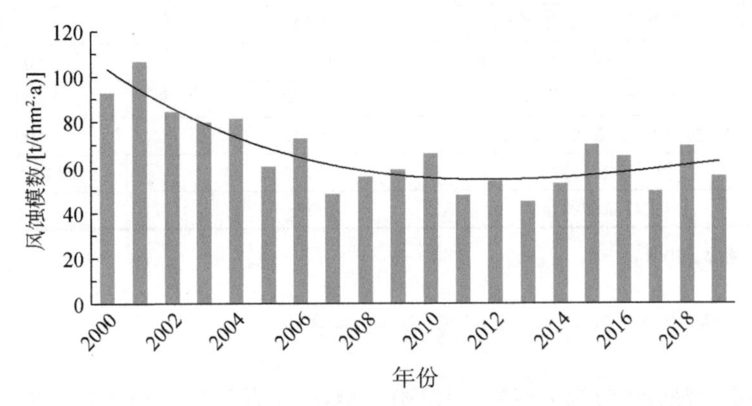

图 3-52　2000 ~ 2019 年我国北方沙漠/沙地风蚀模数变化

3.7.2　风蚀评价

1. 评价指标

为了深入了解区域风蚀状况，制定有效的风蚀防治方案，对风蚀强度进行分级是十分必要的。风蚀强度分级是根据风蚀量将风蚀强度划分为不同的等级。Zachar（1982）将风蚀划分为六个强度等级，即无感风蚀、轻微风蚀、中度风蚀、重度风蚀、极重度风蚀及灾难性风蚀（表 3-9）。中国的《土壤侵蚀分类分级标准》（SL 190—2007），将风蚀强度划分为微度、轻度、中度、强烈、极强烈和剧烈六级（表 3-10）。

表 3-9　Zachar 风蚀强度分级标准

等级	风蚀强度/[m^3/（ hm^2 · a）]	年风蚀深度/mm	定性描述
1	<0.5	<0.05	无感风蚀（无风蚀现象或不显著）
2	0.5 ~ 5	0.05 ~ 0.5	轻微风蚀

续表

等级	风蚀强度/[m^3/(hm^2·a)]	年风蚀深度/mm	定性描述
3	5~15	0.5~1.5	中度风蚀
4	15~50	1.5~5.0	重度风蚀
5	50~200	5.0~20.0	极重度风蚀
6	>200	>20.0	灾难性风蚀

资料来源：Zachar，1982。

表 3-10 水利部风力侵蚀强度分级

级别	床面形态（地表形态）	植被盖度/%	侵蚀模数/[t/(km^2·a)]
微度	固定沙丘、沙地和滩地	>70	<200
轻度	固定沙丘、半固定沙丘、沙地	70~50	200~2 500
中度	半固定沙丘、沙地	50~30	2 500~5 000
强烈	半固定沙丘、流动沙丘、沙地	30~10	5 000~8 000
极强烈	流动沙丘、沙地	<10	8 000~15 000
剧烈	大片流动沙丘	<10	>15 000

资料来源：水利部，2008。

2. 中国北方沙漠/沙地风蚀强度空间分布

根据《土壤侵蚀分类分级标准》（SL 190—2007）（表 3-10）和 2015~2019 年北方沙漠/沙地风蚀模数计算结果，统计得到 2015~2019 年各等级风蚀强度所占的面积（表 3-11）。结果表明，中国北方沙区 12 个沙漠/沙地范围内，轻度风蚀面积最大，占沙漠/沙地总面积的 36.8%。其次是中度风蚀面积，占 17.6%。可见中国沙漠/沙地以轻度和中度风蚀为主，这两个等级的风蚀面积合计超过沙漠/沙地总面积的 54%。其他四个等级的风蚀面积占沙漠/沙地总面积的比例介于 10%~13.6%。但在各沙漠/沙地内部，各等级的风蚀面积比例大不相同。

表 3-11 中国北方沙漠/沙地风蚀评价表（2015~2019 年 5 年平均）

沙漠/沙地	微度风蚀		轻度风蚀		中度风蚀		强烈风蚀		极强烈风蚀		剧烈风蚀	
	面积/hm^2	占比/%	面积/hm^2	占比/%	面积/hm^2	占比/%	面积/hm^2	占比/%	面积/hm^2	占比/%	面积/hm^2	占比/%
塔克拉玛干沙漠	3 614 115	10.32	14 797 681	42.25	8 772 003	25.05	5 421 833	15.48	2 018 746	5.77	399 437	1.14
古尔班通古特沙漠	228 683	3.77	1 064 629	17.55	457 486	7.54	517 505	8.53	1 333 045	21.97	2 465 987	40.64
库姆塔格沙漠	48 723	2.17	47 882	2.13	12 826	0.57	460	0.02	499 393	22.26	1 634 563	72.85
柴达木盆地沙漠	164 424	11.85	159 458	11.50	145 923	10.52	117 411	8.46	142 019	10.24	657 815	47.43
巴丹吉林沙漠	103 052	1.85	553 577	9.92	11 019	0.20	59 655	1.07	1 392 092	24.95	3 459 370	62.01
腾格里沙漠	844 488	17.07	1 838 054	37.17	927 785	18.76	535 033	10.82	701 087	14.18	98 793	2.00

续表

沙漠/沙地	微度风蚀		轻度风蚀		中度风蚀		强烈风蚀		极强烈风蚀		剧烈风蚀	
	面积/hm²	占比/%	面积/hm²	占比/%	面积/hm²	占比/%	面积/hm²	占比/%	面积/hm²	占比/%	面积/hm²	占比/%
乌兰布和沙漠	147 844	10.24	308 473	21.37	56 113	3.89	133 941	9.28	490 217	33.96	306 995	21.26
库布齐沙漠	121 654	8.70	682 800	48.86	299 246	21.41	121 134	8.67	169 755	12.15	2 879	0.21
毛乌素沙地	934 384	19.35	2 486 198	51.48	804 415	16.66	388 088	8.04	204 303	4.23	11 419	0.24
浑善达克沙地	477 489	12.42	1 079 551	28.08	712 332	18.53	197 173	5.13	338 711	8.81	1 039 480	27.03
科尔沁沙地	1 831 087	25.91	4 047 038	57.26	900 331	12.74	146 265	2.07	115 839	1.64	27 225	0.38
呼伦贝尔沙地	290 696	33.20	416 832	47.61	46 548	5.32	20 572	2.35	71 263	8.14	29 618	3.38
合计	8 806 639	11.8	27 482 173	36.8	13 146 027	17.6	7 659 070	10.2	7 476 470	10.0	10 133 581	13.6

1）微度风蚀

12 个沙漠/沙地中，微度风蚀总面积约为 8.81 万 km²，约占沙漠/沙地总面积的 11.8%，主要分布于塔克拉玛干沙漠、科尔沁沙地、毛乌素沙地和腾格里沙漠，这 4 个沙漠/沙地微度风蚀总面积约为 7.22 万 km²，占全部微度风蚀总面积的 82.0%。微度风蚀区是 12 个沙漠/沙地中生态环境最好的区域，但由于沙区生态环境的脆弱性本质，微度风蚀区也是生态环境保护的重点区域。在各沙漠/沙地内部，微度风蚀面积比例最高的沙漠/沙地是呼伦贝尔沙地（33.20%），其次是科尔沁沙地（25.91%）和毛乌素沙地（19.35%），巴丹吉林沙漠微度风蚀面积比例最小（1.85%）。

2）轻度风蚀

轻度风蚀总面积约为 27.48 万 km²，约占 12 个沙漠/沙地总面积的 36.8%，主要分布于塔克拉玛干沙漠、科尔沁沙地、毛乌素沙地和腾格里沙漠，这 4 个沙漠/沙地轻度风蚀总面积约为 23.17 万 km²，占轻度风蚀总面积的 84.3%。各沙漠/沙地中，库布齐沙漠及其以东的四大沙地（包括毛乌素沙地、浑善达克沙地、科尔沁沙地和呼伦贝尔沙地）轻度风蚀面积比例普遍较高，植被覆盖显然是土壤风蚀较轻的主要原因。塔克拉玛干沙漠轻度风蚀范围广阔的主要原因则是轻度风蚀区风力较弱。其中，轻度风蚀面积比例最高的是科尔沁沙地（57.26%），其次是毛乌素沙地（51.48%），这两个沙地轻度风蚀面积均超过了沙地总面积的一半。再次是库布齐沙漠和呼伦贝尔沙地，轻度风蚀面积比例也都接近各自沙漠/沙地总面积的 50%。轻度风蚀面积比例最小的是库姆塔格沙漠，仅为 2.13%；巴丹吉林沙漠和柴达木盆地沙漠轻度风蚀面积均占各自沙漠总面积的 10% 左右，其他沙漠/沙地轻度风蚀面积比例介于 15% ~45%。

3）中度风蚀

中度风蚀总面积约为 13.15 万 km²，约占 12 个沙漠/沙地总面积的 17.6%，主要分布于塔克拉玛干沙漠、腾格里沙漠和科尔沁沙地，这 3 个沙漠/沙地中度风蚀总面积约为

10.6 万 km^2，占中度风蚀总面积的 80.6%。各沙漠/沙地中，中度风蚀面积比例最高的是塔克拉玛干沙漠，约占该沙漠总面积的 1/4。其次是库布齐沙漠、腾格里沙漠和浑善达克沙地，这 3 个沙漠/沙地中度风蚀面积约占各自总面积的 1/5。巴丹吉林沙漠和库姆塔格沙漠中度风蚀面积比例均不到各自沙漠总面积的 1%。其他沙漠/沙地中度风蚀面积比例介于 3%～17%。

4）强烈风蚀

强烈风蚀总面积约为 7.66 万 km^2，约占 12 个沙漠/沙地总面积的 10.2%，主要分布于塔克拉玛干沙漠、腾格里沙漠、古尔班通古特沙漠和毛乌素沙地，这 4 个沙漠/沙地强度风蚀总面积约为 6.86 万 km^2，占强度风蚀总面积的 89.6%。各沙漠/沙地中，强烈风蚀面积比例最高的是塔克拉玛干沙漠（15.48%）。其次是腾格里沙漠、乌兰布和沙漠、库布齐沙漠、古尔班通古特沙漠、柴达木盆地沙漠和毛乌素沙地，这 6 个沙漠/沙地中，强烈风蚀面积占各自总面积的 8%～11%。强烈风蚀面积比例最小的是库姆塔格沙漠，不到该沙漠总面积的 0.1%，其他沙漠/沙地强烈风蚀面积比例介于 1%～6%。

5）极强烈风蚀

极强烈风蚀总面积约为 7.48 万 km^2，约占 12 个沙漠/沙地总面积的 10.0%，主要分布于塔克拉玛干沙漠、巴丹吉林沙漠、古尔班通古特沙漠和腾格里沙漠，这 4 个沙漠极强烈风蚀总面积约为 5.44 万 km^2，占极强烈风蚀总面积的 72.8%。各沙漠/沙地中，极强烈风蚀面积比例最高的是乌兰布和沙漠，约占该沙漠总面积的 33.96%。其次是巴丹吉林沙漠、库姆塔格沙漠和古尔班通古特沙漠，这 3 个沙漠中，极强烈风蚀面积占各自总面积的 22%～25%。极强烈风蚀面积比例最小的是科尔沁沙地，约占该沙地总面积的 1.6%，其他沙漠/沙地极强度风蚀所占的面积比例介于 4%～14%。

6）剧烈风蚀

剧烈风蚀是最高风蚀等级。2015～2019 年剧烈风蚀 5 年平均总面积约为 10.13 万 km^2，约占 12 个沙漠/沙地总面积的 13.6%，超过了微度风蚀、强烈风蚀和极强烈风蚀面积，主要分布于巴丹吉林沙漠、古尔班通古特沙漠、库姆塔格沙漠和浑善达克沙地，这四个沙漠/沙地剧烈风蚀总面积约为 8.60 万 km^2，占剧烈风蚀总面积的 84.9%。各沙漠/沙地中，剧烈风蚀面积比例最高的是库姆塔格沙漠，占该沙漠总面积的比例高达 72.85%。其次是巴丹吉林沙漠，剧烈风蚀面积占该沙漠总面积的比例也超过了一半（62.01%）。在柴达木盆地沙漠和古尔班通古特沙漠，剧烈风蚀也都是各自沙漠的主要风蚀等级，面积比例分别达到 47.43% 和 40.64%。乌兰布和沙漠和浑善达克沙地剧烈风蚀面积比例分别为 21.26% 和 27.03%。库布齐沙漠、毛乌素沙地和科尔沁沙地剧烈风蚀面积比例不足各自沙漠/沙地总面积的 0.5%；塔克拉玛干沙漠、腾格里沙漠和呼伦贝尔沙地剧烈风蚀面积比例也很小，分别只有 1.14%、2.00% 和 3.38%。

第4章 沙漠化调查与监测

地表风沙过程塑造了各种类型的风沙地貌，在干旱荒漠地区尤为如此。而在干旱荒漠以外的地区，以土壤风蚀为主要表现形式的风沙过程，对地貌形态的改造作用减弱，对土地沙漠化的驱动作用相对增强。因此，风沙过程观测的重心也逐渐由干旱荒漠区的风沙流和风沙地貌转向土壤风蚀及其导致的土地沙漠化。土地沙漠化是指原非沙漠化地区出现了以风沙活动为主要特征的类似沙质荒漠景观的环境变化（董光荣等，1988），其实质是土壤风蚀导致的土地退化。第3章详细阐述了土壤风蚀过程的观测与模拟方法，本章以近年开展的青藏高原土地沙漠化研究为例，介绍沙漠化调查与监测的原理和方法。

4.1 沙漠化分类分级体系

4.1.1 沙漠化类型

科学合理的沙漠化分类分级体系是准确监测土地沙漠化状况的基础。在参考土地利用类型划分思路的基础上，按照综合景观特征和退化程度对沙漠化土地进行分类分级（李森等，2001）。国内外不同学者根据研究需要，在综合考虑分类体系可操作性、相关数据获取难易程度等因素的基础上，提出了不同的沙漠化分类体系，代表性的分类体系包括：《全国荒漠化和沙化监测技术规定》中提出的土地沙化分类体系、针对中国北方沙漠化土地提出的沙漠化分类体系（王涛等，2003）和针对西藏高原沙漠化土地提出的沙漠化分类体系（李森等，2010）。《全国荒漠化和沙化监测技术规定》首先将土地沙化分为沙化土地、有明显沙化趋势的土地和非沙化土地三个类型，并将沙化土地类型进一步细分为流动沙地（丘）、半固定沙地（丘）、固定沙地（丘）、露沙地、沙化耕地、非生物治沙工程地、风蚀残丘、风蚀劣地、戈壁。该分类体系采用“沙化”概念，并将其定义为“在各种气候条件下，由于各种因素形成的、地表呈现以沙（砾）物质为主要标志的土地退化”。王涛等（2003）提出的沙漠化分类体系将沙漠化类型划分为沙丘活化或流沙入侵、灌丛沙漠化、砾质沙漠化、风蚀劣地化、旱作农田耕地沙漠化五类。李森等（2010）提出的沙漠化分类体系将沙漠化类型划分为流动沙（丘）地、半流动沙（丘）地、半固定沙（丘）地、固定沙（丘）地、风蚀劣地、风蚀残丘、裸露沙砾地、半裸露沙砾地、风蚀耕地草地、工程治沙地十类沙漠化土地和退化草地、沙质耕地、干涸湖盆地三类潜在沙漠化土地。根据上述解释和分类，“沙化”和“沙漠化”两种叫法并无本质区别，本书统一采用沙漠化概念。

4.1.2 沙漠化程度

沙漠化程度是根据土地退化程度对沙漠化土地进行分级的指标。与沙漠化类型研究相似，不同学者对沙漠化程度的划分也不同，主要有“三分法”“四分法”“五分法”三种。“三分法”是指将沙漠化程度分为轻度、中度和重度三个等级；“四分法”又包括两种：一种是将沙漠化程度划分为轻度、中度、重度和极重度四个等级，另一种是将沙漠化程度划分为潜在、轻度、中度和重度四个等级；“五分法”是指将沙漠化程度划分为潜在、轻度、中度、重度和极重度五个等级。其中，朱震达（1998）提出的沙漠化分级标准采用“三分法”；1984 年联合国粮食及农业组织（FAO）和环境规划署（UNEP）发布《荒漠化评价和制图的暂行方法》、国家林业局全国荒漠化和沙化土地普查中均采用“四分法”；李森等（2010）针对西藏高原沙漠化土地提出的沙漠化分类体系采用“五分法”。

4.2 野外调查

野外调查是通过实地调查和收集不同类型和程度的沙漠化土地的综合景观与退化信息，找到区分不同类型和程度的沙漠化土地的指标，是科学合理地建立沙漠化土地分类分级指标体系的前提。同时，通过野外调查，还可以建立不同类型和程度的沙漠化土地的遥感解译标志，便于沙漠化土地解译工作的开展。

4.2.1 沙漠化类型调查

沙漠化类型调查前，首先收集研究区的植被类型、土壤类型、土地利用、遥感等数据和沙漠化相关的文献资料。通过数据资料分析，初步了解和掌握沙漠化土地类型及其空间分布。在综合考虑涵盖全部沙漠化类型和道路可通达等因素的基础上，初步制定野外调查路线，布设调查样点。沙漠化类型调查路线和调查样点选择的基本原则：一是必须涵盖研究区内所有沙漠化类型；二是具有代表性，能够代表某一种沙漠化类型；三是调查样点及周围具有较高的均质性，避免其他因素对样点信息的干扰。在实际调查过程中，结合野外实际情况，确定最终调查样点。

在到达各调查样点后，拍摄调查样点的地表景观照片、植被盖度照片、植物群落照片和优势种照片等。同时，在调查样点布设调查样方，调查样方内植物群落、植物丰富度、植被盖度、生物生产量、流沙（裸沙）占地比例、地表沙物质组成、覆沙厚度、沙丘形态、沙丘起伏度等反映地表综合景观和退化程度的信息。不同植被类型的调查样方布设数量和面积不同，具体可参考植被样方调查的相关要求。在完成上述工作的基础上，研判各调查样点的沙漠化类型。同时，结合 Google Earth、Landsat 等参与沙漠化土地解译的遥感影像，建立研究区内各沙漠化类型的遥感解译标志。

4.2.2 沙漠化程度调查

与沙漠化类型调查工作流程相似。沙漠化程度调查前，需要收集整理相关数据和资料。在综合分析数据资料的基础上，初步掌握研究区土地沙漠化程度的基本状况。在综合考虑涵盖全部沙漠化程度和道路可通达等因素的基础上，制定野外调查路线，确定野外调查样点。与沙漠化类型调查不同的是，沙漠化程度调查的重点是土地退化程度，尤其是土壤粗化和肥力下降程度。在各沙漠化程度调查样点拍摄地表景观照片和植被盖度照片。调查植物丰富度、植被盖度、流沙（裸沙）占地比例、生物生产量等反映退化程度的指标。在完成上述工作的基础上，研判各调查样点的沙漠化程度。同时，结合 Google Earth、Landsat 等参与沙漠化土地解译的遥感影像，建立研究区内各沙漠化程度的遥感解译标志。

4.2.3 样品采集

土地沙漠化是土地退化的一种形式，其结果导致土壤沙化、土壤肥力降低、土地生物生产力下降等。仅依靠野外调查不能获取土壤质地、土壤肥力、土地生物生产力等定量指标。因此，需要采集土壤和生物量样品，经过室内分析测试，获得调查样点土壤和生物量的相关指标。土壤样品和地上生物量样品采集工作均在调查样方内完成。地上生物量样品采取齐地收割的方法获取，剔除枯枝落叶后装入透气样品袋中，尽快带回实验室烘干称重，获得地上生物量结果。表层土壤样品采集深度一般设置为 0 ~ 10cm。

4.3 遥感影像解译与制图

4.3.1 解译标志

遥感影像是以光谱特征、辐射特征、几何特征和时相特征等来反映地物发射或辐射的电磁波谱信息。沙漠化遥感解译标志是指在遥感影像上能具体反映和判别沙漠化类型或程度的影像特征，是利用遥感影像监测沙漠化的基础（赵英时等，2007）。解译标志包括直接解译标志和间接解译标志，其中直接解译标志是直接从影像上反映出来的特征，包括影像的色调、形状、大小、位置、纹理、阴影、组合等；间接解译标志是指由直接解译标志或地物相关属性等间接推断出的影像特征。

为了准确判读沙漠化类型和程度，解译标志建立过程中应充分把握以下原则：①选择能表现沙漠化类型和程度间最大差异、同一类型和程度内保持最大一致性的特征指标；②充分考虑多种指标，确保建立的解译标志涵盖沙漠化类型和程度的所有特征；③便于判读人员掌握和使用，使之有效地进行地类定位和定性。根据上述原则，首先通过分析收集到的数据资料初步了解和掌握研究区不同类型和程度的沙漠化土地的空间分布，与同一地区准备用于遥感解译的影像进行对比分析，初步确定反映沙漠化类型和程度的影像特征与基本规律。之后根据野外调查结果，确定调查样点沙漠化类型和程度，结合遥感影像和相关数据，建立不同类型和程度的沙漠化土地与遥感影像的对应关系，确定不同类型和程度沙漠化土地的解译标志。

4.3.2 人机交互目视解译

目前沙漠化土地遥感监测的方法主要有人机交互目视解译法和自动分类法。人机交互目视解译法精度高，但耗费人力、物力多，时间长。自动分类法监测速度快，耗费人力、物力相对较少，但受“同物异谱”“同谱异物”的影响，大范围监测结果的精度一般较低。为准确监测沙漠化类型和程度，人机交互目视解译法是目前的最佳选择。人机交互目视解译工作一般按照以下流程依次开展。

1. 前期准备

包括遥感数据源确定、解译成果精度确定、数据收集与预处理、技术培训等。遥感数据源确定包括数据类型、时空分辨率、获取时段、云量等遥感数据信息。解译成果精度主要包括最小成图单元大小、图斑边界精度、各类沙漠化土地解译误差及总体误差等。数据收集与预处理主要包括土地利用、土壤类型、地形等数据资料的收集整理和遥感影像几何校正、投影转换、指标计算等预处理工作。培训内容主要包括遥感解译流程、数据收集与处理、解译标志理解和识别、人机交互目视解译方法及其操作等。开展作业人员技术培训，确保作业人员对沙漠化解译工作具有统一的认识和理解。

2. 影像解译

以建立的解译标志和沙漠化分类分级体系为基础，结合遥感影像及其他辅助数据，采用人机交互目视解译方法，按照解译成果精度要求，运用综合分析法和相关分析法判定沙漠化土地属性，勾勒沙漠化土地边界，获得遥感解译初步结果。

3. 质量检查与结果修订

作业人员之间交换进行遥感解译初步成果的详细查错补漏后，送质量检查人员开展解译结果质量检查。质量检查一般包括野外实地核查和室内作业检查两种方式。野外实地核查是将部分实地调查样点与沙漠化土地解译结果叠加，评价沙漠化土地解译结果的精度。室内作业检查是按照各类型沙漠化土地图斑个数的一定比例随机抽取评价样本，结合野外调查数据和 Google Earth 高清影像等，从图斑属性和图斑边界两方面判断沙漠化土地图斑的属性和位置是否符合要求，检验精度。把解译精度低、不满足质量要求的结果返还给作业人员。作业人员根据质量检查中存在的问题对结果做进一步修订，直至其满足精度要求。

4. 成果集成

将满足精度要求的成果进行集成，最终获得研究区沙漠化类型和程度的解译结果。

4.3.3 沙漠化制图

沙漠化制图工作一般在 ArcGIS 等软件平台上进行。首先根据需要制定制图标准，包括不同类型和程度的沙漠化土地图斑色彩、比例尺、图例、线条粗细等。之后以解译成果为基础，按照制图标准，制作研究区沙漠化类型/程度图。

4.4 沙漠化监测

4.4.1 沙漠化影响因子

沙漠化影响因子包括自然因子和人类活动因子。自然因子包括风速、降水、气温等气候因子和鼠害、冻融等非气候因子；人类活动包括过度放牧、开垦、樵采、挖土、采矿、工程建设等。气候因子动态变化的监测一般采用固定的地面气象站或临时气象站采集数据，鼠害、冻土退化等因子动态变化的监测一般采用野外样方调查或遥感监测方法实现；人类活动因子动态变化的监测一般采用统计数据和遥感监测方法实现。

4.4.2 沙漠化土地动态

沙漠化土地动态监测一般采用对比分析方法完成。以遥感解译获取的沙漠化土地数据为基础，通过叠加多期土地沙漠化数据，利用转移矩阵和沙漠化土地动态变化图等方法，分析监测期内研究区土地沙漠化类型、程度及其面积的变化过程。转移矩阵由俄国科学家马尔科夫提出，是准确表达两个时期沙漠化土地之间相互转换的有效方法（胡光印等，2009；Wang et al.，2015a）。按照沙漠化程度或类型变化对研究区沙漠化土地的动态进行分级，得到沙漠化土地动态图，也是准确反映沙漠化变化过程的有效方法。

4.4.3 青藏高原沙漠化监测实例

1. 沙漠化土地分类分级体系的建立

沙漠化土地分类分级体系的建立依赖于充分的野外调查。在调查过程中，根据影像特征，建立不同沙漠化土地类型和程度的遥感解译标志，结合野外调查资料和前人的研究结果，建立青藏高原沙漠化分类分级体系。调查前，收集青藏高原的植被类型图、土壤类型图、土地利用图、已有的沙漠化土地分布图和 Landsat 影像等相关资料，结合现有资料对 Landsat 影像试解译，初步掌握青藏高原沙漠化土地的空间分布特征。按照穿越所有的沙漠化土地类型和交通便捷性原则设计野外调查路线与调查方案。野外调查工作分别于 2013 年、2014 年和 2015 年在藏南河谷、藏北高原、共和盆地—柴达木盆地—青藏铁路三条样线上展开。沿样线尽量均匀地布设调查样点，拍摄调查样点的地表景观照片和植被盖度照片，调查记录样点的植物种属、植株高度/冠幅、植被盖度、土壤类型、土壤结皮状况、沙漠化程度、裸沙占地比例、风蚀状况、土地利用类型等信息，采集地上生物量样品和地表 0～10cm 深度范围内的土壤样品带回实验室做进一步的分析处理。采集的地上生物量样品放置于干燥箱内，经 65℃恒温充分烘干后称量干重。土壤样品主要用于测定其机械组成、有机质含量、速效氮含量、速效磷含量和速效钾含量五项指标。结果显示，青藏高原不同类型沙漠化土地表土的机械组成差异很大，随着沙漠化程度的加剧，表土中含有的黏土、粉沙和极细沙等细颗粒物质，以及有机质含量和速效钾含量趋于减少，速效氮含量和速效磷含量并未表现出明显的规律性。将大部分野外调查样点的调查和样品分析测试数据用于沙漠化土地分类分级体系的构建，剩余的调查样点用于沙漠化土地监测结果的精度验证。

李森等（2010）提出的沙漠化土地分类分级指标体系是专门针对西藏高原沙漠化土地而设计的。该体系是以生态基准面概念为理论基础，结合前人的研究成果和多年野外考察数据，按照综合性原则、主导性原则、动态性原则和实用性原则构建的沙漠化土地分类分级指标体系。该体系包括 4 级 10 类沙漠化土地和 1 级 3 类潜在沙漠化土地，将地表沙物质组成、流沙面积占地比例、植被盖度、土地生物生产量、地表土层吹蚀量、沙丘形态和沙丘起伏度等反映沙漠化综合景观因子的观测值或经验评判值作为判断沙漠化土地类型和等级的指标，是目前最适于青藏高原地区沙漠化土地监测的分类分级指标体系。从遥感监测的角度来看，该指标体系存在一些不足：一是潜在沙漠化土地的概念比较模糊，气温升高、冻土退化后高原面上的沙质草地都有成为沙漠化土地的可能；二是风蚀残丘和风蚀劣地均属于风蚀地貌，从遥感影像上难以区分；三是耕地和草地属于土地利用类型，是否发生轻度风蚀很难从遥感影像上辨别，而沙地是否采取非生物措施也很难从影像上识别。以李森等（2010）提出的西藏高原沙漠化土地分类分级指标体系为基础，结合整个青藏高原的区域特征、野外调查数据和 Landsat 影像特征，重新构建了一个适于遥感监测的青藏高原沙漠化土地分类分级指标体系。该分类分级指标体系包括 4 级 7 类沙漠化土地，以植被盖度、裸沙占地比例、地表砾石含量为主要指标，以地表风蚀状况、沙丘形态和组合、土壤类型等地表景观信息为辅助指标，判别青藏高原沙漠化土地的类型和程度（表 4-1）。

2. 解译标志

基于 3 次青藏高原沙漠化土地野外调查获得的资料和数据，结合同时期假彩色合成的 Landsat OLI 影像，建立不同类型沙漠化土地的地表景观照片与遥感影像的对应关系（图 4-1），确定沙漠化土地的解译标志（表 4-1）。

表 4-1　青藏高原沙漠化土地分类分级指标体系及影像特征

沙漠化程度	沙漠化类型	地表砾石含量/%	植被盖度/%	裸沙占地比例/%	地表景观	Landsat 影像的纹理和颜色
极重度沙漠化	流动沙地	<10	<5	>50	地表风沙活动普遍，沙丘广布，主要包括平沙地、密集的新月形沙丘、横向沙丘、纵向沙丘、星状沙丘、复合型沙丘、爬升沙丘等形态的沙丘群，土壤为流动风沙土，总体呈荒漠植被景观	亮白色，沙丘形态清晰，有波状纹理
	风蚀残丘	>10	<5		地表风蚀强烈，形成风蚀残丘、风蚀垄岗与风蚀洼地等支离破碎的地貌组合，土壤腐殖质损失量超过 70，地表基本无植被	灰白色，表面粗糙，风蚀残丘和风蚀垄岗清晰可见
重度沙漠化	半流动沙地	<10	5 ~ 10	30 ~ 50	地表风沙活动普遍，沙丘分布较广，形成分布较稀疏的新月形沙丘、横向沙丘、纵向沙丘、格状沙丘和爬升沙丘等形态沙丘群，土壤为流动风沙土和半固定风沙土，丘间地比较开阔，有较多的植被，总体呈荒漠植被景观	总体呈黄白色，其上分布有淡红色小点，粗纹理
中度沙漠化	半固定沙地	<10	10 ~ 30	10 ~ 30	地表风沙活动较普遍，沙丘呈斑块状或零星分布，多为半固定沙丘、沙垄和半固定爬升沙丘，土壤为半固定风沙土，总体呈荒漠或荒漠草原景观	总体呈淡红色或肉红色，有粗纹理，沙丘形态可见
	裸露沙砾地	>10	<10		地表布满粗沙和砾石，风蚀粗化明显，有灌草丛沙堆，总体呈戈壁景观	总体呈灰白色，表面平滑
轻度沙漠化	固定沙地	<10	30 ~ 50	5 ~ 10	地表有风沙活动，风蚀痕迹明显，沙丘呈斑块状或零星分布，多为固定沙丘，土壤为风沙土，总体呈草原或荒漠草原景观	总体为淡红色，其上分布有暗红色小点，表面粗糙
	半裸露沙砾地	>10	10 ~ 30		地表风蚀痕迹明显，有灌草丛沙堆分布，总体呈荒漠草原景观	总体色调与固定沙地接近，但亮度偏暗，粗纹理

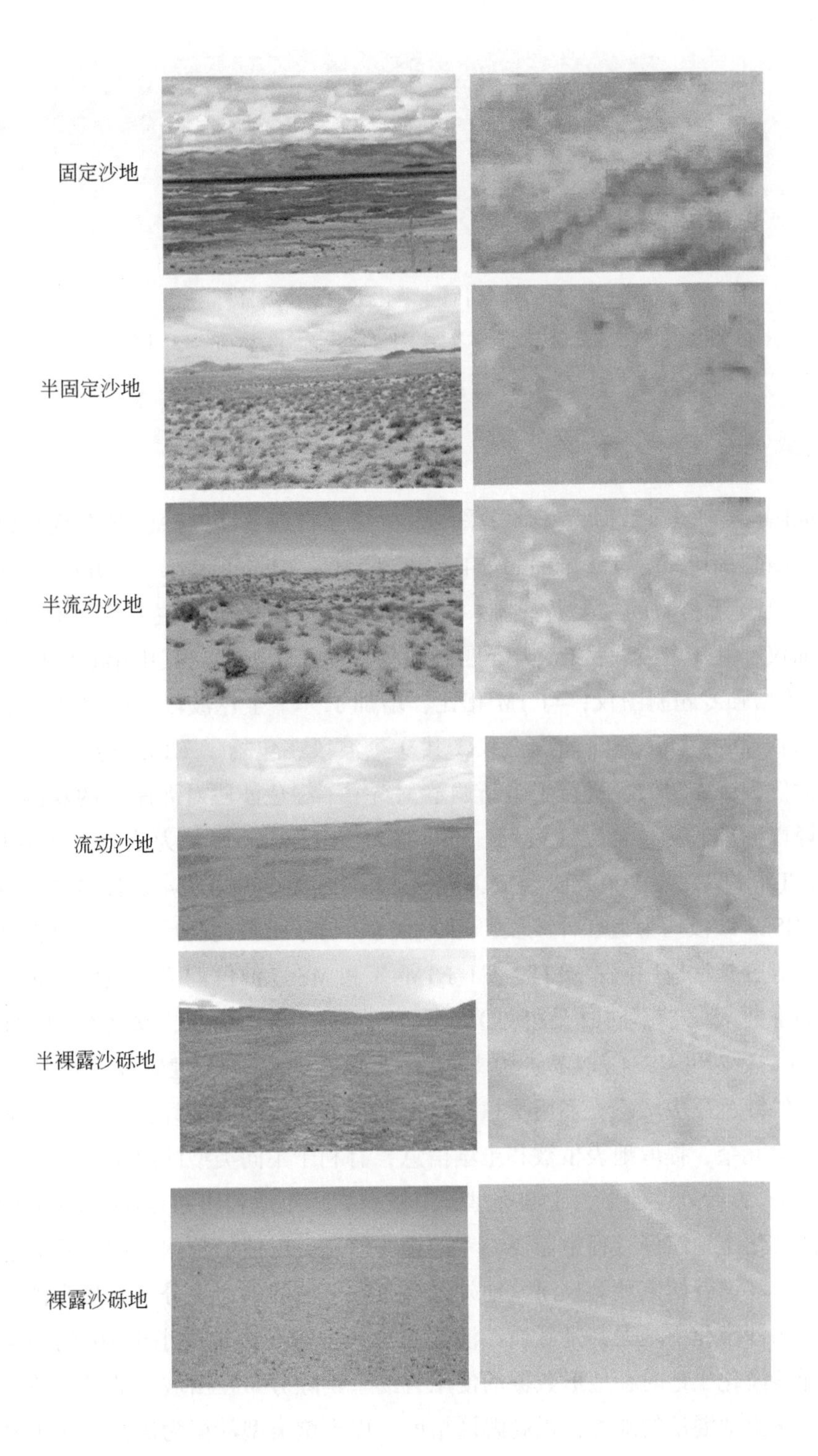
固定沙地
半固定沙地
半流动沙地
流动沙地
半裸露沙砾地
裸露沙砾地

风蚀残丘

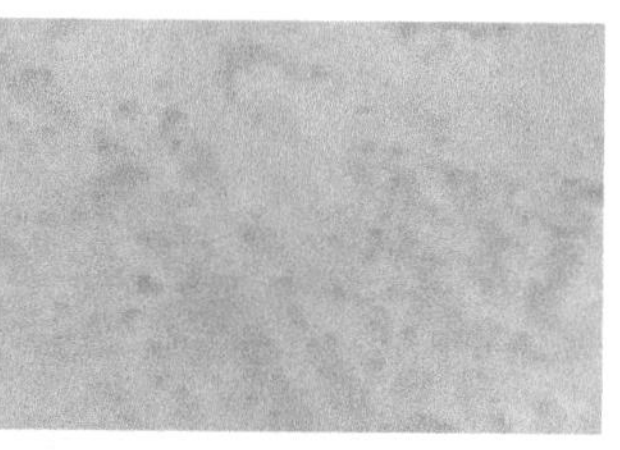

图 4-1 青藏高原沙漠化土地遥感解译标志

左侧为野外样点景观照片，右侧为对应样点的遥感影像（Landsat OLI 543 合成）

3. 遥感解译

以 Landsat 系列卫星数据为基础，采用人机交互目视解译方法监测青藏高原沙漠化土地。MSS（Landsat1-5）、TM（Landsat4-5）、ETM+（Landsat7）和 OLI（Landsat8）是 Landsat 系列卫星上搭载的主要传感器，各传感器的波段设置和主要作用有所差异。MSS 为光机扫描仪，共 4 个波段；TM 为专题制图仪，共 7 个波段，其中第 6 波段为热红外波段；ETM+为增强专题制图仪，与 TM 相比，增加了一个全色波段，同时还将第 6 波段的分辨率提高到 60m；OLI 为陆地成像仪，共 9 个波段，包括了 ETM+传感器所有的波段，为了避免大气吸收，对波段进行了重新调整，新增了绿色波段对海岸带的观测。沙漠化土地遥感解译以标准假彩色合成（近红、红、绿）的 Landsat 影像为依据，其中 OLI 为 543 波段合成，TM/ETM+为 432 波段合成，MSS（Landsat1-3）为 754 波段合成。OLI5、TM/ETM+4 和 MSS7 波段均为近红外波段，相关性大，位于植被的高反射区，对植被类型、盖度、生产力等变化反应敏感；OLI4、TM/ETM+3 和 MSS5 波段均为红波段，相关性大，位于叶绿素的主要吸收带，同时是可见光波段中提取裸露地表和土壤等信息的最佳波段；OLI3、TM/ETM+2 和 MSS4 波段均为绿波段，相关性大，位于健康绿色植物的反射峰附近，对植被的绿色反应敏感，多用于植被类型的识别和生产力的评价。这种合成方式能最大限度地消除冗余，提取地表植被和土壤信息，有利于不同类型沙漠化土地的识别。

除 Landsat 影像外，地形、土壤类型、植被类型、土地利用和 Google Earth 影像等辅助数据也是沙漠化土地解译过程中需要参考的重要信息。以地形数据为例，除柴达木盆地外缘、雅鲁藏布江河谷两侧和狮泉河盆地外缘等少数区域的山地上分布有爬升沙丘外，高原上其他地区的沙漠化土地尤其是砾质沙漠化土地集中分布在坡度小于 10°的平缓地带。因此，在解译沙漠化土地时，地形数据的使用有助于剔除分布在山坡上的稀疏草地、裸岩等易于与沙漠化土地混淆的地类，提高解译精度。以土壤类型数据为例，柴达木盆地中西部地区风蚀残丘、裸露沙砾地和盐碱地相间分布，由于地表植被稀疏，光谱反射特征相似，在解译过程中容易出现混淆和边界划分不清的现象。土壤类型数据中有西北盐壳类型的划分，西北盐壳地表硬度大、抗风蚀能力强，属于盐碱地。因此，在解译柴达木盆地内风蚀残丘和裸露沙砾地时，土壤类型数据的参与有助于剔除盐碱地。Google Earth 软件中影像的空间分辨率高，软件内嵌有大量的实地照片，同时可以与 ArcGIS 10.0 同步显示，在解译沙漠化土地时，可为沙漠化土地类型和边界的确定提供重要的参考。此外，土地利用数据和植被类型数据也能在沙漠化解译时提供判读依据，提高判读精度。

沙漠化土地遥感解译工作在 ArcGIS 10.0 平台上进行，按作业人员分成不同作业区。根据制图精度要求确定了以下原则：最小成图单元为（6×6）个像元，图斑边界精度控制在 2 个像元，各类沙漠化土地解译误差控制在 5% 以下。解译时首先以 Landsat 影像为基础，结合地形数据、土地利用数据、Google Earth 影像、土壤类型数据和植被类型数据，将多重信息进行比较，按照已建立的解译标志和沙漠化土地分类分级指标体系，运用综合分析法和相关分析法判定沙漠化土地属性，勾勒沙漠化土地边界。初次解译完成后，作业人员之间相互交换解译结果，进行解译结果的查错补漏。之后，将结果提交给质量控制人员进行质量检查，把解译精度低于要求的结果返还作业人员做进一步修改，直至其满足精度要求。最后将不同作业区解译结果合并，获得整个青藏高原沙漠化土地的解译结果。

选用野外验证和室内验证两种方法检验沙漠化土地解译结果的精度。野外验证是将预留的部分实地调查样点资料数据与沙漠化土地解译结果叠加，结合调查样点的环境信息和景观照片，评价沙漠化土地解译结果的精度。对于检查出的错误图斑，结合调查样点属性进行修改。实地调查样点的选取应包含所有类型沙漠化土地，并且空间上分布均匀。室内验证是在 ArcGIS 10.0 平台上，按照各类型沙漠化土地图斑个数的 10% 随机抽取评价样本。结合野外调查数据和 Google Earth 高清影像，从图斑属性和图斑边界两方面判断沙漠化土地图斑的属性与位置是否符合要求，填写质量检查表。把精度低于 95% 的沙漠化土地类型解译成果返回作业人员做进一步修改，直至其精度达到既定要求。

遥感监测获得的西藏沙漠化土地总面积和各类型沙漠化土地面积与李森等（2010）的研究结果基本一致；青海沙漠化土地总面积与已有研究结果基本一致，而各类型沙漠化土地面积与已有研究结果之间差异较大，这主要是两项研究选用的沙漠化土地分类分级指标体系不同所致（表 4-2）。

表 4-2　本书监测的沙漠化土地面积与他人研究结果的对比　（单位：km^2）

类型	青海		西藏	
	青海省林业调查规划院监测结果*（2005 年）	本书监测结果（2000 年）	李森等（2010）监测结果（2004 年）	本书监测结果（2000 年）
流动沙地	12 870	8 914	1 268	1 399
半流动沙地		11 866	2 875	3 895
半固定沙地	11 030	12 276	10 072	9 157

续表

类型	青海		西藏	
	青海省林业调查规划院监测结果*（2005年）	本书监测结果（2000年）	李森等（2010）监测结果（2004年）	本书监测结果（2000年）
固定沙地	11 180	9 334	3 523	3 157
露沙地	20 570			
非生物治沙工程	10			
风蚀残丘	7 330	19 810		
风蚀劣地	31 280			
戈壁	31 310			
裸露沙砾地		53 979	103 586	111 470
半裸露沙砾地		13 255	80 572	76 878
沙漠化土地总面积	125 580	129 434	201 896	205 956

* 资料来源于《青海省第三次荒漠化和沙化监测成果报告》（青海省林业调查规划院，2005）。

4. 沙漠化土地分布

青藏高原2015年沙漠化土地总面积为392 913km²，占青藏高原土地总面积的15.1%。不同类型的沙漠化土地中，裸露沙砾地面积最大，为207 431km²，其次为半裸露沙砾地，面积为103 196km²，二者共占沙漠化土地总面积的79.1%。之后依次为半固定沙地、风蚀残丘、半流动沙地、固定沙地和流动沙地，其面积分别为21 572km²、19 712km²、16 026km²、12 768km²和12 208km²（表4-3）。

表4-3 青藏高原沙漠化土地面积与比例

沙漠化程度	沙漠化类型	1977年		2000年		2015年	
		面积/km²	比例/%	面积/km²	比例/%	面积/km²	比例/%
极重度	流动沙地	12 192	3.2	12 384	3.1	12 208	3.1
	风蚀残丘	19 766	5.1	19 810	4.9	19 712	5.0
重度	半流动沙地	14 904	3.9	16 651	4.1	16 026	4.1
中度	半固定沙地	21 037	5.4	22 889	5.7	21 572	5.5
	裸露沙砾地	204 327	52.8	212 180	52.8	207 431	52.8
轻度	固定沙地	11 058	2.9	13 421	3.3	12 768	3.2
	半裸露沙砾地	103 375	26.7	104 272	26.0	103 196	26.3
合计		386 659	100.0	401 607	100.0	392 913	100.0

资料来源：李庆，2016；李庆等，2018。

青藏高原不同类型沙漠化土地的面积和空间分布特征有所差异。其中，2015 年流动沙地面积为 12 208km^2，占沙漠化土地总面积的 3.1%（表 4-3），主要出现在滨湖平原、冲积平原、河流谷地和山麓前缘等地貌部位。在青藏高原北部，流动沙地面积较大且分布相对集中，主要分布在柴达木盆地、共和盆地、青海湖盆地、长江源区、黄河源区和若尔盖地区；在青藏高原中部及南部，流动沙地呈斑块状零星分布，主要分布在藏北高原的湖盆区、雅鲁藏布江的河流宽谷区和藏南的湖盆区。柴达木盆地、共和盆地和雅鲁藏布江宽谷区是青藏高原流动沙地分布最集中的区域。2015 年半流动沙地、半固定沙地和固定沙地的面积分别为 16 026km^2、21 572km^2 和 12 768km^2，分别占沙漠化土地总面积的 4.1%、5.5% 和 3.2%（表 4-3），它们的空间分布与流动沙地基本相同，但水分和植被条件好于流动沙地。风蚀残丘面积为 19 712km^2，占沙漠化土地总面积的 5.0%，集中分布在柴达木盆地的中西部地区。裸露沙砾地和半裸露沙砾地分别占沙漠化土地总面积的 52.8% 和 26.3%（表 4-3），主要分布在藏北高原山间盆地、山前冲洪积扇、河流谷地、湖盆区，柴达木盆地山前冲洪积扇和青藏高原南部的河流谷地及湖盆区，其中半裸露沙砾地分布区域的水分和植被条件好于裸露沙砾地。

5. 沙漠化土地动态变化

1977～2015 年，青藏高原沙漠化土地总体呈扩张趋势，沙漠化土地面积增加了 6 254km^2，其相当于 1977 年沙漠化土地总面积的 1.6%，年平均增加 164.6km^2（表 4-3）。其中，1977～2000 年沙漠化土地快速扩张，沙漠化土地面积增加了 14 948km^2，年平均增加 649.9km^2；2000～2015 年土地沙漠化快速逆转，沙漠化土地面积减少了 8694km^2，年平均减少 579.6km^2（表 4-3）。青藏高原沙漠化土地面积变化幅度相对较小。1977～2015 年在不同程度的沙漠化土地中，中度沙漠化土地面积增加最多，达 3639km^2，其次为轻度和重度沙漠化土地，面积分别净增加 1531km^2 和 1122km^2。与其他程度的沙漠化土地不同，极重度沙漠化土地面积减少了 38km^2（表 4-3）。发生了沙漠化发展、逆转和明显逆转的沙漠化土地零散地分布于高原面上，沙漠化严重发展的土地主要分布在柴达木盆地东南部和雅鲁藏布江中游宽谷区。

6. 沙漠化土地影响因子的动态变化

气候变化和人类活动是影响土地沙漠化的主要因素（Wang et al., 2012）。风速、气温和降水是影响土地沙漠化过程的主要气候因子（吴正等，2003），而人口、牲畜年末存栏量、耕地面积和政策措施是反映人类活动影响土地沙漠化过程的主要因子。其中，气候数据来自中国气象数据网（http://data.cma.cn/site/）；人口、牲畜年末存栏量、耕地面积数据来自中国经济与社会发展统计数据库（https://tongji.oversea.cnki.net）。

风是影响沙漠化发展的重要气候因子，风速的三次方与风蚀能力呈线性正相关关系（吴正等，2003），风速增大导致风力侵蚀能力增大，风沙活动增强，有利于沙漠化发展；风速降低，则风的侵蚀能力降低，风沙活动减弱，有利于沙漠化逆转。1975～2015 年，青藏高原年平均风速呈显著减小趋势，年平均减小 0.02m/s（图 4-2），有利于减弱青藏高原土地沙漠化进程。

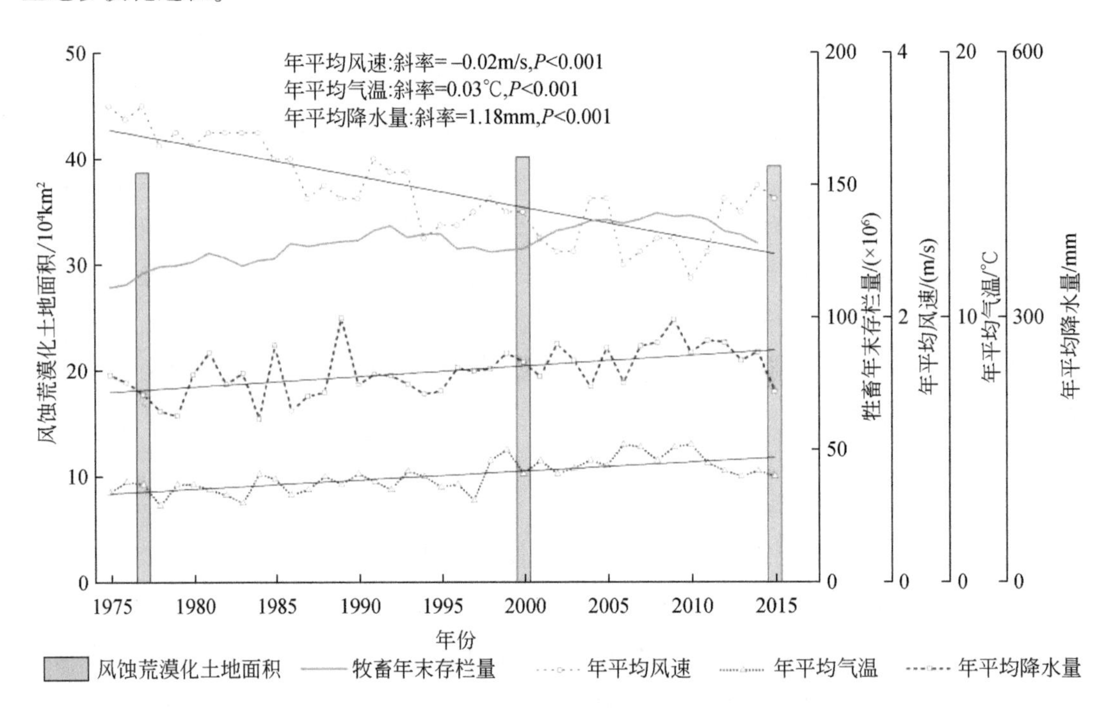

图 4-2　不同时期沙漠化土地面积与各驱动因子的对应关系

资料来源：Zhang et al.，2018a

1975～2015 年，青藏高原平均气温显著上升，年平均升高 0.03℃（图 4-2），远高于全国 1965 年以来（0.0022℃）和全球过去 30 年来气温升高速率（0.006℃）（Hansen et al.，2006；Ding et al.，2007）。气温升高一方面导致地表植被生长季的提前和延长，加速土壤有机质分解和营养元素释放，提高土壤肥力，促进地表植被生长（杨元合和朴世龙，2006；Shen et al.，2012），有利于土地沙漠化的逆转；另一方面气温升高导致表土温度上升，冻融作用加剧，土壤结构遭到破坏，植被退化，土壤风蚀加剧，有利于土地沙漠化的发展（Yang et al.，2004）。同时，气温升高导致蒸发量增加，若降水量没有相应增加，势必造成干旱程度增加，进而促进土地沙漠化的发展（李金亚，2014）。

与气温变化趋势相似，青藏高原年降水量也整体呈现出显著增加趋势，年平均增加 1.18mm（图 4-2）。然而，青藏高原年降水量的变化具有明显的时空差异，大部分地区降水量呈增大趋势，但东部和南部的部分气象台站降水量呈减小趋势。沙漠化主要发生在青藏高原干旱、半干旱及部分半湿润地区，水分条件是制约这些区域土地沙漠化发生发展的重要因素（李森等，2001）。降水量增加导致区域干旱程度减轻，植被长势转好，植被盖度增大，表土裸露面积减小，土壤抗风蚀能力增强，有利于土地沙漠化逆转；而降水量减少造成区域干旱程度加重，植被长势变差，植被盖度降低，表土裸露面积增大，有利于沙漠化的发展。

随着社会经济的迅速发展和区域内宽松人口政策的实施，1977 ~ 2015 年青藏高原人口数量不断增加。由于放牧、耕地、交通等人类活动均受人口数量的影响，因此人口数量是反映人类活动强度的重要指标。青藏高原自然条件恶劣，土地自然生产潜力较低，人口数量的增加给原本脆弱的生态环境带来巨大的压力，有利于土地沙漠化的发展。

畜牧业在青藏高原农业中占主导地位，而牲畜数量是反映畜牧业发展状况的重要因子。1960 ~ 1980 年青藏高原牲畜存栏量快速增加，导致大部分草场处于超载或严重超载状态，其中冬季超载情况更加严重。20 世纪 80 年代初“稳定存栏，提高出栏”“以草定畜”畜牧业发展政策的推行致使 1980 年后牲畜存栏量的增长速率有所减慢，但仍整体呈波动增大趋势（图 4-2），多数草场仍处于超载或严重超载状态（陶健，2014）。超载或严重超载造成草地自然植被和土壤破坏、植被再生能力降低、毒杂草比例上升、植被盖度下降，地表裸露面积扩大，同时受牲畜的践踏而变得易于风蚀起沙（吴正等，2003），有利于土地沙漠化的发展。

与牲畜存栏量的变化趋势不同，青藏高原耕地面积的变化趋势具有明显的阶段性。青藏高原自然条件恶劣，土地自然生产潜力较低，为满足日益增长的人口对粮食的需求，只能依靠扩大生产规模来保证粮食产量（李森等，2010）。1950 ~ 1980 年大面积草地被开垦为耕地（李士成等，2015），受低温、干旱等因素影响，许多新增耕地被快速撂荒，撂荒后，耕地面积减少，粮食产量下降又迫使农民进一步开垦新的耕地（贺有龙等，2008；窦贤，2004）。1980 ~ 2000 年耕地面积基本稳定（李庆，2016）。开垦的耕地多分布在地表富含沙物质的灌丛草地，草地开垦后地表天然植被完全消失，土壤表层结构被破坏。冬、春季青藏高原气候寒冷、干旱、多大风，加之地表无植被覆盖，极易发生风蚀，风蚀作用下细颗粒向下风向搬运，埋压草地，导致沙漠化土地扩张。自 2000 年以来随着生态保护工程的建设和退耕还林（草）政策的实施，耕地面积明显减少（李庆，2016），农田防护林和防风固沙林面积相应增加，有利于抑制农耕区土地沙漠化的发展。受人们生活习惯影响，青藏高原地区有相当多的生活燃料采自天然灌木林，滥樵滥挖对地表植被和土壤破坏严重（邵伟和蔡晓布，2008）。随着人口数量增加，薪柴需求量增大，滥樵滥挖破坏面积增大，风蚀加剧，有利于土地沙漠化的发展（李森等，2010）。此外，青藏高原地区生长有丰富的药用植物资源，受经济利益驱使，近年来滥挖现象不断增加，致使药材生长地出现不同程度的风蚀、退化和沙化（拉元林和全晓毅，2005）。

除气候变化和不合理的人类活动外，草原鼠害、冻土退化也是青藏高原土地沙漠化发展的重要原因。鼠害主要是由鼠兔、田鼠、旱獭等造成的，这些动物通过直接采食植物、挖洞破坏草原植被，引发草地退化、沙漠化。草原鼠害属于生物性驱动因素，在草地健康状况良好时，鼠类通过环境和种群自身的调节，种群数量基本稳定，不会对草地造成严重的破坏；而在退化草地上，植被群落结构和组成发生相应的变化而更适于鼠类栖息，导致其种群数量增加，对草地破坏增强，有利于土地沙漠化发展（董世魁等，2015）。据估计青藏高原至少有 6 亿只高原鼠兔和 1 亿只高原鼢鼠，其每年消耗的牧草量超过现有牲畜的消耗量（兰玉蓉，2004），而且鼠兔的挖掘活动造成地表植被严重破坏，在冻融、风蚀和水蚀作用下，形成大面积的“黑土滩”和沙化草地（吕昌河和于伯华，2011；赵志平等，2013）。在全球气候变暖的背景下，冻土退化问题不断加剧。冻土退化导致冻结层上限变化，改变了地下水的埋藏深度和地表土壤湿度，进而影响植被生长，植被高度与植被盖度随之降低，裸露地表面积增加，风沙活动增强，导致沙漠化发展。

参 考 文 献

程宏，高尚玉，邹学勇，等 . 2012a. 风沙蠕移层输沙量测量装置以及测量方法. 201210149421. 1.

程宏，邹学勇，伍永秋，等 . 2012b. 风沙蠕移层沙粒运动速度及其质量分布的测量装置以及测量方法 . 201210149237. 7.

邓英春，许永辉 . 2007. 土壤水分测量方法研究综述 . 水文，27（4）：20-24.

《第一次全国水利普查成果丛书》编委会 . 2017. 中国水土保持情况普查报告 . 北京：中国水利水电出版社 .

董光荣，李长治，金炯，等 . 1987. 关于土壤风蚀风洞模拟实验的某些结果 . 科学通报，32（4）：297-301.

董光荣，高尚玉，金炯，等 . 1988. 毛乌素沙漠的形成、演变和成因问题 . 中国科学（B 辑），6：633-642.

董世魁，温璐，李媛媛，等 . 2015. 青藏高原退化高寒草地生态恢复的植被–土壤界面过程 . 北京：科学出版社 .

董治宝 . 2005. 风沙起动形式与起动假说 . 干旱气象，23（2）：64-69.

董治宝，陈广庭 . 1997. 内蒙古后山地区土壤风蚀问题初论 . 土壤侵蚀与水土保持学报，3（2）：84-90.

董治宝，孙宏义，赵爱国 . 2003. WITSEG 集沙仪：风洞用多路集沙仪 . 中国沙漠，23（6）：714-720.

窦贤 . 2004. 青海湖将成第二个罗布泊？生态经济，（9）：14-20.

付丽宏，赵满全 . 2007. 旋风分离式集沙仪设计与试验研究 . 农机化研究，10：102-105.

高尚玉，张春来，邹学勇，等 . 2008. 京津风沙源治理工程效益研究 . 北京：科学出版社 .

高咏晴，亢力强，张军杰，等 . 2017. 风沙流和净风场中瞬时水平风速廓线特征比较 . 中国沙漠，37（1）：48-56.

郭中领，常春平，王仁德，等 . 2016. 一种自动连续称重式集沙仪 . ZL201510352162. 6.

贺大良，刘大有 . 1989. 跃移沙粒起跳的受力机制 . 中国沙漠，9（2）：14-22.

贺有龙，周华坤，赵新全，等 . 2008. 青藏高原高寒草地的退化及其恢复 . 草业与畜牧，（11）：1-9.

胡光印，董治宝，魏振海，等 . 2009. 近 30a 来若尔盖盆地沙漠化时空演变过程及成因分析 . 地球科学进展，24（8）：908-916.

黄宁 . 2002. 沙粒带电及风沙电场对风沙跃移运动影响的研究 . 兰州：兰州大学 .

黄宁，郑晓静 . 2001. 风沙跃移运动中的 Magnus 效应 . 兰州大学学报（自然科学版），37：19-25.

贾文茹 . 2018. 横向垄状微地形对土壤风蚀的影响 . 北京：北京师范大学 .

景思睿，张鸣远 . 2001. 流体力学 . 西安：西安交通大学出版社 .

亢力强，张军杰，邹学勇，等 . 2017. 风沙流起动阶段沙粒输运特征 . 中国沙漠，37（6）：1051-1058.

拉元林，全晓毅 . 2005. 青海省海南州高寒草地荒漠化治理技术与对策 . 草业科学，22（8）：55-61.

兰玉蓉 . 2004. 青藏高原高寒草甸草地退化现状及治理对策 . 青海草业，13（1）：27-30.

李长治，董光荣，石蒙沂 . 1987. 平口式集沙仪的研制 . 中国沙漠，7（3）：49-56.

李慧茹 . 2021. 砾石覆盖对地表剪应力与输沙率的影响 . 北京：北京师范大学 .

李慧茹，刘博，王汝幸，等 . 2018. 土壤粒度组成分析方法对比 . 中国沙漠，38（3）：619-627.

李继峰 . 2015. 筛分土抗剪强度与风蚀抗蚀性实验研究 . 北京：北京师范大学 .

李金亚 . 2014. 科尔沁沙地草原沙化时空变化特征遥感监测及驱动力分析 . 北京：中国农业科学院 .

李锦荣，郭建英，何京丽，等 . 2017. 沙物质蠕移收集器 . 201710253878. 6.

李庆 . 2016. 青藏高原土地沙漠化现代过程分析 . 北京：北京师范大学 .

李庆，张春来，周娜，等 . 2018. 青藏高原沙漠化土地空间分布及区划 . 中国沙漠，38（4）：690-700.

李森，董玉祥，董光荣，等 . 2001. 青藏高原沙漠化问题及可持续发展 . 北京：中国藏学出版社 .

李森，杨萍，董玉祥，等 . 2010. 西藏土地沙漠化及其防治 . 北京：科学出版社 .

李士成，张镱锂，何凡能 . 2015. 过去百年青海和西藏耕地空间格局重建及其时空变化 . 地理科学进展，34（2）：197-206.

李晓丽，申向东 . 2006. 结皮土壤的抗风蚀性分析 . 干旱区资源与环境，20（2）：203-207.

李新荣，张元明，赵允阁 . 2009. 生物土壤结皮研究：进展、前沿与展望 . 地球科学进展，24（1）：11-24.

李新荣，谭会娟，回嵘，等 . 2018. 中国荒漠与沙地生物土壤结皮研究 . 科学通报，63（23）：2320-2334.

李玄姝，常春平，王仁德 . 2014. 河北坝上土地利用方式对农田土壤风蚀的影响 . 中国沙漠，34（1）：23-28.

凌裕泉，吴正 . 1980. 风沙运动的动态摄影实验 . 地理学报，35：174-181.

刘国彬 . 1997. 黄土高原土壤抗冲性研究及有关问题 . 水土保持研究，4（5）：91-101.

刘贤万 . 1995. 实验风沙物理与风沙工程学 . 北京：科学出版社 .

刘小平，董治宝 . 2002. 零平面位移高度的 Marquardt 算法 . 中国沙漠，22（3）：233-236.

逯海叶 . 2005. 地表土壤抗剪强度影响因素的研究 . 呼和浩特：蒙古农业大学 .

吕昌河，于伯华 . 2011. 青藏高原土地退化整治技术与模式 . 北京：科学出版社 .

罗万银，董治宝，钱广强，等 . 2009. 直立阻沙栅栏流场特征的风洞模拟实验 . 中国沙漠，29（2）：200-205.

梅凡民，Rajot J，Alfaro S，等 . 2006. 毛乌素沙地的粉尘释放通量观测及 DPM 模型的野外验证 . 科学通报，51（11）：1326-1332.

庞加斌，林志兴 . 2008. 边界层风洞主动模拟装置的研制及实验研究 . 实验流体力学，22（3）：80-85.

任珊 . 2011. 两种反馈机制作用下风沙跃移运动的数值模拟 . 兰州：兰州大学 .

邵伟，蔡晓布 . 2008. 西藏高原草地退化及其成因分析 . 中国水土保持科学：6（1）：112-116.

申向东，王晓飞，姬宝霖，等 . 2004. 干寒区土壤抗风蚀能力的特征研究//第十三届全国结构工程学术会议论文集（第Ⅱ册）. 北京：工程力学杂志社 .

水利部 . 2008. 土壤侵蚀分类分级标准（SL190-2007）. 北京：中国水利水电出版社 .
孙学金，王晓蕾，李浩，等 . 2009. 大气探测学 . 北京：气象出版社 .
唐翔宇，杨浩，赵其国，等 . 2000. ^{137}Cs 示踪技术在土壤侵蚀估算中的应用前景 . 地球科学进展，15（5）：576-582.
陶健 . 2014. 气候变化和放牧活动对青藏高原草地生态系统净初级生产力的影响 . 北京：中国科学院大学 .
王乐 . 2014. 非均匀沙床面风蚀过程研究 . 石家庄：河北师范大学 .
王仁德，邹学勇，吴晓旭，等 . 2009. 半湿润区农田风蚀物垂直分布特征 . 水土保持学报，23（5）：39-43.
王仁德，李庆，常春平，等 . 2018. 新型平口式集沙仪对不同粒级颗粒的收集效率 . 中国沙漠，38（4）：734-738.
王仁德，安晨宇，苑依笑，等 . 2021. 不同时间尺度下农田土壤风蚀可蚀性的变化 . 中国沙漠，41（5）：211-218.
王涛，吴薇，薛娴，等 . 2003. 中国北方沙漠化土地时空演变分析 . 中国沙漠，23（3）：230- 235.
王雪松 . 2020. 风沙土风蚀动态过程的风洞实验研究 . 北京：北京师范大学 .
吴正，等 . 2003. 风沙地貌与治沙工程学 . 北京：科学出版社 .
杨浩，杜明远，赵其国，等 . 1999. 基于^{137}Cs 地表富集作用的土壤侵蚀速率的定量模型 . 土壤侵蚀和水土保持学报，5（3）：42-48.
杨元合，朴世龙 . 2006. 青藏高原草地植被覆盖变化及其与气候因子的关系 . 植物生态学报，30（1）：1-8.
姚正毅，韩致文，赵爱国，等 . 2009. 化学固沙结层的力学强度与抗风蚀能力关系 . 干旱区资源与环境，23（2）：193-197.
游智敏，伍永秋，刘宝元 . 2004. 利用 GPS 进行切沟侵蚀监测研究 . 水土保持学报，18（5）：91-94.
臧英，高焕文 . 2006. 土壤风蚀采沙器的结构设计与性能试验研究 . 农业工程学报，22（3）：46-50.
张春来，宋长青，王振亭，等，2018. 土壤风蚀过程研究回顾与展望 . 地球科学进展，33（1）：27-41.
张军杰 . 2017. 柔性植株条件下地表剪应力分布特征的实验研究 . 北京：北京师范大学 .
张淼，李强子，蒙继华，等 . 2011. 作物残茬覆盖度遥感监测研究进展 . 光谱学与光谱分析，31（12）：3200-3205.
赵国丹 . 2013. 稳态风沙流中沙粒体积浓度的实验研究与理论分析 . 北京：北京师范大学 .
赵国丹，亢力强，邹学勇，等 . 2015. 稳态风沙流中沙粒体积浓度的模型分析 . 中国沙漠，35（5）：1113-1119.
赵国平，左合君，张洪江，等 . 2012. 挡雪墙阻雪效果风洞模拟试验研 . 干旱区资源与环境，26（4）：107-112.
赵英时 . 2007. 遥感应用分析原理与方法 . 北京：科学出版社 .
赵志平，吴晓莆，李果，等 . 2013. 青海三江源区果洛藏族自治州草地退化成因分析 . 生态学报，33（20）：6577-6586.

钟时，杨修群，郭维栋 . 2013. 局地零平面位移对非均匀地表有效空气动力学参数的影响 . 物理学报，62（14）：234-239.

周杰，雷加强，曾凡江，等 . 2013. 一种地表蠕移集沙仪 . 201320542644.

朱好，张宏升 . 2014. 沙尘天气过程临界起沙因子的研究进展 . 地球科学进展，26（1）：30-38.

朱元骏，邵明安 . 2008. 黄土高原水蚀风蚀交错带小流域坡面表土砾石空间分布 . 中国科学 D 辑，38（3）：375-283.

朱震达 . 1998. 治沙工程学 . 北京：中国环境科学出版社 .

邹学勇，刘玉璋，吴丹，等 . 1994. 若干特殊地表风蚀的风洞实验研究 . 地理研究，13（2）：41-48.

邹学勇，张春来，程宏，等 . 2014. 土壤风蚀模型中的影响因子分类与表达 . 地球科学进展，29（8）：875-889.

邹学勇，程宏，张春来，等 . 2017. 一种土壤风蚀圈内土壤风蚀量的测量方法 . 201710046164. 1.

邹学勇，张梦翠，张春来，等 . 2019. 输沙率对土壤颗粒特性和气流湍流脉动的响应 . 地球科学进展，34（8）：787-800.

Alfaro S C，Gomes L. 2001. Modeling mineral aerosol production by wind erosion：emission，intensities and aerosol size distributions in source area. Journal of Geophysical Research，106（D16）：18075-18084.

Allmaras R R，Burwell R E，Larson W E，et al. 1966. Total porosity and random roughness of the interred zone as influenced by tillage. USDA Conservation Research Report，7：1-14.

Al- Awadhi J M，Willetts B B. 1998. Transient sand transport rates after wind tunnel start- up. Earth Surface Processes and Landforms，22：21-30.

Ammi M，Oger L，Beladjine D，et al. 2009. Three- dimensional analysis of the collision process of a bead on a granular packing. Physical Review E，79：021305.

Anderson R S. 1988. Erosion profiles due to particles entrained by wind：application of eolian sediment- transport model. Geological Society of America Bulletin，97（10）：1270-1278.

Anderson R S，Anderson S P. 2010. Geomorphology：the Mechanics and Chemistry of Landscapes. Cambridge：Cambridge University Press.

Anderson R S，Haff P K. 1988. Simulation of eolian saltation. Science，241：820-823.

Anderson R S，Haff P K. 1991. Wind modification and bed response during saltation of sand in air. Acta Mechanica，suppl. 1：21-51.

Anderson R S，Hallet B. 1986. Sediment transport by wind：toward a general model. Geological Society of America Bulletin，97：523-535.

Andreotti B，Claudin P，Pouliquen O. 2006. Aeolian sand ripples：experimental study of fully developed states. Physical Review Letters，96（2）：28001.

Andreotti B，Claudin P，Pouliquen O. 2010. Measurements of the aeolian sand transport saturation length. Geomorphology，123（3）：343-348.

Baas A C W. 2004. Evaluation of saltation flux impact responders（Safires）for measuring instantaneous aeolian sand transport intensity. Geomorphology，59（1-4）：99-118.

Bagnold R A. 1941. The Physics of Blown Sands and Desert Dunes. London: Methuen.

Barchyn T E, Hugenholtz C H. 2010. Field comparison of four piezoelectric sensors for detecting aeolian sediment transport. Geomorphology, 120: 368-371.

Barchyn T E, Hugenholtz C H. 2011. Comparison of four methods to calculate aeolian sediment transport threshold from field data: implications for transport prediction and discussion of method evolution. Geomorphology, 129 (3-4): 190-203.

Bauer B O, Namikas S L. 1998. Design and field test of a continuously weighing, tipping - bucket assembly for aeolian sand traps. Earth Surface Processes and Landforms, 23: 1171-1183.

Beladjine D, Ammi M, Oger L, et al. 2007. Collision process between an incident bead and a three-dimensional granular packing. Physical Review E, 75: 061305.

Bielders C L, Michels K, Rajot J L. 2000. On-farm evaluation of ridging and residue management practices to reduce wind erosion in Niger. Science Society of America Journal, 64 (5): 1776-1785.

Bofah K K, Al-Hinai K G. 1986. Field tests of porous fences in the regime of sand-laden wind. Journal of Wind Engineering and Industrial Aerodynamics, 23: 309-319.

Brown O, Hugenholtz C H. 2011. Estimating aerodynamic roughness (z_0) in a mixed prairie grassland with airborne LiDAR. Canadian Journal of Remote Sensing, 37 (4): 422-428.

Brown R B, Cutshall N H, Kling G F. 1981. Agricultural erosion indicated by ^{137}Cs redistribution: Ⅰ. Level and distribution of ^{137}Cs activity in soil. Soil Science Society of America Journal, 45: 1184-1190.

Brown S, Nickling W G, Gillies J A. 2008. A wind tunnel examination of shear stress partitioning for an assortment of surface roughness distributions. Journal of Geophysical Research, Earth Surface, 113 (F2): 1-13.

Brunori F, Penzo M C, Torri D. 1989. Soil shear strength: its measurement and soil detachability. Catena, 16 (1): 59-71.

Burr D M, Bridges N T, Marshall J R, et al. 2015. Higher-than-predicted saltation threshold wind speeds on Titan. Nature, 517: 60-63.

Burri K, Gromke C, Lehning M, et al. 2011. Aeolian sediment transport over vegetation canopies: a wind tunnel study with live plants. Aeolian Research, 3 (2): 205-213.

Butterfield G R. 1998. Transitional behaviour of saltation: wind tunnel observations of unsteady winds. Journal of Arid Environments, 39: 377-394.

Campbell B L, Loughran R J, ElliottG L, et al. 1986. Mapping drainage basin sources using caesium-137. International Association of Hydrological Sciences, 159: 437-446.

Cermak J E. 1995. Progress in physical modeling for wind engineering. Journal of Wind Engineering and Industrial Aerodynamics, 54-55: 439-455.

Chappell A. 1996. Modelling the spatial variation of processes in redistribution of soil: digital models and ^{137}Cs in the southwest Niger. Geomorphology, 17: 249-261.

Chappell A, Oliver M A, Warren A, et al. 1996. Examining factors controlling the spatial scale of variation in soil redistribution processes from southwest Niger. Advances in Hillslope Processes, 1: 429-449.

Chappell A, McTainsh G, Leys J, et al. 2003. Simulations to optimize sampling of aeolian sediment transport in space and time for mapping. Earth Surface Processes and Landforms, 28 (11): 1223-1241.

Cheng H, Zou X Y, Zhang C L. 2006. Probability distribution functions for the initial liftoff velocities of saltating sand grains in air. Journal of Geophysical Research, 111: D22205.

Cheng H, Hayden P, Robins A G, et al. 2007. Flow over cube arrays of different packing densities. Journal of Wind Engineering and Industrial Aerodynamics, 95 (8): 715-740.

Cheng H, Zou X, Liu C, et al. 2013. Transport mass of creeping sand grains and their movement velocities. Journal of Geophysical Research: Atmospheres, 118 (12): 6374-6382.

Cheng H, He J J, Zou X Y, et al. 2015. Characteristics of particle size for creeping and saltating sand grains in aeolian transport. Sedimentology, 62: 1497-1511.

Cheng H, Fang Y, Sherman D J, et al. 2018. Sidewall effects and sand trap efficiency in a large wind tunnel. Earth Surface Processes and Landforms, 43: 1252-1258.

Chepil W S. 1945. Dynamic of wind erosion: Ⅲ. the transport capacity of the wind. Soil Science, 60 (6): 475-480.

Chepil W S. 1946. Dynamics of wind erosion: Ⅵ. sorting of soil material by the wind. Soil Science, 61 (4): 331.

Chepil W S. 1952. Improved rotary sieve for measuring state and stability of dry soil structure. Soil Science Society of America Proceeding, 16 (2): 113-117.

Chepil W S. 1962. A compact rotary sieve and the importance of dry sieving in physical soil analysis. Soil Science Society of America Journal, 26 (1): 4-6.

Chepil W S, Bisal F. 1943. A rotary sieve method for determining the size distribution of soil clod. Soil Science, 56 (2): 95-100.

Colazo J C, Buschiazzo D E. 2010. Soil dry aggregate stability and wind erodible fraction in a semiarid environment of Argentina. Geoderma, 159 (1-2): 228-236.

Crawley D M, Nickling W G. 2003. Drag partition for regularly-arrayed rough surfaces. Boundary-Layer Meteorology, 107 (2): 445-468.

Creyssels M, Dupont P, Ould El Moctar A, et al. 2009. Saltating particles in a turbulent boundary layer: experiment and theory. Journal of Fluid Mechanics, 625: 47-74.

Crowe C T, Sommerfeld M, Tsuji Y. 1998. Multiphase Flows with Droplets and Particles. Boca Raton: CRC Press.

Davidson-Arnott R G D, Bauer B O. 2009. Aeolian sediment transport on a beach: thresholds, intermittency and high frequency variability. Geomorphology, 105 (1-2): 117-126.

Davis J J. 1963. Ceasium and its relationship to potassium in ecology//Schultz V, Klement A W. Radioecology. New York: Reinhold Publishing Corporation.

De Jong E, Begg C B M, Kachanoski R C. 1983. Estimates of soil erosion and deposition for some Saskatchewan soils. Canadian Journal of Soil Science, 63: 607-617.

Di Felice R. 1994. The voidage function for fluid-particle interaction systems. International Journal of Multiphase Flow, 20: 153-159.

Ding Y H, Ren G Y, Shi G Y, et al. 2007. China's National Assessment Report on Climate Change (I): climate change in China and the future trend. World Environment, 3: 1-5.

Dong Z B, Liu X P, Li F, et al. 2002. Impact-entrainment relationship in a saltating cloud. Earth Surface Processes and Landforms, 27: 641-658.

Dong Z B, Liu X P, Wang H T, et al. 2003a. Aeolian sand transport: a wind tunnel model. Sedimentary Geology, 161: 71-83.

Dong Z B, Wang H T, Zhang X H, et al. 2003b. Height profile of particle concentration in an aeolian saltating cloud: a wind tunnel investigation by PIV MSD. Geophysical Research Letters, 30: 2004.

Dong Z B, Liu X P, Wang X M, et al. 2004a. Experimental investigation of the velocity of a sand cloud blowing over a sandy surface. Earth Surface Processes and Landforms, 29: 343-358.

Dong Z B, Sun H Y, Zhao A G. 2004b. WITSEG sampler: a segmented sand sampler for wind tunnel test. Geomorphology, 59: 119-129.

Dong Z B, Man D Q, Luo W Y, et al. 2010. Horizontal aeolian sediment flux in the Minqin area, a major source of Chinese dust storms. Geomorphology, 116: 58-66.

Durán O, Claudin P, Andreotti B. 2011. On aeolian transport: Grain-scale interactions, dynamical mechanisms and scaling laws. Aeolian Research, 3 (3): 243-270.

Edwards B L, Namikas S L. 2015. Characterizing the sediment bed in terms of resistance to motion: toward an improved model of saltation thresholds for aeolian transport. Aeolian Research, 19: 123-128.

Elliott G L, Campbell B L, Loughran R J. 1990. Correlation of erosion measurement and soil caesium-137 content. Applied Radiation and Isotopes, 41: 713-717.

Ellis J T, Morrison R F, Priest B H. 2009. Detecting impacts of sand grains with a microphone system in field conditions. Geomorphology, 105: 87-94.

Feng G L, Sharratt B. 2007. Validation of WEPS for soil and PM_{10} loss from agricultural fields within the Columbia Plateau of the United States. Earth Surface Processes and Landforms, 32 (5): 743-753.

Feng G, Sharratt B, Young F. 2011. Soil properties governing soil erosion affected by cropping systems in the U. S. Pacific Northwest. Soil and Tillage Research, 111 (2): 168-174.

Fenton L K, Bishop J L, King S, et al. 2017. Sedimentary differentiation of aeolian grains at the White Sands National Monument, New Mexico, USA. Aeolian Research, 26: 117-136.

Fox F A, Wagner L E. 2001. A laser distance-based method for measuring standing residue//Soil Erosion Research for the 21st Century. Michigan: American Society of Agricultural and Biological Engineers.

Fryrear D W. 1984. Soil ridges-clods and wind erosion. Transactions of the American Society of Agricultural Engineers, 27 (2): 445-448.

Fryrear D W. 1985. Determining soil aggregate stability with a rapid rotaty sieve. Journal of Soil and Water

Conservation, 40 (2): 231-233.

Fryrear D W. 1986. A field dust sampler. Journal of Soil and Water Conservation, 41: 117-120.

Fryrear D W, Stout J E, Hagen L J, et al. 1991. Wind erosion: field measurement and analysis. Transactions of the American Society of Agricultural Engineers, 34 (1): 155-160.

Fryrear D W, Saleh A, Bilbro J D, et al. 1994. Field Tested Wind Erosion Model. Weikersheim: Margraf Verlag.

Fryrear D W, Saleh A, Bilbro J D, et al. 1998. Revised Wind Erosion Equation (RWEQ) . Wind Erosion and Water Conservation Research Unit, USDA-ARS, Southern Plains Area Cropping Systems Research Laboratory. Technical Bulletin No. 1.

Gillette D A. 1977. Fine particulate emissions due to wind erosion. Transactions of the American Society of Agricultural Engineers, 20 (5): 890-897.

Gillette D A, Stockton P H. 1986. Mass momentum and kinetic energy fluxes of saltating particles//Annual symposium of geomorphology. Abington: Taylor And Francis Group.

Gillette D A, Fryrear D W, Gill T E, et al. 1997. Relation of vertical flux of particles smaller than 10 pm to total aeolian horizontal mass flux at Owens Lake. Journal of Geophysical Research, 102 (D22): 26009-26016.

Gillette D A, Marticorena B, Bergametti G. 1998. Change in the aerodynamic roughness height by saltating grains: experimental assessment, test of theory, and operational parameterization. Journal of Geophysical Research, 103: 6203-6209.

Gillies J A, Nickling W G, King J. 2007. Shear stress partitioning in large patches of roughness in the atmospheric inertial sublayer. Boundary-Layer Meteorology, 122 (2): 367-396.

Gore R A, Crowe C T. 1989. Effect of particle size on modulating turbulent intensity. International Journal of Multiphase Flow, 15: 279-285.

Greeley R. 1982. Wind abrasion on mars. Journal of Geophysical Research Solid Earth, 87 (B12): 10009-10024.

Greeley R, Iversen J D. 1985. Wind as a Geological Process on Earth, Mars, Venus, and Titan. New York: Cambridge University Press.

Greeley R, Leach R N, Williams S H, et al. 1982. Rate of wind abrasion on Mars. Journal of Geophysical Research, 87 (B12): 10009-10024.

Gregory J M, Borrelli J, Fedler C B. 1988. Team: Texas erosion analysis model. Lubbock: Proceeding of 1988 wind erosin conference, Texas Tech University.

Guo Z L, Chang C P, Wang R D, et al. 2017. Comparison of different methods to determine wind- erodible fraction of soil with rock fragments under different tillage/management. Soil and Tillage Research, 168: 42-49.

Guo Z L, Wang R D, Van Pelt R S, et al. 2020. Construction and field use of a cyclone type instantaneous weighing aeolian sand trap. Aeolian Research, 43: 100564.

Hagen L J. 1984. Soil aggregate abrasion by impacting sand and soil particles. Transactions of the American Society of Agricultural Engineers, 27 (3): 805-808, 816.

Hagen L J. 1991. A wind erosion prediction system to meet the users need. Journal of Soil and Water Conservation, 46: 106-111.

Hagen L J, Schroeder B, Skidmore E L. 1995. A vertical soil crushing-energy meter. Transactions of the American Society of Agricultural Engineers, 38 (3): 711-715.

Hagishima A, Tanimoto J, Nagayama K, et al. 2009. Aerodynamic parameters of regular arrays of rectangular blocks with various geometries. Boundary-Layer Meteorology, 132 (2): 315-337.

Hansen J, Sato M, Ruedy R, et al. 2006. Global temperature change. Proceedings of the National Academy of Sciences, 103 (39): 14288-14293.

Happel J, Brenner H. 1973. Low Reynolds Number Hydrodynamics. Leyden: Noordhoff International Publishing.

Haubrock S, Kuhnert M, Chabrillat S, et al. 2009. Spatiotemporal variations of soil surface roughness from in-situ laser scanning. Catena, 79 (2): 128-139.

Hevia G G, Mendez M, Buschiazzo D E. 2007. Tillage affects soil aggregation parameters linked with wind erosion. Geoderma, 140 (1): 90-96.

Hilton M, Nickling B, Wakes S, et al. 2017. An efficient, self-orienting, vertical-array, sand trap. Aeolian Research, 25: 11-21.

Ho T D, Valance A, Dupont P, et al. 2011. Scaling laws in aeolian sand transport. Physical Review Letters, 106: 094501.

Ho T D, Dupont P, Ould El Moctar A, et al. 2012. Particle velocity distribution in saltation transport. Physical Review E, 85: 052301.

Horikawa K, Hotta S, Kubota S, et al. 1983. On the sand transport rate by wind on a beach. Coastal Engineering in Japan, 26: 101-120.

Horikawa K, Hotta S, Kraus N C. 1986. Literature review of sand transport by wind on a dry sand surface. Coastal Engineering Journal, 9 (6): 503-526.

Huang N, Zheng X J, Zhou Y H, et al. 2006. Simulation of wind - blown sand movement and probability density function of liftoff velocities of sand particles. Journal of Geophysical Research, 111: D20201.

Huang N, Wang C, Pan X Y. 2010. Simulation of aeolian sand saltation with rotational motion. Journal of Geophysical Research, 115: D22211.

Huang N, He P L, Zhang J. 2020. Large-eddy simulation of sand transport under unsteady wind. Geomorphology, 358: 107105.

Hudson N W. 1971. Soil Conservation. London: Batsford.

Hugenholtz C H, Barchyn T E. 2011. Laboratory and field performance of a laser particle counter for measuring aeolian sand transport. Journal of Geophysical Research, 116: F01010.

Hupy J P. 2001. Soil surface texture and vegetative cover as a function of aeolian particulate matter generated in the Jornada basin of New Mexico//Ascough J C, Flanagan D C. Soil Erosion Research for the 21st Century. Proceedings of the International St. Joseph: American Society of Agricultural and Biological Engineers.

Irwin H P A H. 1981. A simple omnidirectional sensor for wind-tunnel studies of pedestrian-level winds. Journal of Wind Engineering and Industrial Aerodynamics, 7: 219-239.

Iversen J D, White B R. 1982. Saltation threshold on Earth, Mars and Venus. Sedimentology, 29 (1):

111-119.

Janssen W, Tetzlaff G. 1991. Development and calibration of registering sediment trap. Zeitschrift fur Kulturtechnik und Landentwicklung, 32: 167-180.

Joshi S R. 1987. Early Canadian results on the long-range transport of Chernobyl radioactivity. Science of The Total Environment, 63: 125-137.

Kachanoski R G. 1993. Estimating soil loss from changes in soil caesium-137. Canadian Journal Of Soil Science, 73: 515-526.

Kachanoski R G, de Jong E. 1984. Predicting the temporal relationship between soil caesium-137 and erosion rate. Journal of Environment Quality, 13: 301-304.

Kang L Q. 2012. Discrete particle model of aeolian sand transport: comparison of 2D and 2.5D simulations. Geomorphology, 139-140: 536-544.

Kang L Q, Guo L J. 2006. Eulerian-Lagrangian simulation of aeolian sand transport. Powder Technology, 162: 111-120.

Kang L Q, Liu D Y. 2010. Numerical investigation of particle velocity distributions in aeolian sand transport. Geomorphology, 115: 156-171.

Kang L Q, Zou X Y. 2011. Vertical distribution of wind-sand interaction forces in aeolian sand transport. Geomorphology, 125: 361-373.

Kang L Q, Zou X Y. 2014. Theoretical analysis of particle number density in steady aeolian saltation. Geomorphology, 204: 542-552.

Kang L Q, Zou X Y. 2020. Experimental investigation of mass flux and transport rate of different size particles in mixed sand transport by wind. Geomorphology, 367: 107320.

Kang L Q, Guo L J, Gu Z M, et al. 2008a. Wind tunnel experimental investigation of sand velocity in aeolian sand transport. Geomorphology, 97: 438-450.

Kang L Q, Guo L J, Liu D Y. 2008b. Reconstructing the vertical distribution of the aeolian saltation mass flux based on the probability distribution of lift-off velocity. Geomorphology, 96: 1-15.

Kang L Q, Guo L J, Liu D Y. 2008c. Experimental investigation of particle velocity distributions in windblown sand movement. Science in China Series G: Physics Mechanics and Astronomy, 51: 986-1000.

Kang L Q, Zhao G D, Zou X Y, et al. 2015. An improved particle counting method for particle volume concentration in aeolian sand transport. Powder Technology, 280: 191-200.

Kang L Q, Zou X Y, Zhao G D, et al. 2016. Wind tunnel investigation of horizontal and vertical sand fluxes of ascending and descending sand particles in aeolian sand transport. Earth Surface Processes and Landforms, 41: 1647-1657.

Kang L Q, Zhang J J, Yang Z C, et al. 2018. Experimental investigation on shear-stress partitioning for flexible plants with approximately zero basal-to-frontal area ratio in a wind tunnel. Boundary-Layer Meteorology, 169 (2): 251-273.

Kang L Q, Zhang J J, Zou X Y, et al. 2019. Experimental investigation of the aerodynamic roughness length for flexible plants. Boundary-Layer Meteorology, 172 (3): 397-416.

Kardous M, Bergametti G, Marticorena B. 2005. Aerodynamic roughness length related to non-aggregated tillage ridges. Annales Geophysicae, 23 (10): 3187-3193.

Kawamura R. 1951. Study of sand movement by wind. The Reports of the Institute of Science and Technology, 5 (3): 95-112.

King J, Nickling W G, Gillies J A. 2006. Aeolian shear stress ratio measurements within mesquite-dominated landscapes of the Chihuahuan Desert, New Mexico, USA. Geomorphology, 82 (3-4): 229-244.

Kok H, McCool D K. 1990. Quantifying freeze/thaw-induced variability of soil strength. Transactions of the American Society of Agricultural Engineers, 33 (2): 501-506.

Kok J F, Renno N O. 2009. A comprehensive numerical model of steady state saltation (COMSALT). Journal of Geophysical Research, 114: D17204.

Kok J F, Parteli E J, Michaels T I, et al. 2012. The physics of wind-blown sand and dust. Reports on Progress in Physics, 75 (10): 106901-106973.

Kuipers H. 1957. A relief meter for soil cumulative studies. Netherlands Journal of Agricultural Science, 5: 225-242.

Lal R. 2001. Soil degradation by erosion. Land Degradation and Development, 12 (6): 519-539.

Lancaster N. 2004. Relations between aerodynamic and surface roughness in a hyper-arid cold desert: Mcmurdo Dry Valleys, Antarctica. Earth Surface Processes and Landforms, 29 (7): 853-867.

Lancaster N, Nickling W G, Gillies J A. 2010. Sand transport by wind on complex surfaces: field studies in the McMurdo Dry Valleys, Antarctica. Journal of Geophysical Research, 115 (F3).

Lee J A. 1987. A field experiment on the role of small scale wind gustiness in aeolian sand transport. Earth Surface Processes and Landform, 12 (3): 331-335.

Lettau H. 1969. Note on aerodynamic roughness-parameter estimation on the basis of roughness-element description. Journal of Applied Meteorology (1962–1982), 8 (5): 828-832.

Lettau K, Lettau H. 1978. Experimental and micro-meteorological field studies of dune migration//Lettau H H, Lettau K. Exploring the World's Driest Climate (IES Report, 101: 110-147). Madison: Center for Climatic Research, University of Wisconsin.

Li Z S, Feng D J, Wu S L, et al. 2008. Grain size and transport characteristics of non-uniform sand in aeolian saltation. Geomorphology, 100: 484-493.

Li Z Q, Wang Y, Zhang Y. 2014. A numerical study of particle motion and two-phase interaction in aeolian sand transport using a coupled large eddy simulation-discrete element method. Sedimentology, 61: 319-332.

Li C, Huang H, Li L, et al. 2015. Geotechnical hazards assessment on wind-eroded desert embankment in Inner Mongolia Autonomous Region, North China. Natural Hazards, 76 (1): 235-257.

Li H, Zou X, Zhang M, et al. 2021. A modified Raupach's model applicable for shear-stress partitioning on surfaces covered with dense and flat-shaped gravel roughness elements. Earth Surface Processes and Landforms, 46: 907-920.

Liu X P, Dong Z B. 2004. Experimental investigation of the concentration profile of a blowing sand cloud. Geomorphology, 60: 371-381.

Liu J, Wang Y, Yang B. 2012. Wavelet packet analysis of particle response to turbulent fluctuation. Advanced Powder Technology, 23: 305-314.

Logie M. 1981. Wind tunnel experiments on dune sands. Earth Surface Processes and Landforms, 6: 365-374.

Logie M. 1982. Influence of roughness elements and soil moisture and the resistance of sand to wind erosion. Catena suppl. , 1: 161-173.

Loughran R J. 1989. The measurement of soil erosion. Progress in Physical Geography, 13: 216-233.

Loughran R J, Campbell B L, Elliott G L. 1986. Sediment dynamics in a partially cultivated catchment in New South Wales, Australia. Journal of Hydrology, 83: 282-297.

Loughran R J, Campbell B L, Pilgrim A T, et al. 1987. Caesium- 137 in soils in relation to the nine unit landsurface model in a semi- arid environment of Western Australia//Conacher A. Readings in Australian Geography. Perth: Proceedings of the 21st Institute of Australian Geographer's Conference, University of Western Australia.

Lowrance R S, McIntyre S M, Lance J C. 1988. Erosion and deposition in a field/forest system estimated using caesium-137. Journal of Soil and Water Conservation, 43: 195-199.

Lyles L, Dickerson J D, Disrud L A. 1970. Modified rotary sieve for improved accuracy. Soil Science, 109 (3): 207-210.

Lyles L, Krauss R K. 1971. Threshold velocities and initial particle motion as influenced by air turbulence. Transactions of the ASAE, 14: 563-566.

Lämmel M, Meiwald A, Yizhaq H, et al. 2018. Aeolian sand sorting and megaripple formation. Nature Physics, 14: 759-765.

López M V, Gracia R, Arrúe J L. 2001. An evaluation of wind erosion hazard in fallow lands of semiarid Aragon (NE Spain) . Journal of Soil and Water Conservation, 56 (3): 212-219.

Ma Y Y, Lei T W, Zhuang X H. 2014. Volume replacement methods for measuring soil particle density. Transactions of the CSAE, 30 (15): 130-139.

Macdonald R W, Griffiths R F, Hall D J. 1998. An improved method for the estimation of surface roughness of obstacle arrays. Atmospheric Environment, 32 (11): 1857-1864.

MacKinnon D J, Clow G D, Tigges R K, et al. 2004. Comparison of aerodynamically and model- derived roughness lengths (z_0) over diverse surfaces, central Mojave Desert, California, USA. Geomorphology, 63 (1-2): 103-113.

Marshall J K. 1971. Drag measurements in roughness arrays of varying density and distribution. Agricultural Meteorology, 8 (71): 269-292.

Marticorena B, Bergametti G. 1995. Modeling the atmospheric dust cycle: 1. Design of a soil-derived dust emission scheme. Journal of Geophysical Research, 100 (D8): 16415-16430.

Martz L W, de Jong E. 1987. Using caesium-137 to assess the variability of net soil erosion and its association with topography in a Canadian Prairie landscape. Catena, 14: 439-451.

McEwan I K, Willetts B B. 1991. Numerical model of the saltation cloud. Acta Mechanica Suppl. 1: 53-66.

McEwan I K, Willetts B B. 1993. Adaptation of the near-surface wind to the development of sand transport. Journal of Fluid Mechanics, 252: 99-115.

McKenna Neuman C, Bédard O. 2017. A wind tunnel investigation of particle segregation, ripple formation and armouring within sand beds of systematically varied texture. Earth Surface Processes and Landforms, 42: 749-762.

McKenna Neuman C, Nickling W G. 1994. Momentum extraction with saltation: implications for experimental evaluation of wind profile parameters. Boundary-Layer Meteorology, 68 (1-2): 35-50.

Mendez M J, Funk R, Buschiazzo D E. 2011. Field wind erosion measurements with Big Spring Number Eight (BSNE) and Modified Wilson and Cook (MWAC) samplers. Geomorphology, 129 (1-2): 43-48.

Mikami M, Yamada Y, Ishizuka M, et al. 2005. Measurement of saltation process over gobi and sand dunes in the Taklimakan desert, China, with newly developed sand particle counter. Journal of Geophysical Research, 110: D18S02.

Minvielle F, Marticorena B, Gillette D A, et al. 2003. Relationship between the aerodynamic roughness length and the roughness density in cases of low roughness density. Environmental Fluid Mechanics, 3: 249-267.

Mitchell J K, Bubenzer G D, McHenry J R, et al. 1980. Soil loss estimation from fallout caesium-137 measurements//Debit M, Garbles. Assessment of Erosion. Chichester: John Wiley and Sons.

Mitha S, Tran M Q, Werner B T, et al. 1986. The grain-bed impact process in aeolian saltation. Acta Mechanica, 63: 267-278.

Musick H B, Gillette D A. 1990. Field evaluation of relationships between a vegetation structural parameter and sheltering against wind erosion. Land Degradation & Rehabilitation, 2: 87-94.

Musick H B, Trujillo S M, Truman C R. 1996. Wind-tunnel modelling of the influence of vegetation structure on saltation threshold. Earth Surface Processes and Landforms, 21: 589-605.

Nalpanis P, Hunt J C R, Barrett C F. 1993. Saltating particles over flat beds. Journal of Fluid Mechanics, 251: 661-685.

Namikas S L. 1999. Aeolian saltation: field measurements and numerical simulations (PhD Thesis). Los Angeles: University of Southern California.

Namikas S L. 2002. Field evaluation of two traps for high- resolution aeolian transport measurements. Journal of Coastal Research, 18: 136-148.

Namikas S L. 2003. Field measurement and numerical modelling of aeolian mass flux distributions on a sandy beach. Sedimentology, 50: 303-326.

Ni J R, Li Z S, Mendoza C. 2002. Vertical profiles of aeolian sand mass flux. Geomorphology, 49: 205-218.

Nickling W G, Gillies J A. 1993. Dust emission and transport in Mali, West Africa. Sedimentology, 40 (5): 859-868.

Nickling W G, McKenna Neuman C. 1997. Wind tunnel evaluation of a wedge- shaped aeolian sediment trap. Geomorphology, 18: 333-345.

Nickling W G, McKenna Neuman C. 2009. Aeolian sediment transport//Parsons A J, Abrahams A D. Geomorphology of Desert Environments. 2nd ed. Dordrecht: Springer.

Nishi A, Kikugawa H, Matsuda Y, et al. 1997. Turbulence control in multiple-fan wind tunnels. Journal of Wind Engineering and Industrial Aerodynamics, 67-68: 861-872.

Nyssen J, Poesen J, Moeyersons J, et al. 2002. Patial distribution of rock fragment in cultivated soils in Northern Ethiopia as affected by lateral and vertical displacement processes. Geomorphology, 43 (1): 1-16.

Oke T R. 1987. Boundary Layer Climates. 2nd ed. London: Routledge.

Owen P R. 1964. Saltation of uniform grains in air. Journal of Fluid Mechanics, 20: 225-242.

Owens P N, Walling D E. 1998. The use of a numerical mass-balance model to estimate rates of soil redistribution on uncultivated land from ^{137}Cs measurements. Journal of Environmental Radioactivity, 40 (2): 185-203.

Pfeifer S, Schönfeldt H J. 2012. The response of saltation to wind speed fluctuations. Earth Surface Processes and Landforms, 37: 1056-1064.

Plate E J. 1971. The aerodynamics of shelter belts. Agricultural Meteorology, 8 (3): 203-222.

Poesen J W, Van Wesemael B, Bunte K, et al. 1998. Variation of rock fragment cover and size along semiarid hills-lopes: a case study from southeast Spain. Geomorphology, 23 (2-4): 323-335.

Potter K N, Zobeck T M, Hagen L J. 1990. A micro relief index to estimate soil erodibility by wind. Transactions of the American Society of Agricultural Engineers, 33 (1): 151-155.

Pourchet M, Pinglot J F, Reynaud L, et al. 1988. Identification of Chernobyl fallout as a new reference level in Northern Hemisphere glaciers. Journal of Glaciology, 34 (117): 183-187.

Pye K. 1987. Aeolian Dust and Dust Deposits. London: Academic Press.

Pye K, Tsoar H. 2009. Aeolian Sand and Sand Dunes. London: Springer Verlag.

Quine T A. 1989. Use a simple model to estimate rates of soil erosion from caesium-137 data. Journal of Water Research, 8: 54-81.

Rasmussen K R, Mikkelsen H E. 1998. On the efficiency of vertical array aeolian field traps. Sedimentology, 45: 789-800.

Rasmussen K R, Sørensen M. 2008. Vertical variation of particle speed and flux density in aeolian saltation: measurement and modeling. Journal of Geophysical Research, 113: F02S12.

Raupach M R. 1991. Saltation layers, vegetation canopies and roughness lengths. Acta Mechanica, suppl. 1: 83-96.

Raupach M R. 1992. Drag and drag partition on rough surfaces. Boundary-Layer Meteorology, 60: 375-395.

Raupach M R. 1994. Simplified expressions for vegetation roughness length and zero-plane displacement as functions of canopy height and area index. Boundary-Layer Meteorology, 71: 211-216.

Raupach M R, Thorn A S, Edwards I. 1980. A wind tunnel study of turbulent flow close to regularly arrayed rough surfaces. Boundary-Layer Meteorology, 18: 373-397.

Raupach M R, Gillette D A, Leys J F. 1993. The effect of roughness elements on wind erosion threshold. Journal of Geophysical Research, 98: 3023-3029.

Raupach M R, Hughes D E, Cleugh H A. 2006. Momentum absorption in rough-wall boundary layers with sparse roughness elements in random and clustered distributions. Boundary-Layer Meteorology, 120: 201-218.

Rauws G, Covers G. 1988. Hydraulic and soil mechanical aspects of rill generation on agricultural soils. Soil Science, 39 (1): 111-124.

Rice M A, Willetts B B, McEwan I K. 1995. An experimental study of multiple grain-size ejecta produced by collisions of saltating grains with a flat bed. Sedimentology, 42: 695-706.

Rice M A, Mullins C E, McEwan I K. 1997. An analysis of soil crust strength in relation to potential abrasion by saltating particles. Earth Surface Processes and Landforms, 22 (9): 869-883.

Ridge J T, Rodriguez A B, Fegley S R, et al. 2011. A new 'pressure sensitive' method of measuring aeolian sediment transport using a Gauged Sediment Trap (GaST). Geomorphology, 134: 426-430.

Rioual F, Valance A, Bideau D. 2000. Experimental study of the collision process of a grain on a two-dimensional granular bed. Physical Review E, 62: 2450.

Ritchie J C, Mchenry J R. 1990. Application of radioactive fallout Caesium-137 for measuring erosion and sediment accumulation rates and patterns: a review. Journal of Environmental Quality, 19: 215-233.

Ritchie J C, Spraberry J A, Mchenry J R. 1974. Estimating soil erosion from the redistribution of fallout ^{137}Cs. Soil Science Society of America Journal, 38: 137-139.

Saleh A. 1993. Soil roughness measurement: chain method. Journal of Soil and Water Conservation, 48 (6): 527-529.

Schepanski K. 2018. Transport of mineral dust and its impact on climate. Geosciences, 8 (5): 151.

Schlichting H. 1936. Experimentelle untersuchungen zum Rauhigkeitsproblem. Ingenieur-Archiv, 7: 1-34.

Shao Y P. 2001. A model for mineral dust emission. Journal of Geophysical Research, 106 (D17): 20239-20254.

Shao Y P. 2008. Physics and Modelling of Wind Erosion. 2nd ed. New York: Springer Publishing Company.

Shao Y P, Lu H. 2000. A simple expression for wind erosion threshold friction velocity. Journal of Geophysical Research-Atmospheres, 105: 22437-22443.

Shao Y P, Yang Y. 2005. A scheme for drag partition over rough surfaces. Atmospheric Environment, 39 (38): 7351-7361.

Shao Y P, Yang Y. 2008. A theory for drag partition over rough surfaces. Journal of Geophysical Research: Earth Surface, 113: F02S05.

Shao Y P, Rauppach M R, Leys J F. 1996. A model for predicting aeolian sand drift and dust entrainment on scales from paddock to region. Austrian Journal of Soil Research, 34: 309-342.

Sharp R P. 1964. Wind-driven sand in Coachella Valley, California. Geological Society of america Bulletin, 75 (9): 785-830.

Sharratt B, Auvermann B. 2014. Dust pollution from agriculture//Van Alfen N K. The Encyclopedia of Agriculture and Food Systems. New York: Elsevier.

Shen W S, Li H D, Sun M, et al. 2012. Dynamics of aeolian sandy land in the Yarlung Zangbo River basin of

Tibet, China from 1975 to 2008. Global and Planetary Change, 86 (4): 37-44.

Sherman D J. 1992. An equilibrium relationship for shear velocity and roughness length in aeolian saltation. Geomorphology, 5: 419-431.

Sherman D J, Li B, Ellis J T, et al. 2013. Recalibrating aeolian sand transport models. Earth Surface Processes and Landforms, 38 (2): 169-178.

Sherman D J, Swann C, Barron J D. 2014. A high-efficiency, low-cost, aeolian sand trap. Aeolian Research, 13: 31-34.

Skidmore E L, Layton J B. 1988. Soil measurements to estimate erodibility by wind//Gregory J M. Proceedings of the 1988 Wind Erosion Conference. Texas: Texas Tech University Soil Conservation Service Monsato.

Skidmore E L, Powers D H. 1982. Dry soil-aggregate stability: energy based index. Soil Science Society of America Journal, 46 (6): 1274-1279.

Sneed E D, Folk R L. 1958. Pebbles in the lower Colorado River, Texas a study in particle morphogenesis. The Journal of Geology, 66 (2): 114-150.

Spaan W P, Van den Abeele G D. 1991. Wind borne particle measurements with acoustic sensors. Soil Technology, 4 (1): 51-63.

Sterk G. 2000. Flattened residue effects on wind speed and sediment transport. Soil Science Society of America Journal, 64 (3): 852-858.

Sterk G, Raats P A C. 1996. Comparison of models describing the vertical distribution of wind-eroded sediment. Soil Science Society of America Journal, 60: 1914-1919.

Sterk G, Stein A. 1997. Mapping wind-blown mass transport by modeling variability in space and time. Soil Science Society of America Journal, 61 (1): 232-239.

Sterk G, Jacobs A F G, Van Boxel J H. 1998. The effect of turbulent flow structures on saltation transport in the atmospheric boundary layer. Earth Surface Processes and Landforms, 23: 877-887.

Stetler L D, Saxton K E. 1996. Wind erosion and PM10 emission from agricultural fields on the Columbia Plateau. Earth Surface Processes and Landforms, 21 (7): 673-685.

Stout J E, Zobeck T M. 1996. The Wolfforth field experiment: a wind erosion study. Soil Science, 161: 616-632.

Stout J E, Zobeck T M. 1997. Intermittent saltation. Sedimentology, 44: 959-970.

Suzuki T, Takahashi K. 1981. An experimental study of wind abrasion. The Journal of Geology, 89 (4): 509-522.

Sørensen M. 2004. On the rate of aeolian sand transport. Geomorphology, 59 (1-4): 53-62.

Sørensen M, McEwan I K. 1996. On the effect of mid-air collisions on aeolian saltation. Sedimentology, 43: 65-76.

Tan L H, Zhang W M, Qu J J, et al. 2014. Variation with height of aeolian mass flux density and grain size distribution over natural surface covered with coarse grains: a mobile wind tunnel study. Aeolian Research, 15: 345-352.

Toogood J A. 1978. Relation of aggregate stability to properties of Alberta soils//Emerson W W, Bond R D, De

Xter A R, et al. Modification of Soil Structure. Hoboken: Wiley.

Tsoar H, Pye K. 1987. Dust transport and the question of desert loess formation. Sedimentology, 34: 139-154.

Ungar J E, Haff P K. 1987. Steady state saltation in air. Sedimentology, 34: 289-299.

UNSO/UNDP. 1997. Office to combat desertification and drought/united nations development programme. An assessment of population levels in the world's drylands: aridity zones and dryland populations. New York: Office to Combat Desertification and Drought.

Van Boxel J H, Sterk G, Arens S M. 2004. Sonic anemometers in aeolian sediment transport research. Geomorphology, 59 (1-4): 131-147.

Van Donk S J, Skidmore E L. 2001. Field experiments for evaluating wind erosion models. Annals of Arid Zone, 40 (3): 281-302.

Van Donk S J, Huang X, Skidmore E L, et al. 2003. Wind erosion from military training lands in the Mojave Desert, California, USA. Journal of Arid Environments, 54 (4): 687-703.

Van Pelt R S, Zobeck T M, Potter K N. 2001. Validation of the Wind Erosion Equation (WEQ) for discrete periods and of the Wind Erosion Stochastic Simulator (WESS) for single events//Proceedings of the International Symposium on Soil Erosion Research for the 21st Century. American Society of Agricultural Engineers: St. Joseph, MI: 683-686.

Van Pelt R S, Zobeck T M, Potter K N, et al. 2003. Validation of the Wind Erosion Stochastic Simulator (WESS) and the Revised Wind Erosion Equation (RWEQ) for single events. Environmental Modelling and Software, 19 (2): 191-198.

Vories E D, Fryrear D W. 1991. Vertical distribution of wind - blown soil over a smooth, bare field. Transactions of the ASAE, 34: 1763-1768.

Wagner L W, Yu Y. 1991. Digitization of profile meter photographs. Transactions of the American Society of Agricultural Engineers, 34 (2): 412-416.

Walker I J. 2005. Physical and logistical considerations of using ultrasonic anemometers in aeolian sediment transport research. Geomorphology, 68 (1-2): 57-76.

Wallbrink P J, Murry A S. 1996. Determinating soil loss using the inventory ratio of excess lead-210 to caesium-137. Soil Science Society Of America Journal, 60 (4): 1201-1208.

Walling D E, He Q. 1999. Improvement models for estimating soil erosion rates from caesium-137 measurements. Journal Of Environmental Quality, 28 (2): 611-622.

Walling D E, Quine T A. 1990. Use of caesium-137 to investigate patterns and rates of soil erosion on arable fields// Boradman J, Foster I D L, Dearing J A. Soil Erosion on Agricultural Land. John Wiley & Sons, Chichester, UK, 33-53.

Walling D E, Quine T A. 1993. Use of Caesium-137 as a tracer of erosion and sedimentation: handbook for the application of the Caesium-137 technique. Exeter University of Exeter.

Walter B, Gromke C, Lehning M. 2012. Shear- stress partitioning in live plant canopies and modifications to Raupach´s model. Boundary-Layer Meteorology, 144 (2): 217-241.

Wang H T, Zhang X H, Dong Z B, et al. 2006. Experimental determination of saltating glass particle dispersion in a turbulent boundary layer. Earth Surface Processes and Landforms, 31: 1746-1762.

Wang T, Yan C Z, Song X, et al. 2012. Monitoring recent trends in the area of aeolian desertified land using Landsat images in China's Xinjiang region. Journal of Photogrammetry and Remote Sensing, 68: 184-190.

Wang H B, Ma M G, Geng L Y. 2015a. Monitoring the recent trend of aeolian desertification using Landsat TM and Landsat 8 imagery on the north-east Qinghai-Tibet Plateau in the Qinghai Lake basin. Natural Hazards, 79 (3): 1-20.

Wang R D, Guo Z L, Chang C P, et al. 2015b. Quantitative estimation of farmland soil loss by wind-erosion using improved particle-size distribution comparison method (IPSDC) . Aeolian Research, 19: 163-170.

Wang R D, Zou X Y, Cheng H, et al. 2015c. Spatial distribution and source apportionment of atmospheric dust fall at Beijing during spring of 2008-2009. Environment Science and Pollution Research, 22 (5): 3547-3557.

Wang X S, Zhang C L, Huang X Q, et al. 2018. Wind tunnel tests of the dynamic processes that control wind erosion of a sand bed. Earth Surface Processes and Landforms, 44: 614-623.

Wang R D, Li Q, Zhang C L, et al. 2021. Comparison of dust emission ability of sand desert, gravel desert (Gobi), and farmland in northern China. Catena, 201: 105215.

Watson D A, Laflen J M. 1986. Soil strength, slope, and rainfall intensity effects on interrill erosion. Transactions of the American Society of Agricultural Engineers, 29 (1): 98-102.

Webb N P, Strong C L. 2011. Soil erodibility dynamics and its representation for wind erosion and dust emission models. Aeolian Research, 3 (2): 165-179.

Webb N P, Herrick J E, Van Zee J W, et al. 2016. The National Wind Erosion Research Network: building a standardized long-term data resource for Aeolian research, modeling and land management. Aeolian Research, 22: 23-36.

Werner B T. 1990. A steady-state model of wind-blown sand transport. The Journal of Geology, 98: 1-17.

White B R, Schulz J C. 1977. Magnus effect in saltation. Journal of Fluid Mechanics, 81: 497-512.

Wilkin D C, Hebel S J. 1982. Erosion, deposition and delivery of sediment to midwestern streams. Water Resources Research, 18: 1278-1282.

Willetts B. 1983. Transport by wind of granular materials of different grain shapes and densities. Sedimentology, 30 (5): 669-679.

Willetts B B, Rice M A. 1986. Collisions in aeolian saltation. Acta Mechanica, 63: 255-265.

Willetts B B, Rice M A, Swaine S E. 1982. Shape effects in aeolian grain transport. Sedimentology, 29 (3): 409-417.

Williams G. 1964. Some aspects of the eolian saltation load. Sedimentology, 3 (4): 257-287.

Wilson S J, Cooke R U. 1980. Wind erosion//Kirkby M J, Morgan R P C. Soil Erosion. Chichester: Wiley.

Wilson G R, Gregory J M. 1992. Soil erodibility: understanding and prediction. Charlotte: American Society of Agricultural Engineers Meeting.

Wolfe S A, Nickling W G. 1993. The protective role of sparse vegetation in wind erosion. Progress in Physical Geography, 17: 50-68.

Woodruff N P, Siddoway F H. 1965. A wind erosion equation. Proceedings of the Soil Science of America, 29: 602-608.

Wyatt V E, Nickling W G. 1997. Drag and shear stress partitioning in sparse desert creosote communities. Canadian Journal of Earth Sciences, 34 (11): 1486-1498.

Xing M. 2007. The harmonious character in equilibrium aeolian transport on mixed sand bed. Geomorphology, 86: 230-242.

Yang H, Chang Q, Du M, et al. 1998. Quantitative model of soil erosion rates using ^{137}Cs for uncultivated soil. Soil Science, 163 (3): 248-257.

Yang M X, Wang S L, Yao T D, et al. 2004. Desertification and its relationship with permafrost degradation in Qinghai-Xizang (Tibet) plateau. Cold Regions Science and Technology, 39 (1): 47-53.

Yang P, Dong Z B, Qian G Q, et al. 2007. Height profile of the mean velocity of an aeolian saltating cloud: wind tunnel measurements by particle image velocimetry. Geomorphology, 89: 320-334.

Yang B, Wang Y, Liu J. 2011. PIV measurements of two phase velocity fields in aeolian sediment transport using fluorescent tracer particles. Measurement, 44: 708-716.

Yang F, Yang X H, Huo W, et al. 2017. A continuously weighing, high frequency sand trap: wind tunnel and field evaluations. Geomorphology, 293: 84-92.

Yang Y Y, Liu L Y, Li X Y, et al. 2018. Aerodynamic grain-size distribution of blown sand. Sedimentology, 66 (2): 590-603.

Yassin M F, Takahashi T, Kato S. 2012. Experimental simulation of wind flow over the ridge topography. Air Quality, Atmosphere & Health, 5 (3): 293-301.

Yuan Z, Michaelides E E. 1992. Turbulence modulation in particulate flows- a theoretical approach. International Journal of Multiphase Flow, 18: 779-785.

Zachar D. 1982. Soil Erosion. Amstererdam: Elsevier.

Zhang X B, Higgitt D L, Walling D E. 1990. A preliminary assessment of potential for using caesium-137 to estimate rates of soil erosion in the Loess Plateau of China. Hydrological Science Journal, 35: 243-252.

Zhang W, Kang J H, Lee S J. 2007. Tracking of saltating sand trajectories over a flat surface embedded in an atmospheric boundary layer. Geomorphology, 86: 320-331.

Zhang C L, Yang S, Pan X H, et al. 2011. Estimation of farmland soil wind erosion using RTK GPS measurements and the ^{137}Cs technique. Soil and Tillage Research, 112: 140-148.

Zhang C L, Li Q, Shen Y P, et al. 2018a. Monitoring of aeolian desertification on the qinghai-tibet plateau from the 1970s to 2015 using landsat images. Science of the Total Environment, 619-620: 1648-1659.

Zhang C L, Wang X S, Zou X Y, et al. 2018b. Estimation of surface shear strength of undisturbed soils in the eastern part of northern China's wind erosion area. Soil and Tillage Research, 178: 1-10.

Zheng X J, He L H, Wu J J. 2004. Vertical profiles of mass flux for windblown sand movement at steady state. Journal of Geophysical Research, 109: B01106.

Zingg A W. 1953. Wind tunnel studies of the movement of sedimentary material. Proceedings of the 5th Hydraulic Conference Bulletin. Inst. of Hydraulics Iowa City, 34: 111-135.

Zobeck T M. 1991. Soil properties affecting wind erosion. Journal of Soil and Water Conservation, 6 (2): 112-118.

Zobeck T M, Sterk G. 2003. Measurement and data analysis methods for field-scale wind erosion and model validation. Earch Surface Processes and Landforms, 28 (11): 1163-1188.

Zobeck T M, Van Pelt R S, Stout J E, et al. 2001. Validation of the Revised Wind Erosion Equation (RWEQ) for single events and discrete periods//Ascough J C, Flanagan D C. Soil Erosion Research for the 21st Century. St Joseph: American Society of Agricultural and Biological Engineers.

Zou X Y, Wang Z L, Hao Q Z, et al. 2001. The distribution of velocity and energy of saltating sand grains in a wind tunnel. Geomorphology, 36: 155-165.

Zou X Y, Zhang C L, Cheng H, et al. 2015. Cogitation on developing a dynamic model of soil wind erosion. Science China Earth Science, 58 (3): 462-473.

Zou X Y, Shen Q, Zhang M C, et al. 2022. A new modified flux model applicable for various soil particle characteristics. Catena, 212: 106042.